普通高等教育“十四五”系列教材

有限单元法基础及程序设计

崔 溦 刘 昉 王枭华 编著

·北京·

内 容 提 要

本书作为入门读物，主要介绍有限单元法的基本原理及程序设计的方法和技巧。

全书除绪论外，内容共分为8章，主要包括两部分。第一部分为第1～4章，讲述杆件结构的有限单元法及程序设计；第二部分为第5～8章，讲述弹性力学平面问题的有限单元法及程序设计。

考虑到近年来程序设计语言的快速发展，本书给出了相应的C++和Julia的教学框图和参考程序，以期为初学者提供较为实在的帮助。

本书可作为水利、土木、道桥、机械等专业的高等院校本科高年级学生和研究生教材，也可供有关专业工程技术人员参考和使用。

图书在版编目（CIP）数据

有限单元法基础及程序设计 / 崔溦，刘昉，王枭华编著. -- 北京 : 中国水利水电出版社，2024. 6.
（普通高等教育“十四五”系列教材）. -- ISBN 978-7-5226-2105-0

Ⅰ. O241.82-39

中国国家版本馆CIP数据核字第2024A1K479号

书 名	普通高等教育“十四五”系列教材 **有限单元法基础及程序设计** YOUXIANDANYUANFA JICHU JI CHENGXU SHEJI
作 者	崔溦 刘昉 王枭华 编著
出版发行	中国水利水电出版社 （北京市海淀区玉渊潭南路1号D座 100038） 网址：www. waterpub. com. cn E-mail：sales@mwr. gov. cn 电话：(010) 68545888（营销中心）
经 售	北京科水图书销售有限公司 电话：(010) 68545874、63202643 全国各地新华书店和相关出版物销售网点
排 版	中国水利水电出版社微机排版中心
印 刷	清淞永业（天津）印刷有限公司
规 格	184mm×260mm 16开本 14.75印张 359千字
版 次	2024年6月第1版 2024年6月第1次印刷
印 数	0001—2000册
定 价	**45.00**元

前言

随着计算机硬、软件的飞速发展，水利、土木、道桥、机械等领域都已从计算机辅助设计、计算机辅助建（制）造快速跨越到智能设计和智能建（制）造阶段。数值分析是智能建（制）造的核心技术之一，有限单元法则是数值分析的主要手段。正确使用大型商用软件，或结合所研究的工作根据需要进行二次开发，都必须要有较扎实的有限单元法知识。因此，几乎所有高校的水利、土木、道桥和机械等专业，都为高年级学生安排了有限单元法基础课程。有限单元法的文献资料很多，但大部分资料以较为晦涩的数学知识入手，对于刚接触有限单元法的本科生来说，难以理解和掌握，因此，编写一本介绍有限单元法基本原理及程序设计方法和技巧的入门读物就成为本书的出发点。

本书共包含绪论和8章内容。第1～4章介绍杆件结构的有限单元法，其中包括平面杆件结构的有限单元法，连续梁、平面桁架、平面刚架的程序设计等内容。第5～8章介绍弹性力学平面问题的有限单元法，其中包括弹性力学平面问题的基本理论、平面问题的有限元分析及三角形单元的应用、弹性力学平面问题程序设计、较精密的平面单元。

本书的编著分工为：崔溦负责全书统稿并编写绪论、第1章、第2章（2.1节）、第3章（3.1节）、第4章（4.1节）、第5章、第6章、第7章（7.1节）、第8章；刘昉负责编写第2章（2.2节、2.4节）、第3章（3.2节）、第4章（4.2节）、第7章（7.2节）；王枭华负责编写第2章（2.3节、2.5节）、第3章（3.3节）、第4章（4.3节）、第7章（7.3节）。本书编写过程中，蔡志为、刘经民、李希等同学对程序设计做了部分工作，特此致谢。

由于编者水平有限，书中可能存在疏漏和错误，诚恳希望读者批评指正。

编者

2023年10月

目 录

绪　论

0.1　有限单元法概述

力学分析方法可分为两类，即解析法和数值法。由于实际结构物的形状和所受荷载往往比较复杂，除了少数简单的问题之外，按解析法求解是非常困难的，所以数值法已成为不可替代的广泛应用的方法，并得到不断发展。常用的数值法包括有限差分法和和有限单元法。有限差分法是微分方程的一种近似数值解法。在有限差分法中，将计算区域打上网格，将连续函数用网格节点上的函数值来表示，将导数用差分格式（有限差商）表示；从而将微分方程和边界条件变换为差分方程（代数方程），求解差分方程就可得出网格节点上的函数值。在有限差分法中，采取了函数离散的手段。对于规则的几何特性和均匀的材料特性问题，有限差分法程序设计比较简单，收敛性好，但当问题的边界条件比较复杂时，采用有限差分法求出解答，仍然是比较困难的。有限单元法是伴随着电子计算机技术的进步而发展起来的一种新兴数值分析方法。它的数学逻辑严谨，物理概念清晰，易于理解和掌握，应用范围广泛，能够灵活地处理和求解各种复杂问题，特别是它采用矩阵形式表达基本公式，便于运用计算机编程运算。这些优点赋予了有限单元法强大的生命力，伴随着计算机科学和技术的快速发展，有限单元法现已成为计算机辅助设计（computer aided design，CAD）和计算机辅助制造（computer aided manufacturing，CAM）的重要组成部分，也是支撑智能制造与智能建造的有力工具。

0.1.1　有限单元法的历史、发展与展望

1. 有限单元法的历史

从应用数学的角度考虑，有限单元法的基本思想可以追溯到库兰特（Courant）在1943年的工作。他首先尝试将在一系列三角形区域上定义的分片连续函数和最小位能原理相结合，来求解圣维南（St. Venant）扭转问题。此后，不少应用数学家、物理学家和工程师分别从不同角度对有限单元法的离散理论、方法及应用进行了研究。有限单元法的实际应用是随着电子计算机的出现而开始的。首先是特纳（Turner）、克拉夫（Clough）等于1956年将刚架分析中的位移法推广到弹性力学平面问题，并用于飞机结构的分析。他们首次给出了用三角形单元求解平面应力问题的正确解答。三角形单元的特性矩阵和结构的求解方程是由弹性理论的方程通过直接刚度法确定的。他们的研究工作开启了利用电子计算机求解复杂弹性力学问题的新阶段。1960年克拉夫进一步求解了平面弹性问题，并第一次提出了“有限单元法”的名称，使人们更清楚地认识到有限单元法的特性和功效。

2. 有限单元法的发展

20 世纪 90 年代以来，伴随着电子计算机科学和技术的快速发展，有限单元法作为工程分析的有效方法，在理论、方法的研究，计算机程序的开发以及应用领域的开拓等方面均取得了实质性的发展。在单元类型和形式方面，新的单元类型和形式不断涌现。例如等参元采用和位移插值相同的表示方法，将形状规则的单元变换为边界为曲线（二维）或曲面（三维）的单元，从而可以更精确地对形状复杂的求解域（或结构）进行有限元离散。在提出新的单元类型，扩展新的应用领域和应用条件的同时，为了给新单元和新应用提供可靠的理论基础，有限单元法的理论基础也不断发展，研究工作的进展包括将 Hellinger-Reissner 广义变分原理、Hu-Washizu 原理等多场变量的变分原理用于有限元分析，发展了混合型（单元内包括多个场变量）、杂交型（某些场变量仅在单元交界面定义）的有限元表达格式，并研究了各自的收敛性条件；将与微分方程等效的积分形式——加权余量法，用于建立有限元的表达格式，从而将有限元的应用扩展到不存在泛函或泛函尚未建立的物理问题，有限元解的后验误差估计和应力磨平方法的研究进展，不仅改进了有限元解的精度，更重要的是为发展满足规定精度的要求，以细分单元网格或提高插值函数阶次为手段的自适应分析方法提供了基础。在有限元方程的解法方面，现在用于大型复杂工程问题的有限元分析，自由度达上百万个甚至上千万个已较为常见，这与计算机软、硬件发展相配合的大型方程组解法的研究进展是密不可分的。在稳态问题求解方面，迭代求解法特别是预条件共轭梯度法受到更多的重视，并已成功应用；在特征值问题求解方面，里茨（Ritz）向量直接叠加法和兰索斯（Laczos）向量直接叠加法由于具有更高的计算效率而受到广泛的重视和应用；在瞬态问题求解方面，常采用隐式（以 Newmark 法为代表）、显式（以中心差分法为代表）相结合的方法。此外，动力子结构法也是动力分析中经常采用的有效方法。由于有限单元法解题的规模越来越大，为了缩短解题的周期，基于并行计算机和并行计算软件系统的有限元并行算法，近年来得到很大发展。

由于有限单元法是通过计算机实现的，因此它的软件研发工作一直是和它的理论、单元形式和算法的研究以及计算环境的演变平行发展的。从 20 世纪 50 年代以来，软件的发展按目的和用途可以区分如下：

(1) 专用软件。在有限元发展的早期（20 世纪 50—60 年代），专用软件是为一定结构类型的应力分析（例如平面问题、轴对称问题、板壳问题）而编制的程序。而后，专用软件更多的是为研究和发展新的离散方案、单元形式、材料模型、算法方案、结构失效评定和优化等而编制的程序。

(2) 大型通用商业软件。从 20 世纪 70 年代开始，有限单元法在结构线性分析方面已经成熟并被工程界广泛采用，一批由专业软件公司研制的大型通用商业软件（如 NASTRAN、ASKA、SAP、ANSYS、MARC、ABAQUS、JIFEX 等）被公开发行和应用。它包含众多的单元形式、材料模型及分析功能，并具有网格自动划分、结果分析和显示等前后处理功能。20 世纪 90 年代中期以来，大型通用软件的功能由线性扩展到非线性，由结构扩展到非结构（流体、热、磁等），由分析计算扩展到优化设计、完整性评估，并引入基于计算机技术发展的面向对象技术、并行计算和可视化技术等。现在大型通用软件已为工程技术界广泛应用，并成为 CAD/CAM 系统不可缺少的组成部分。

3. 有限单元法研究展望

经过多年发展，有限单元法的基础理论和方法已经比较成熟，已成为当今工程技术领域中应用最为广泛、成效最为显著的数值分析方法。但是面对21世纪全球在经济和科技领域的激烈竞争，基础产业（例如汽车、飞机、土木、水利等）的设计和制造需要引入重大的技术创新，高新技术产业（例如宇宙飞船、空间站、微机电系统和纳米器件等）更需要发展新的设计理论和制造方法。而这一切都为以有限单元法为代表的计算力学提供广阔驰骋的天地，并提出了一系列新的课题。

（1）为了真实地模拟新材料和新结构的行为，需要发展新的材料本构模型和单元形式。

（2）为了分析和模拟各种类型和形式的结构在复杂荷载工况和环境作用下的全寿命过程响应，需要发展新的数值分析方案。包括多重非线性（材料、几何、边界等）相耦合的分析方法，多场（结构、流体、热、电、化学）耦合作用的分析方法，跨时间、空间多尺度的分析方法，非确定性（随机、模糊）的分析方法，分析结果评估和自适应的分析方法。

（3）有限元软件和CAD/CAM/CAE等软件系统共同集成完整的虚拟产品开发（virtual product development，VPD）系统，这是从1990年开始的技术方向。VPD系统是计算力学、计算数学以及相关的计算物理、计算工程科学和现代计算机科学技术、信息技术（information technology，IT）、知识工程（knowledge based engineering，KBE）相结合而形成的集成化、网络化和智能化的信息处理系统，并可通过网络将科学家、设计工程师、制造商、供应商及有关咨询顾问联结起来协同工作。

0.1.2 有限单元法分类

从选择基本未知量的角度来看，有限单元法可分为三类：位移法、力法和混合法。位移法取节点位移作为基本未知量，力法取节点力作为基本未知量，混合法则取一部分节点位移和一部分节点力作为基本未知量。

位移法与力法相比，具有易于实现计算自动化的优点。因此，在有限单元法中，位移法的应用范围最广。位移法有限元最早采用协调元，后来提出非协调元、拟协调元和广义协调元。混合法日益受到重视，特别是杂交元在许多领域得到成功的应用，分区混合有限单元法在分析断裂力学问题时显示出其优点。

从推导方法来看，有限单元法可分为三类：直接法、变分法和加权残值法。直接法的优点是易于理解，但只能用于较简单的问题，直接刚度法是它的一个典型代表。变分法是把有限单元法归结为求泛函的极值问题（例如固体力学中的最小势能原理与最小余能原理）。它使有限单元法建立在更加坚实的数学基础上，扩大了有限单元法的应用范围。加权残值法不需要利用泛函的概念，而是直接从基本微分方程出发，求出近似解。对于根本不存在泛函的工程领域，加权残值法都可采用，从而进一步扩大了有限单元法的应用范围。

0.1.3 有限单元法的要点

有限单元法进行结构分析的基本步骤如下。

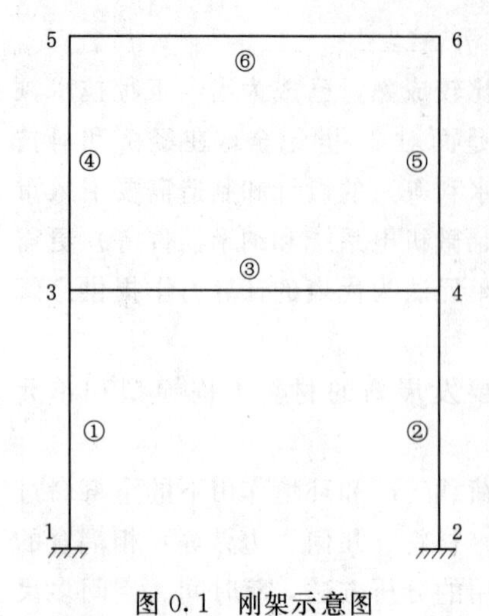

图 0.1　刚架示意图

1. 结构物的离散化

离散化是将待分析的结构物从几何上用线或面划分为有限个单元，即将结构物看成有限个单元构成的组合体。按结构物形状的不同和分析的要求，选取不同形式的单元，通常在单元的边界上设置节点，节点联结相邻的单元。如图 0.1 所示刚架，可划分为①～⑥共 6 个杆单元，有 1～6 共 6 个节点，整个结构视为这些单元的组合体。又如图 0.2（a）所示为纵向均匀受拉带圆孔薄板。利用结构的对称性，取 1/4 结构分析，将其划分为若干个三角形单元，这种单元是平面单元，有三个角节点。在圆孔边上，以单元的直边近似模拟曲线，如图 0.2（b）所示。结构物离散化时，划分的单元的大小和数目应根据计算精度的要求和计算机的容量来决定。

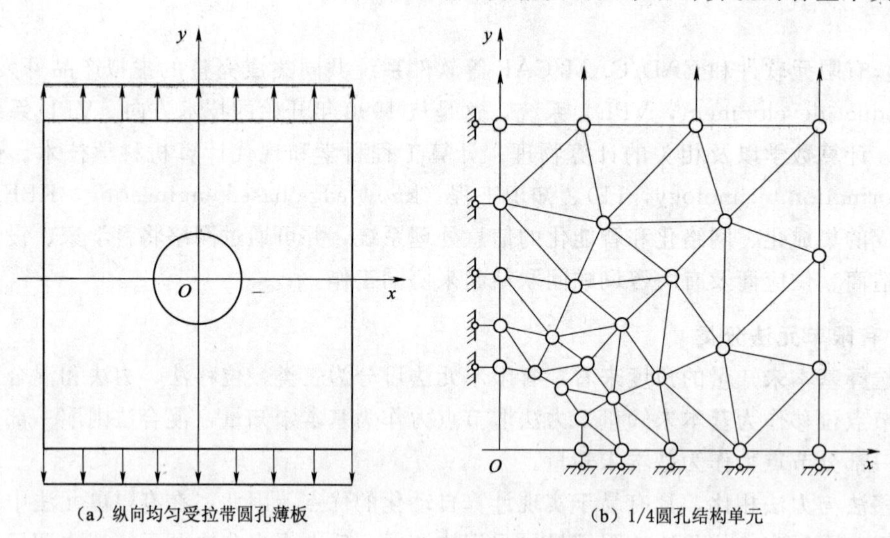

图 0.2　纵向均匀受拉带圆孔薄板

2. 单元分析

单元分析就是设法导出单元的节点位移和节点力之间的关系，即建立单元刚度矩阵。在分析杆件结构时，其单元通常为等截面直杆，单元两端的节点位移和杆端力之间的转换关系可直接利用结构力学导出的公式给出。而在分析弹性力学平面问题时，每个平面单元内的任意点的位移需要按一定的函数关系用节点位移来表示，这种函数称为位移函数或位移模式。选择的位移函数应保证解的收敛性，因此，建立合理的位移函数是单元分析的关键。位移函数确定以后，就可以利用弹性力学的基本方程推导出单元刚度矩阵。此外，还需要按静力等效原则将作用于每个单元上的外力简化到节点上，构成等效节点力。对于每一个单元进行上述分析之后，可建立起单元刚度方程。

3. 整体分析

整体分析就是将各个单元组成结构整体进行分析。整体分析的目的在于导出整个结构节点位移与节点力之间的关系，即建立整个结构的刚度方程。整体分析的步骤为：首先按照一定的集成规则，将各单元刚度矩阵集合成结构整体刚度矩阵，并将单元等效节点荷载集合成整体等效节点荷载列阵；然后引入结构的位移边界条件，求解整体平衡方程组，得出基本未知量——节点位移列阵；最后计算各单元的内力和变形。

0.2 程 序 设 计 概 述

电子计算机有模拟计算机和数字计算机两种类型。进行结构分析计算使用的是数字计算机，数字计算机用途极为广泛，数字计算只是它的功能之一。一个计算机系统，通常由硬件和软件两部分组成，计算机的工作性能取决于软硬件的质量和配置。图 0.3 给出了一个计算机系统的构成。

欲使一台计算机按用户的意图工作，需要事先编制一系列按先后顺序排列的指令，这些指令序列称为程序。编写程序的语言是人与计算机信息沟通的桥梁。

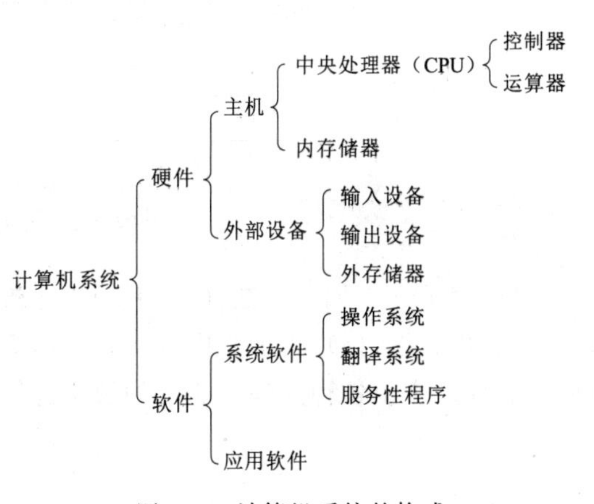

图 0.3　计算机系统的构成

程序语言是从低级语言向高级语言发展的。计算机只能识别由 0 和 1 组成的二进制代码，最初人们用这种代码编写程序，称之为“机器语言”。对于一般用户来说，机器语言很难懂而且程序设计工作量很大，后来使用经过改进的“汇编语言”，用便于理解的符号代替二进制代码，并将汇编语言编写的程序翻译成由机器语言表达的目标程序，使计算机识别和执行。

汇编语言要求程序设计人员事先熟悉计算机的指令系统。不同类型的计算机往往具有各自特定的指令系统，这对于大多数仅使用计算机算题的用户是很不方便的，后来人们创造了不同机种可以通用的高级语言，即通常所说的“算法语言”。高级语言是用与自然语言和数学公式接近的形式表达的，使得不懂计算机工作原理的一般用户也能应用，这样就为计算机的普遍使用铺平了道路。

高级语言种类很多，其中 Julia 具有易于使用、高效、开放源代码、易于扩展和多核并行计算等优点，适用于科学计算和数据分析。本书中的程序采用 Julia 语言和 C++语言编写，适用于各种主流操作系统。

为使计算机完成既定的工作任务，用选定的程序设计语言编写相应程序的过程，称为程序设计。程序设计的一般步骤如下：

（1）提出问题，拟定解决方案。

（2）构造数学模型。

（3）画出程序流程图。

（4）用选定的算法语言编写程序。

(5) 编译调试程序。

(6) 试算验证程序。

开发一个好的程序往往需要反复推敲，力求程序结构合理、通用性强、计算精度高、易于维护和发展、成果表达直观。

《信息处理 数据流程图、程序流程图、系统流程图、程序网络图和系统资源图的文件编制符号及约定》(GB 1526—89) 规定的程序流程图标准化符号及约定，本书中所用的符号列于图 0.4 中。

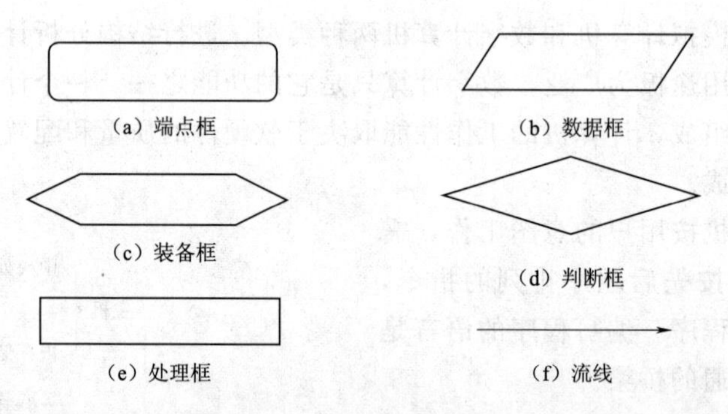

图 0.4　书中所用符号图

具体表示含义如下：图 (a) 表示程序流程图的起点和终点；图 (b) 表示数据信息的输入或输出；图 (c) 表示数据进行系列运算之前要完成的数据预置；图 (d) 表示判断条件；图 (e) 表示各种处理功能，如数学运算方式等；图 (f) 表示流程的路径和指向。

第1章　平面杆件结构的有限单元法

1.1　有限元位移法的基本概念

有限单元法的基本思路是先分后合，即先将结构划分成各个单元，进行单元分析，然后将各单元集合成结构整体，进行整体分析。下面从一个简单的结构连续梁入手，介绍有限元位移法的基本概念和求解方法。

图1.1（a）所示的两跨连续梁受节点力偶 M_1、M_2、M_3 的作用。取每一跨为一独立单元，①、②为单元编号，两个单元的线刚度分别为 i_1、i_2。节点编号按自然数1、2、3顺序排列，称为整体号。节点角位移分别为 θ_1、θ_2、θ_3。

在开始分析时，需要建立连续梁的整体坐标系 xOy，取 x 轴与梁轴线平行，并以指向右为正，y 轴指向下为正。依右手坐标系规定，节点角位移和力偶以顺时针为正。

为了方便单元分析，对每个单元也建立坐标系 $\overline{x}\overline{O}\overline{y}$，称为局部坐标系，其方向与整体坐标系方向一致。每一单元的始、末端分别记为 i、j 端，称为局部号。如图1.1（b）所示。图1.1（c）为离散化之后的杆件单元和节点，其内力只画出杆端弯矩。各单元杆端弯矩对杆端而言，以顺时针为正。图中箭头表示 $\overline{x}$ 轴（由 i 指向 j）的方向。

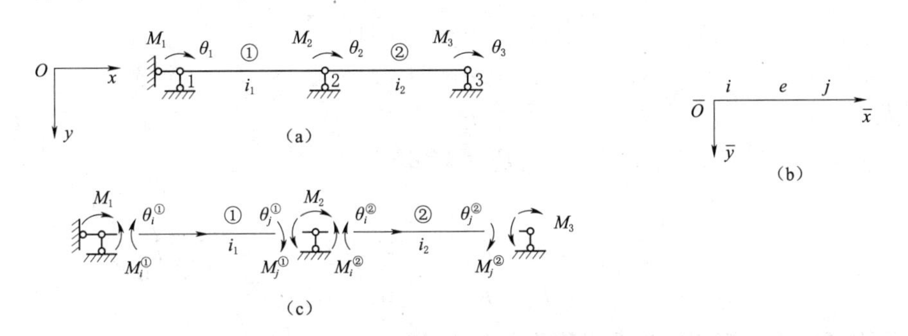

图1.1　两跨连续梁结构单元编号图

结构力学传统位移法和有限元位移法在基本原理上并无区别，只是后者采用矩阵形式。本例中，将节点1、2、3处的节点角位移看作基本未知量。由结构力学所介绍的位移法中的转角位移方程，可以得出单元①、②的杆端弯矩和杆端转角关系式分别为

单元①：
$$\left.\begin{aligned} M_i^{①} &= 4i_1\theta_i^{①} + 2i_1\theta_j^{①} \\ M_j^{①} &= 2i_1\theta_i^{①} + 4i_1\theta_j^{①} \end{aligned}\right\} \tag{1.1}$$

单元②：
$$\left.\begin{aligned} M_i^{②} &= 4i_2\theta_i^{②} + 2i_2\theta_j^{②} \\ M_j^{②} &= 2i_2\theta_i^{②} + 4i_2\theta_j^{②} \end{aligned}\right\} \tag{1.2}$$

根据节点 1、2、3 处的位移连续条件，有

$$\left.\begin{aligned}&\theta_i^{①}=\theta_1\\&\theta_j^{①}=\theta_i^{②}=\theta_2\\&\theta_j^{②}=\theta_3\end{aligned}\right\}\tag{1.3}$$

代入式（1.1）、式（1.2），得

$$\left.\begin{aligned}M_i^{①}=4i_1\theta_1+2i_1\theta_2\\M_j^{①}=2i_1\theta_1+4i_1\theta_2\end{aligned}\right\}\tag{1.4}$$

$$\left.\begin{aligned}M_i^{②}=4i_2\theta_2+2i_2\theta_3\\M_j^{②}=2i_2\theta_2+4i_2\theta_3\end{aligned}\right\}\tag{1.5}$$

考虑节点 1、2、3 处的平衡条件，有

$$\left.\begin{aligned}&\sum M_1=M_1-M_i^{①}=0\\&\sum M_2=M_2-M_j^{①}-M_i^{②}=0\\&\sum M_3=M_3-M_j^{②}=0\end{aligned}\right\}\tag{1.6}$$

将式（1.4）、式（1.5）代入式（1.6），得

$$\left.\begin{aligned}&4i_1\theta_1+2i_1\theta_2=M_1\\&2i_1\theta_1+(4i_1+4i_2)\theta_2+2i_2\theta_3=M_2\\&2i_2\theta_2+4i_2\theta_3=M_3\end{aligned}\right\}\tag{1.7}$$

式（1.7）即为本例的位移法方程。

现在采用矩阵形式表示。以ⓔ表示单元序号，取 $e=1$，2，则上面的式（1.1）、式（1.2）可以统一写为

$$\begin{bmatrix}M_i^{ⓔ}\\M_j^{ⓔ}\end{bmatrix}=\begin{bmatrix}4i_e & 2i_e\\2i_e & 4i_e\end{bmatrix}\begin{bmatrix}\theta_i^{ⓔ}\\\theta_j^{ⓔ}\end{bmatrix}\tag{1.8}$$

或简写为

$$\boldsymbol{F}^{ⓔ}=\boldsymbol{k}^{ⓔ}\boldsymbol{\delta}^{ⓔ}\tag{1.9}$$

其中

$$\boldsymbol{k}^{ⓔ}=\begin{bmatrix}k_{ii}^{ⓔ} & k_{ij}^{ⓔ}\\k_{ji}^{ⓔ} & k_{jj}^{ⓔ}\end{bmatrix}=\begin{bmatrix}4i_e & 2i_e\\2i_e & 4i_e\end{bmatrix}\tag{1.10}$$

称为单元刚度矩阵，矩阵中各元素称为刚度系数。

$$\boldsymbol{\delta}^{ⓔ}=\begin{bmatrix}\theta_i^{ⓔ}\\\theta_j^{ⓔ}\end{bmatrix}\tag{1.11}$$

称为单元杆端位移列阵。

$$\boldsymbol{F}^{ⓔ}=\begin{bmatrix}M_i^{ⓔ}\\M_j^{ⓔ}\end{bmatrix}\tag{1.12}$$

称为单元杆端力列阵。

式（1.8）、式（1.9）也称为单元刚度方程。

将位移法方程式（1.7）用矩阵形式表示，得

$$\begin{bmatrix}4i_1 & 2i_1 & 0\\2i_1 & 4i_1+4i_2 & 2i_2\\0 & 2i_2 & 4i_2\end{bmatrix}\begin{bmatrix}\theta_1\\\theta_2\\\theta_3\end{bmatrix}=\begin{bmatrix}M_1\\M_2\\M_3\end{bmatrix} \tag{1.13}$$

或简写成

$$\boldsymbol{K\Delta}=\boldsymbol{P} \tag{1.14}$$

其中

$$\boldsymbol{K}=\begin{bmatrix}k_{11} & k_{12} & k_{13}\\k_{21} & k_{22} & k_{23}\\k_{31} & k_{32} & k_{33}\end{bmatrix}=\begin{bmatrix}4i_1 & 2i_1 & 0\\2i_1 & 4i_1+4i_2 & 2i_2\\0 & 2i_2 & 4i_2\end{bmatrix} \tag{1.15}$$

称为整体刚度矩阵。

$$\boldsymbol{\Delta}=[\theta_1 \quad \theta_2 \quad \theta_3]^{\mathrm{T}} \tag{1.16}$$

$$\boldsymbol{P}=[M_1 \quad M_2 \quad M_3]^{\mathrm{T}} \tag{1.17}$$

分别称为节点位移列阵和节点荷载列阵。

式（1.13）、式（1.14）称为整个结构的刚度方程，也称为整体刚度方程。

整体刚度方程式（1.13）和式（1.14）是以节点位移为基本未知量的线性方程组，求解它可以得出节点位移 θ_1、θ_2、θ_3，再代入式（1.4）、式（1.5）即可以求出各单元的杆端弯矩。

应用有限元位移法分析一般连续梁，尚需进一步考虑以下几个问题。

1. 刚度集成法的应用

上述建立整体刚度矩阵的方法比较烦琐，常用的方法是刚度集成法，也称直接刚度法。它是直接利用单元刚度矩阵的“叠加”来形成整体刚度矩阵的，其步骤如下：

（1）将式（1.10）的单元刚度矩阵 $\boldsymbol{k}^{ⓔ}$ 扩阶，由原来的 2×2 矩阵扩大为与整体刚度矩阵同阶的 3×3 矩阵。$\boldsymbol{k}^{ⓔ}$ 中的四个元素按整体编号顺序在扩阶后的 3×3 矩阵内放置，空白处补零。这样得到的矩阵称为单元贡献矩阵，用符号 $\boldsymbol{K}^{ⓔ}$ 表示，于是单元①的单元贡献矩阵为

$$\boldsymbol{K}^{①}=\begin{array}{c}\begin{matrix}1 & 2 & 3\end{matrix}\\\begin{bmatrix}k_{ii}^{①} & k_{ij}^{①} & 0\\k_{ji}^{①} & k_{jj}^{①} & 0\\0 & 0 & 0\end{bmatrix}\end{array}\begin{matrix}1\\2\\3\end{matrix}=\begin{array}{c}\begin{matrix}1 & 2 & 3\end{matrix}\\\begin{bmatrix}4i_1 & 2i_1 & 0\\2i_1 & 4i_1 & 0\\0 & 0 & 0\end{bmatrix}\end{array}\begin{matrix}1\\2\\3\end{matrix} \tag{1.18}$$

单元②的单元贡献矩阵为

$$\boldsymbol{K}^{②}=\begin{array}{c}\begin{matrix}1 & 2 & 3\end{matrix}\\\begin{bmatrix}0 & 0 & 0\\0 & k_{ii}^{②} & k_{ij}^{②}\\0 & k_{ji}^{②} & k_{jj}^{②}\end{bmatrix}\end{array}\begin{matrix}1\\2\\3\end{matrix}=\begin{array}{c}\begin{matrix}1 & 2 & 3\end{matrix}\\\begin{bmatrix}0 & 0 & 0\\0 & 4i_2 & 2i_2\\0 & 2i_2 & 4i_2\end{bmatrix}\end{array}\begin{matrix}1\\2\\3\end{matrix} \tag{1.19}$$

（2）将单元贡献矩阵相叠加，形成整体刚度矩阵，即

$$\boldsymbol{K}=\boldsymbol{K}^{①}+\boldsymbol{K}^{②}=\begin{array}{c}\begin{matrix}1 & 2 & 3\end{matrix}\\\begin{bmatrix}k_{ii}^{①} & k_{ij}^{①} & 0\\k_{ji}^{①} & k_{jj}^{①}+k_{ii}^{②} & k_{ji}^{②}\\0 & k_{ji}^{②} & k_{ij}^{②}\end{bmatrix}\end{array}\begin{matrix}1\\2\\3\end{matrix}=\begin{array}{c}\begin{matrix}1 & 2 & 3\end{matrix}\\\begin{bmatrix}4i_1 & 2i_1 & 0\\2i_1 & 4i_1+4i_2 & 2i_2\\0 & 2i_2 & 4i_2\end{bmatrix}\end{array}\begin{matrix}1\\2\\3\end{matrix} \tag{1.20}$$

对比式（1.15）和式（1.20），可知两种方法推导得出的 $\boldsymbol{K}$ 完全相同，而刚度集成法具有明显的优点。

对于图 1.2 所示具有 n 个节点和（$n-1$）个单元的多跨连续梁，应用此方法易得出 $n\times n$ 阶整体刚度矩阵 $\boldsymbol{K}=\sum_{e=1}^{n-1}\boldsymbol{K}^{ⓔ}$。写出相应的整体刚度方程：

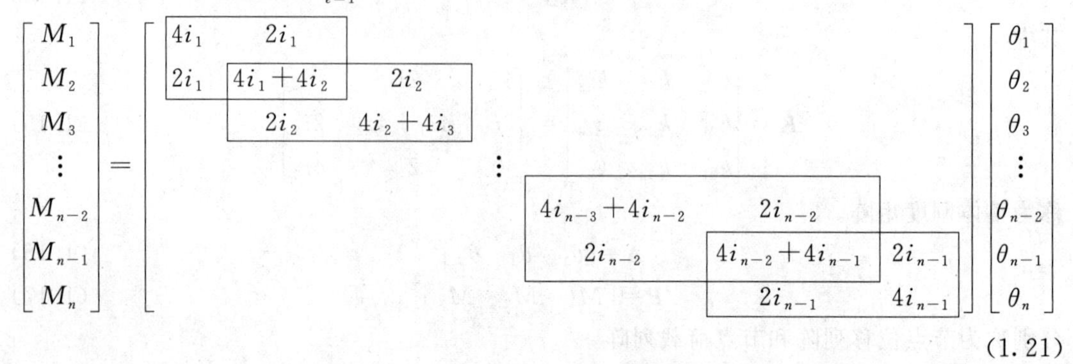

$$\begin{bmatrix} M_1 \\ M_2 \\ M_3 \\ \vdots \\ M_{n-2} \\ M_{n-1} \\ M_n \end{bmatrix}=\begin{bmatrix} 4i_1 & 2i_1 & & & & & \\ 2i_1 & 4i_1+4i_2 & 2i_2 & & & & \\ & 2i_2 & 4i_2+4i_3 & & & & \\ & & & \vdots & & & \\ & & & & 4i_{n-3}+4i_{n-2} & 2i_{n-2} & \\ & & & & 2i_{n-2} & 4i_{n-2}+4i_{n-1} & 2i_{n-1} \\ & & & & & 2i_{n-1} & 4i_{n-1} \end{bmatrix}\begin{bmatrix} \theta_1 \\ \theta_2 \\ \theta_3 \\ \vdots \\ \theta_{n-2} \\ \theta_{n-1} \\ \theta_n \end{bmatrix} \tag{1.21}$$

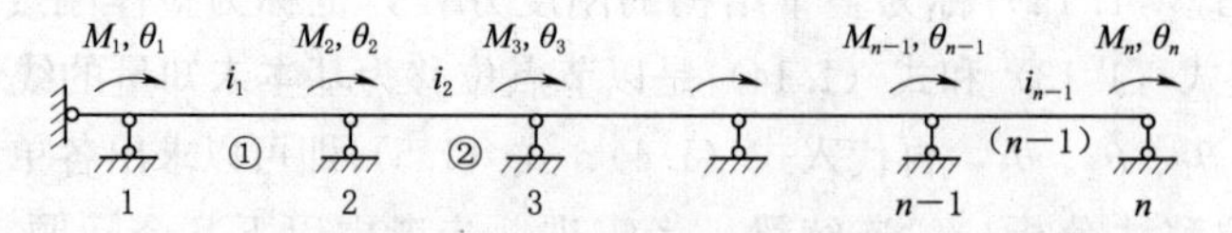

图 1.2　多跨连续梁结构

2. 两端支承条件的引入

以上在推导连续梁整体刚度方程时，没有涉及连续梁两端有固定端支座的情况。对于图 1.3 所示右端为固定端支座的两跨连续梁，先不考虑右端的约束条件，得出整体刚度方程与式（1.13）完全一样，即

$$\begin{bmatrix} 4i_1 & 2i_1 & 0 \\ 2i_1 & 4i_1+4i_2 & 2i_2 \\ 0 & 2i_2 & 4i_2 \end{bmatrix}\begin{bmatrix} \theta_1 \\ \theta_2 \\ \theta_3 \end{bmatrix}=\begin{bmatrix} M_1 \\ M_2 \\ M_3 \end{bmatrix} \tag{1.22}$$

图 1.3　右端为固定端支座的两跨连续梁结构

然后考虑右端转角为零的支承条件 $\theta_3=0$，相应的节点力 M_3 为支座节点 3 处的未知反力偶。因此，求解基本未知量 θ_1、θ_2 的基本方程为

$$\begin{bmatrix} 4i_1 & 2i_1 \\ 2i_1 & 4i_1+4i_2 \end{bmatrix}\begin{bmatrix} \theta_1 \\ \theta_2 \end{bmatrix}=\begin{bmatrix} M_1 \\ M_2 \end{bmatrix} \tag{1.23}$$

为了便于编写计算程序，希望引入支承条件后，矩阵的阶数和排列次序不变，而又达到修改整体刚度方程的目的，将式（1.23）修改为如下形式：

$$\begin{bmatrix} 4i_1 & 2i_1 & 0 \\ 2i_1 & 4i_1+4i_2 & 0 \\ 0 & 0 & 1 \end{bmatrix} \begin{bmatrix} \theta_1 \\ \theta_2 \\ \theta_3 \end{bmatrix} = \begin{bmatrix} M_1 \\ M_2 \\ 0 \end{bmatrix} \tag{1.24}$$

显然，式（1.24）完全等效于基本方程式（1.22）和支承条件 $\theta_3=0$。

总结起来，连续梁两端支承条件的引入方法为：将整体刚度矩阵的主对角线元素 k_{ii} 改为 1，第 i 行、i 列的其余元素改为零，对应的荷载元素也改为零，其中 $i=1$ 或 n。$i=1$ 对应左端为固定支座；$i=n$ 对应右端为固定支座。左右端同时为固定端支座时，应同时进行修改。

3. 非节点荷载的处理

对于承受非节点荷载作用的连续梁，可利用等效节点荷载进行分析。现以图 1.4（a）所示连续梁为例，说明计算等效节点荷载的方法。

首先，在各节点（包括两端节点）加约束，阻止节点转动，如图 1.4（b）所示。这时各杆独立地承担所受的荷载，杆端产生固端弯矩，记为

$$\boldsymbol{M}_{\mathrm{f}}^{ⓔ} = \begin{bmatrix} M_{\mathrm{f}i}^{ⓔ} \\ M_{\mathrm{f}j}^{ⓔ} \end{bmatrix} \tag{1.25}$$

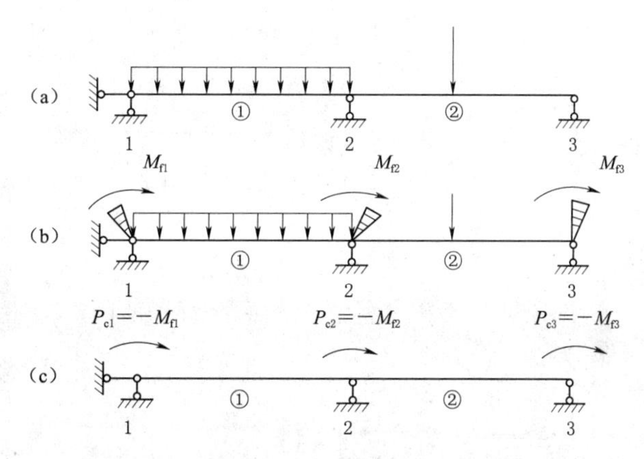

图 1.4 受非节点荷载作用的连续梁结构

各节点的约束力矩分别为交于该节点的各相关单元的固端力矩之和，以顺时针为正，则

$$\begin{bmatrix} M_{\mathrm{f1}} \\ M_{\mathrm{f2}} \\ M_{\mathrm{f3}} \end{bmatrix} = \begin{bmatrix} M_{\mathrm{f}i}^{①} \\ M_{\mathrm{f}j}^{①}+M_{\mathrm{f}i}^{②} \\ M_{\mathrm{f}j}^{②} \end{bmatrix} \tag{1.26}$$

然后，去掉这些附加的约束，这就相当于在各点施加一外力荷载 $\boldsymbol{P}_{\mathrm{e}}$，其大小与约束力矩相同，但方向相反，如图 1.4（c）所示。

显然，叠加图 1.4（b）、图 1.4（c）两种情况，即得图 1.4（a）的原始情况。图 1.4（c）中的节点荷载 $\boldsymbol{P}_{\mathrm{e}}$ 称为原非节点荷载的等效节点荷载，即

$$\boldsymbol{P}_{\mathrm{e}} = \begin{bmatrix} P_{\mathrm{e1}} \\ P_{\mathrm{e2}} \\ P_{\mathrm{e3}} \end{bmatrix} = \begin{bmatrix} -M_{\mathrm{f}i}^{①} \\ -M_{\mathrm{f}j}^{①}-M_{\mathrm{f}i}^{②} \\ -M_{\mathrm{f}j}^{②} \end{bmatrix} \tag{1.27}$$

根据以上分析，非节点荷载作用下的杆端弯矩由两部分组成，一部分是在节点加阻止转动的约束条件下的固端弯矩，如图 1.4（b）所示；另一部分是在等效节点荷载作用下的杆端弯矩，如图 1.4（c）所示。

将两部分杆端弯矩叠加起来，即得非节点荷载作用下的各杆杆端弯矩，即

$$\begin{bmatrix} M_i^{ⓔ} \\ M_j^{ⓔ} \end{bmatrix}=\begin{bmatrix} 4i_e & 2i_e \\ 2i_e & 4i_e \end{bmatrix}\begin{bmatrix} \theta_i^{ⓔ} \\ \theta_j^{ⓔ} \end{bmatrix}+\begin{bmatrix} M_{fi}^{ⓔ} \\ M_{fj}^{ⓔ} \end{bmatrix} \tag{1.28}$$

在解决了上述三个问题之后，就可以应用有限元位移法方便地计算一般连续梁结构了。

例 1.1　应用有限元位移法计算图 1.5 所示连续梁的内力。

解　(1) 将结构离散化，单元及节点编号如图 1.5 所示。

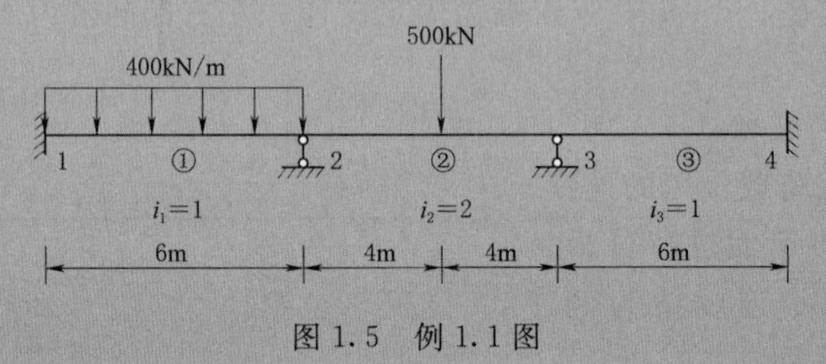

图 1.5　例 1.1 图

(2) 求固端力矩及等效节点荷载。

参照结构力学位移法中等截面直杆的固端弯矩的计算公式，三个单元固端力矩可以得出为

$$\begin{bmatrix} M_{fi}^{①} \\ M_{fj}^{①} \end{bmatrix}=\begin{bmatrix} -1200 \\ 1200 \end{bmatrix},\ \begin{bmatrix} M_{fi}^{②} \\ M_{fj}^{②} \end{bmatrix}=\begin{bmatrix} -500 \\ 500 \end{bmatrix},\ \begin{bmatrix} M_{fi}^{③} \\ M_{fj}^{③} \end{bmatrix}=\begin{bmatrix} 0 \\ 0 \end{bmatrix}$$

应用式 (1.27) 求得等效节点荷载列阵为

$$\begin{bmatrix} P_{e1} \\ P_{e2} \\ P_{e3} \\ P_{e4} \end{bmatrix}=\begin{bmatrix} -M_{fi}^{①} \\ -M_{fj}^{①}-M_{fi}^{②} \\ -M_{fj}^{②}-M_{fi}^{③} \\ -M_{fj}^{③} \end{bmatrix}=\begin{bmatrix} 1200 \\ -700 \\ -500 \\ 0 \end{bmatrix}$$

(3) 求单元刚度矩阵及相应的单元贡献矩阵：

$$\boldsymbol{k}^{①}=\begin{array}{c} \begin{array}{cc} 1 & 2 \end{array} \\ \begin{bmatrix} k_{ii}^{①} & k_{ij}^{①} \\ k_{ji}^{①} & k_{jj}^{①} \end{bmatrix} \end{array}\begin{array}{c} 1 \\ 2 \end{array}=\begin{bmatrix} 4 & 2 \\ 2 & 4 \end{bmatrix},\ \boldsymbol{K}^{①}=\begin{array}{c} \begin{array}{cccc} 1 & 2 & 3 & 4 \end{array} \\ \begin{bmatrix} k_{ii}^{①} & k_{ij}^{①} & 0 & 0 \\ k_{ji}^{①} & k_{jj}^{①} & 0 & 0 \\ 0 & 0 & 0 & 0 \\ 0 & 0 & 0 & 3 \end{bmatrix} \end{array}\begin{array}{c} 1 \\ 2 \\ 3 \\ 4 \end{array}=\begin{bmatrix} 4 & 2 & 0 & 0 \\ 2 & 4 & 0 & 0 \\ 0 & 0 & 0 & 0 \\ 0 & 0 & 0 & 0 \end{bmatrix}$$

$$\boldsymbol{k}^{②}=\begin{array}{c} \begin{array}{cc} 1 & 2 \end{array} \\ \begin{bmatrix} k_{ii}^{②} & k_{ij}^{②} \\ k_{ji}^{②} & k_{jj}^{②} \end{bmatrix} \end{array}\begin{array}{c} 1 \\ 2 \end{array}=\begin{bmatrix} 8 & 4 \\ 4 & 8 \end{bmatrix},\ \boldsymbol{K}^{②}=\begin{array}{c} \begin{array}{cccc} 1 & 2 & 3 & 4 \end{array} \\ \begin{bmatrix} 0 & 0 & 0 & 0 \\ 0 & k_{ii}^{②} & k_{ij}^{②} & 0 \\ 0 & k_{ji}^{②} & k_{jj}^{②} & 0 \\ 0 & 0 & 0 & 0 \end{bmatrix} \end{array}\begin{array}{c} 1 \\ 2 \\ 3 \\ 4 \end{array}=\begin{bmatrix} 0 & 0 & 0 & 0 \\ 0 & 8 & 4 & 0 \\ 0 & 4 & 8 & 0 \\ 0 & 0 & 0 & 0 \end{bmatrix}$$

$$
\boldsymbol{k}^{③}=\begin{matrix} & 1 & 2 & \\ & \left[\begin{matrix} k_{ii}^{③} & k_{ij}^{③} \\ k_{ji}^{③} & k_{jj}^{③}\end{matrix}\right] & & \begin{matrix}1\\2\end{matrix}\end{matrix}=\begin{bmatrix}4 & 2\\2 & 4\end{bmatrix},\ \boldsymbol{K}^{③}=\begin{matrix} 1 & 2 & 3 & 4 & \\ \left[\begin{matrix}0 & 0 & 0 & 0\\0 & 0 & 0 & 0\\0 & 0 & k_{ii}^{③} & k_{ij}^{③}\\0 & 0 & k_{ji}^{③} & k_{jj}^{③}\end{matrix}\right. & & & \left.\right] & \begin{matrix}1\\2\\3\\4\end{matrix}\end{matrix}=\begin{bmatrix}0 & 0 & 0 & 0\\0 & 0 & 0 & 0\\0 & 0 & 4 & 2\\0 & 0 & 2 & 4\end{bmatrix}
$$

（4）求整体刚度矩阵。应用式（1.21），有

$$
K=\begin{matrix} \begin{matrix}1 & & 2 & & 3 & & 4\end{matrix} \\ \begin{bmatrix} k_{ii}^{①} & k_{ij}^{①} & 0 & 0 \\ k_{ji}^{①} & k_{jj}^{①}+k_{ii}^{②} & k_{ij}^{②} & 0 \\ 0 & k_{ji}^{②} & k_{jj}^{②}+k_{ii}^{③} & k_{ij}^{③} \\ 0 & 0 & k_{ji}^{③} & k_{jj}^{③} \end{bmatrix}\end{matrix}\begin{matrix}1\\2\\3\\4\end{matrix}=\begin{bmatrix}4 & 2 & 0 & 0\\2 & 12 & 4 & 0\\0 & 4 & 12 & 2\\0 & 0 & 2 & 4\end{bmatrix}
$$

（5）引入支承条件。本例中，支承条件为 $\theta_1=0$，$\theta_4=0$，因此将整体刚度矩阵 $\boldsymbol{K}$ 的第一、四行和列进行修改，同时荷载列阵 $\boldsymbol{P}$ 的第一、四个元素改为零，得基本方程为

$$
\begin{bmatrix}1 & 0 & 0 & 0\\0 & 12 & 4 & 0\\0 & 4 & 12 & 0\\0 & 0 & 0 & 1\end{bmatrix}\begin{bmatrix}\theta_1\\\theta_2\\\theta_3\\\theta_4\end{bmatrix}=\begin{bmatrix}0\\-700\\-500\\0\end{bmatrix}
$$

（6）求解基本方程，得

$$
\begin{bmatrix}\theta_1\\\theta_2\\\theta_3\\\theta_4\end{bmatrix}=\begin{bmatrix}0\\-50\\-25\\0\end{bmatrix}
$$

（7）计算各杆杆端弯矩。应用式（1.28），有

$$
\begin{bmatrix}M_i^{①}\\M_j^{①}\end{bmatrix}=\begin{bmatrix}4 & 2\\2 & 4\end{bmatrix}\begin{bmatrix}0\\-50\end{bmatrix}+\begin{bmatrix}-1200\\1200\end{bmatrix}=\begin{bmatrix}-1300\\1000\end{bmatrix}
$$

$$
\begin{bmatrix}M_i^{②}\\M_j^{②}\end{bmatrix}=\begin{bmatrix}8 & 4\\4 & 8\end{bmatrix}\begin{bmatrix}-50\\-25\end{bmatrix}+\begin{bmatrix}-500\\500\end{bmatrix}=\begin{bmatrix}-1000\\100\end{bmatrix}
$$

$$
\begin{bmatrix}M_i^{③}\\M_j^{③}\end{bmatrix}=\begin{bmatrix}4 & 2\\2 & 4\end{bmatrix}\begin{bmatrix}-25\\0\end{bmatrix}+\begin{bmatrix}0\\0\end{bmatrix}=\begin{bmatrix}-100\\-50\end{bmatrix}
$$

据此可作出该连续梁的弯矩图，如图 1.6 所示。

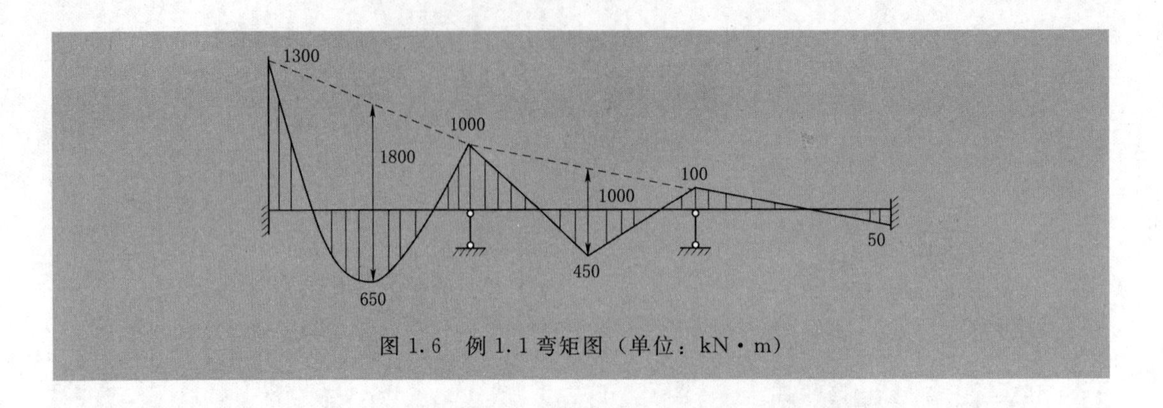

图 1.6　例 1.1 弯矩图（单位：kN·m）

1.2　局部坐标系中的单元刚度矩阵

单元分析的目的在于得出单元刚度方程和单元刚度矩阵。单元刚度方程是单元的杆端力与杆端位移之间的关系式，而单元刚度矩阵则是单元的杆端位移——杆端力变换矩阵。下面对等截面直杆构成的一般平面杆件结构的单元进行分析。

1.2.1　一般单元

设单元ⓔ的弹性模量、截面惯性矩、截面积分别为 E、I、A，杆长为 l。单元的 i、j 端各有三个杆端力 $\overline{X}$、$\overline{Y}$、$\overline{M}$（即轴力、剪力、弯矩）和与其相应的三个杆端位移 $\overline{u}$、$\overline{v}$、$\overline{\theta}$，如图 1.7 所示。图中 $\overline{x}O\overline{y}$ 为单元局部坐标系，取点 i 位于坐标原点，$\overline{x}$ 轴与杆轴重合，规定由 i 到 j 为 $\overline{x}$ 轴正方向，由 $\overline{x}$ 轴顺时针转动 90°为 $\overline{y}$ 轴正方向。力和位移的正方向如图 1.7 所示。

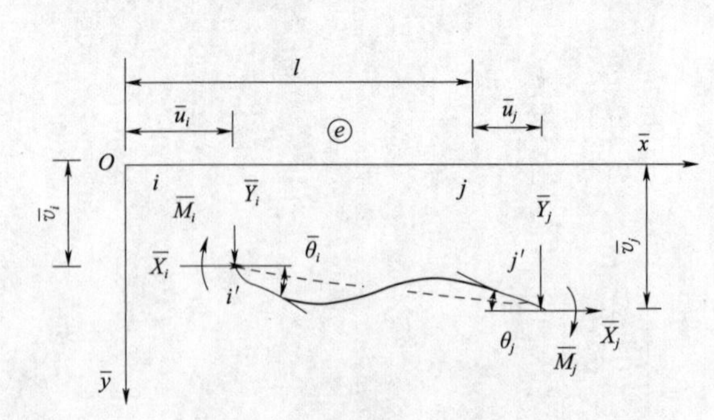

图 1.7　杆单元受力和位移图

在此单元中，单元杆端力列阵和杆端位移列阵分别为

$$\overline{\boldsymbol{F}}^{ⓔ}=[\overline{X}_i \quad \overline{Y}_i \quad \overline{M}_i \quad \vdots \quad \overline{X}_j \quad \overline{Y}_j \quad \overline{M}_j]^{ⓔ\mathrm{T}} \tag{1.29}$$

$$\overline{\boldsymbol{\delta}}^{ⓔ}=[\overline{u}_i \quad \overline{v}_i \quad \overline{\theta}_i \quad \vdots \quad \overline{u}_j \quad \overline{v}_j \quad \overline{\theta}_j]^{ⓔ\mathrm{T}} \tag{1.30}$$

式中，虚线表示按节点将列阵分块。

为了导出一般单元杆端力与杆端位移之间的关系，分别考虑以下两种情况：

首先分析两个杆端轴力 $\overline{X}_i$、$\overline{X}_j$ 与杆端轴向位移 $\overline{u}_i$、$\overline{u}_j$ 的关系。根据胡克定律，有

$$\left.\begin{aligned}\overline{X}_i&=\frac{EA}{l}(\overline{u}_i-\overline{u}_j)=\frac{EA}{l}\overline{u}_i-\frac{EA}{l}\overline{u}_j\\ \overline{X}_j&=-\frac{EA}{l}(\overline{u}_i-\overline{u}_j)=-\frac{EA}{l}\overline{u}_i+\frac{EA}{l}\overline{u}_j\end{aligned}\right\} \tag{1.31}$$

其次考虑杆端弯矩 $\overline{M}_i$、$\overline{M}_j$ 和杆端剪力 $\overline{Y}_i$、$\overline{Y}_j$ 与杆端转角 $\overline{\theta}_i$、$\overline{\theta}_j$ 和横向位移 $\overline{v}_i$、$\overline{v}_j$ 的关系。根据结构力学位移法的转角位移方程，并按照本节规定的符号和正负号，可得

$$\left.\begin{aligned}
\overline{M}_i &= \frac{6EI}{l^2}\overline{v}_i + \frac{4EI}{l}\overline{\theta}_i - \frac{6EI}{l^2}\overline{v}_j + \frac{2EI}{l}\overline{\theta}_j \\
\overline{M}_j &= \frac{6EI}{l^2}\overline{v}_i + \frac{2EI}{l}\overline{\theta}_i - \frac{6EI}{l^2}\overline{v}_j + \frac{4EI}{l}\overline{\theta}_j \\
\overline{Y}_i &= \frac{12EI}{l^3}\overline{v}_i + \frac{6EI}{l^2}\overline{\theta}_i - \frac{12EI}{l^3}\overline{v}_j + \frac{6EI}{l^2}\overline{\theta}_j \\
\overline{Y}_j &= -\frac{12EI}{l^3}\overline{v}_i - \frac{6EI}{l^2}\overline{\theta}_i + \frac{12EI}{l^3}\overline{v}_j - \frac{6EI}{l^2}\overline{\theta}_j
\end{aligned}\right\} \tag{1.32}$$

将式（1.31）、式（1.32）两式合在一起，并写成矩阵形式如下：

$$\begin{bmatrix} \overline{X}_i \\ \overline{Y}_i \\ \overline{M}_i \\ \cdots \\ \overline{X}_j \\ \overline{Y}_j \\ \overline{M}_j \end{bmatrix}^{ⓔ} = \left[\begin{array}{ccc:ccc}
\frac{EA}{l} & 0 & 0 & -\frac{EA}{l} & 0 & 0 \\
0 & \frac{12EI}{l^3} & \frac{6EI}{l^2} & 0 & -\frac{12EI}{l^3} & \frac{6EI}{l^2} \\
0 & \frac{6EI}{l^2} & \frac{4EI}{l} & 0 & -\frac{6EI}{l^2} & \frac{2EI}{l} \\
\hdashline
-\frac{EA}{l} & 0 & 0 & \frac{EA}{l} & 0 & 0 \\
0 & -\frac{12EI}{l^3} & -\frac{6EI}{l^2} & 0 & \frac{12EI}{l^3} & -\frac{6EI}{l^2} \\
0 & \frac{6EI}{l^2} & \frac{2EI}{l} & 0 & -\frac{6EI}{l^2} & \frac{4EI}{l}
\end{array}\right]^{ⓔ} \begin{bmatrix} \overline{u}_i \\ \overline{v}_i \\ \overline{\theta}_i \\ \cdots \\ \overline{u}_j \\ \overline{v}_j \\ \overline{\theta}_j \end{bmatrix}^{ⓔ} \tag{1.33}$$

上式可简写为

$$\overline{\boldsymbol{F}}^{ⓔ} = \overline{\boldsymbol{k}}^{ⓔ}\overline{\boldsymbol{\delta}}^{ⓔ} \tag{1.34}$$

其中单元刚度矩阵为

$$\overline{\boldsymbol{k}}^{ⓔ} = \left[\begin{array}{ccc:ccc}
\frac{EA}{l} & 0 & 0 & -\frac{EA}{l} & 0 & 0 \\
0 & \frac{12EI}{l^3} & \frac{6EI}{l^2} & 0 & -\frac{12EI}{l^3} & \frac{6EI}{l^2} \\
0 & \frac{6EI}{l^2} & \frac{4EI}{l} & 0 & -\frac{6EI}{l^2} & \frac{2EI}{l} \\
\hdashline
-\frac{EA}{l} & 0 & 0 & \frac{EA}{l} & 0 & 0 \\
0 & -\frac{12EI}{l^3} & -\frac{6EI}{l^2} & 0 & \frac{12EI}{l^3} & -\frac{6EI}{l^2} \\
0 & \frac{6EI}{l^2} & \frac{2EI}{l} & 0 & -\frac{6EI}{l^2} & \frac{4EI}{l}
\end{array}\right]^{ⓔ} \tag{1.35}$$

式（1.35）即平面杆件结构的一般单元在局部坐标系下的单元刚度矩阵。

1.2.2　单元刚度矩阵的性质

（1）单元刚度矩阵 $\overline{\boldsymbol{k}}^{ⓔ}$ 中的每个元素代表单位杆端位移引起的杆端力。任一元素

k_{ij}（i、j 取1～6）的物理意义是第 j 个杆端位移分量等于1（其余位移分量为零）时，所引起的第 i 个杆端力的分量值。所以，$\overline{\boldsymbol{k}}^{ⓔ}$ 中第 j 列元素表示第 j 个杆端位移分量为1（其余位移分量为零）时，所引起的各杆端力分量的值；而第 i 行元素则表示各个杆端位移分量均等于1时，所引起的第 i 个杆端力分量的值。

（2）单元刚度矩阵 $\overline{\boldsymbol{k}}^{ⓔ}$ 为对称矩阵，其元素 $k_{ij}=k_{ji}(i\neq j)$。由反力互等定理可得到证明。

（3）一般单元的 $\overline{\boldsymbol{k}}^{ⓔ}$ 是奇异矩阵，它的元素行列式等于零，即 $|\overline{\boldsymbol{k}}^{ⓔ}|=0$。显然在 $\overline{\boldsymbol{k}}^{ⓔ}$ 中，若将其第4行（或第5行）的元素与第1行（或第2行）的同列元素相加，则这行元素全等于零，根据行列式的性质可知，$\overline{\boldsymbol{k}}^{ⓔ}$ 相应的行列式的值等于零。

由 $\overline{\boldsymbol{k}}^{ⓔ}$ 的奇异性可知，$\overline{\boldsymbol{k}}^{ⓔ}$ 没有逆矩阵。也就是说，如果给定杆端位移 $\overline{\boldsymbol{\delta}}^{ⓔ}$，由式（1.34）可以求出杆端力 $\overline{\boldsymbol{F}}^{ⓔ}$ 的唯一解；但反过来，当杆端力 $\overline{\boldsymbol{F}}^{ⓔ}$ 已知时，则不存在 $\overline{\boldsymbol{\delta}}^{ⓔ}=(\overline{\boldsymbol{k}}^{ⓔ})^{-1}\overline{\boldsymbol{F}}^{ⓔ}$ 这样的关系式，因此无法求出杆端位移的唯一解。这是由于在 $\overline{\boldsymbol{F}}^{ⓔ}$ 已知的情况下，图1.7所示的为一自由单元，单元两端无任何约束，因而除去杆件自身变形外，还可发生任意的刚体位移。所以，当杆端力已知时，无法求出杆端位移的唯一解。

（4）$\overline{\boldsymbol{k}}^{ⓔ}$ 具有分块性质。在式（1.33）和式（1.35）中，用虚线把 $\overline{\boldsymbol{k}}^{ⓔ}$ 分成四个子矩阵，把 $\overline{\boldsymbol{F}}^{ⓔ}$ 和 $\overline{\boldsymbol{\delta}}^{ⓔ}$ 也各分为两个子列阵，因此可将单元刚度方程（1.33）用子块形式表示为

$$\begin{Bmatrix}\overline{\boldsymbol{F}}_i^{ⓔ}\\ \overline{\boldsymbol{F}}_j^{ⓔ}\end{Bmatrix}=\begin{bmatrix}\overline{\boldsymbol{k}}_{ii}^{ⓔ} & \overline{\boldsymbol{k}}_{ij}^{ⓔ}\\ \overline{\boldsymbol{k}}_{ji}^{ⓔ} & \overline{\boldsymbol{k}}_{jj}^{ⓔ}\end{bmatrix}\begin{Bmatrix}\overline{\boldsymbol{\delta}}_i^{ⓔ}\\ \overline{\boldsymbol{\delta}}_j^{ⓔ}\end{Bmatrix}\tag{1.36}$$

其中

$$\overline{\boldsymbol{F}}_i^{ⓔ}=[\overline{X}_i\quad \overline{Y}_i\quad \overline{M}_i]^{ⓔ\mathrm{T}}$$
$$\overline{\boldsymbol{F}}_j^{ⓔ}=[\overline{X}_j\quad \overline{Y}_j\quad \overline{M}_j]^{ⓔ\mathrm{T}}$$
$$\overline{\boldsymbol{\delta}}_i^{ⓔ}=[\overline{u}_i\quad \overline{v}_i\quad \overline{\theta}_i]^{ⓔ\mathrm{T}}$$
$$\overline{\boldsymbol{\delta}}_j^{ⓔ}=[\overline{u}_j\quad \overline{v}_j\quad \overline{\theta}_j]^{ⓔ\mathrm{T}}$$

而 $\overline{\boldsymbol{k}}_{rs}^{ⓔ}$ 为单元刚度矩阵 $\overline{\boldsymbol{k}}^{ⓔ}$ 的任一子块（r，$s=i$，j），它是一个3×3阶方阵，表示杆端位移 $\overline{\boldsymbol{\delta}}^{ⓔ}$ 与杆端力 $\overline{\boldsymbol{F}}_r^{ⓔ}$ 之间的刚度关系。用子块形式表示单元刚度矩阵和刚度方程，可使向量层次关系更加分明。

1.2.3　轴力单元

对于只需考虑轴向杆端位移和轴向杆端力的单元，称为轴力单元，例如桁架中的杆单元。由式（1.31）可得

$$\begin{bmatrix}\overline{X}_i\\ \overline{X}_j\end{bmatrix}^{ⓔ}=\begin{bmatrix}\dfrac{EA}{l} & -\dfrac{EA}{l}\\ -\dfrac{EA}{l} & \dfrac{EA}{l}\end{bmatrix}^{ⓔ}\begin{bmatrix}\overline{u}_i\\ \overline{u}_j\end{bmatrix}^{ⓔ}\tag{1.37}$$

这是在局部坐标系下得到的，但是考虑结构的整体坐标系与局部坐标系不一致时，需要进行坐标变换。为了便于坐标变换，将上式写成

$$\begin{bmatrix} \overline{X}_i \\ \overline{Y}_i \\ \overline{X}_j \\ \overline{Y}_j \end{bmatrix}^{ⓔ} = \begin{bmatrix} \frac{EA}{l} & 0 & -\frac{EA}{l} & 0 \\ 0 & 0 & 0 & 0 \\ -\frac{EA}{l} & 0 & \frac{EA}{l} & 0 \\ 0 & 0 & 0 & 0 \end{bmatrix}^{ⓔ} \begin{bmatrix} \overline{u}_i \\ \overline{v}_i \\ \overline{u}_j \\ \overline{v}_j \end{bmatrix}^{ⓔ} \tag{1.38}$$

其中

$$\overline{\boldsymbol{k}}^{ⓔ} = \begin{bmatrix} \frac{EA}{l} & 0 & -\frac{EA}{l} & 0 \\ 0 & 0 & 0 & 0 \\ -\frac{EA}{l} & 0 & \frac{EA}{l} & 0 \\ 0 & 0 & 0 & 0 \end{bmatrix}^{ⓔ} \tag{1.39}$$

很明显，轴力单元的单元刚度矩阵是四阶对称方阵，也是奇异矩阵。

1.3　单元刚度矩阵的坐标变换

上述单元刚度方程和单元刚度矩阵是在局部坐标系 $\overline{x}O\overline{y}$ 中建立起来的，对于一般杆件结构，分析时所划分的各单元的局部坐标系显然不相同。因此在研究结构的平衡条件和变形连续条件时，必须选定一个统一的坐标系 xOy，该坐标系称为整体坐标系或公共坐标系。同时，必须把在局部坐标系中建立的单元刚度矩阵转换为整体坐标系下的单元刚度矩阵。下面介绍坐标变换的方法。

图 1.8（a）、（b）分别表示单元ⓔ在局部坐标系 $\overline{x}O\overline{y}$ 和整体坐标系 xOy 中的杆端力分量。

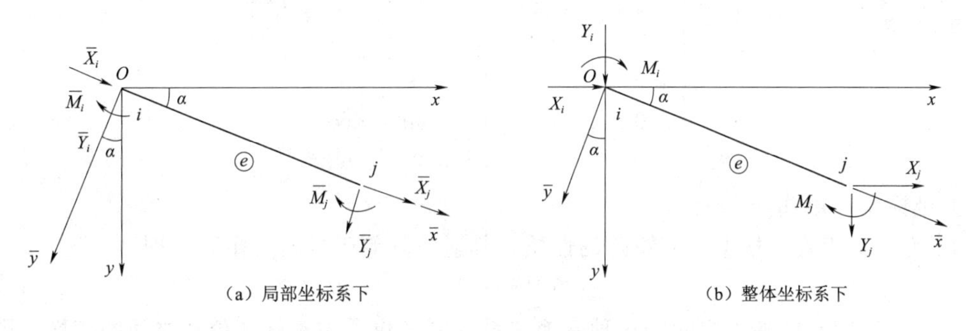

图 1.8　单元ⓔ在局部坐标系和整体坐标系下杆端力分量图

为了导出整体坐标系中杆端力 X_i、Y_i、M_i 和局部坐标系中 $\overline{X}_i$、$\overline{Y}_i$、$\overline{M}_i$ 之间的关系，将 X_i、Y_i 分别向 $\overline{x}$、$\overline{y}$ 轴上投影，可得

$$\left.\begin{aligned} \overline{X}_i &= X_i\cos\alpha + Y_i\sin\alpha \\ \overline{Y}_i &= -X_i\sin\alpha + Y_i\cos\alpha \end{aligned}\right\} \tag{1.40}$$

式中：α 为由 x 轴到 $\bar{x}$ 轴之间的夹角，以顺时针为正。

在两个坐标系中，力偶分量不变，即

$$\overline{M}_i = M_i \tag{1.41}$$

同理，对于单元ⓔ，j 端的杆端力为

$$\left.\begin{aligned}\overline{X}_j &= X_j\cos\alpha + Y_j\sin\alpha\\ \overline{Y}_j &= -X_j\sin\alpha + Y_j\cos\alpha\\ \overline{M}_j &= M_j\end{aligned}\right\} \tag{1.42}$$

将式（1.40）、式（1.41）、式（1.42）合起来，并用矩阵形式表示，可得

$$\begin{bmatrix}\overline{X}_i\\ \overline{Y}_i\\ \overline{M}_i\\ \overline{X}_j\\ \overline{Y}_j\\ \overline{M}_j\end{bmatrix}^{ⓔ} = \begin{bmatrix}\cos\alpha & \sin\alpha & 0 & 0 & 0 & 0\\ -\sin\alpha & \cos\alpha & 0 & 0 & 0 & 0\\ 0 & 0 & 1 & 0 & 0 & 0\\ 0 & 0 & 0 & \cos\alpha & \sin\alpha & 0\\ 0 & 0 & 0 & -\sin\alpha & \cos\alpha & 0\\ 0 & 0 & 0 & 0 & 0 & 1\end{bmatrix}^{ⓔ} \begin{bmatrix}X_i\\ Y_i\\ M_i\\ X_j\\ Y_j\\ M_j\end{bmatrix}^{ⓔ} \tag{1.43}$$

上式即为两种坐标系中单元杆端力的变换式，亦可简写为

$$\overline{\boldsymbol{F}}^{ⓔ} = \boldsymbol{T}^{ⓔ}\boldsymbol{F}^{ⓔ} \tag{1.44}$$

其中

$$\boldsymbol{F}^{ⓔ} = [\overline{X}_i \quad \overline{Y}_i \quad \overline{M}_i \mid \overline{X}_j \quad \overline{Y}_j \quad \overline{M}_j]^{ⓔ\mathrm{T}}$$

为局部坐标系中的单元杆端力列阵：

$$\boldsymbol{F}^{ⓔ} = [X_i \quad Y_i \quad M_i \mid X_j \quad Y_j \quad M_j]^{ⓔ\mathrm{T}}$$

为整体坐标系中的单元杆端力列阵：

$$\boldsymbol{T}^{ⓔ} = \begin{bmatrix}\cos\alpha & \sin\alpha & 0 & 0 & 0 & 0\\ -\sin\alpha & \cos\alpha & 0 & 0 & 0 & 0\\ 0 & 0 & 1 & 0 & 0 & 0\\ 0 & 0 & 0 & \cos\alpha & \sin\alpha & 0\\ 0 & 0 & 0 & -\sin\alpha & \cos\alpha & 0\\ 0 & 0 & 0 & 0 & 0 & 1\end{bmatrix}^{ⓔ} \tag{1.45}$$

为单元坐标变换矩阵。

$\boldsymbol{T}^{ⓔ}$ 为正交矩阵，根据正交矩阵的性质，其逆矩阵等于其转置矩阵，即

$$T^{ⓔ-1} = T^{ⓔ\mathrm{T}} \tag{1.46}$$

显然，式（1.44）杆端力之间的这种变换关系，同样也适用于杆端位移之间的变换，即

$$\overline{\boldsymbol{\delta}}^{ⓔ} = \boldsymbol{T}^{ⓔ}\boldsymbol{\delta}^{ⓔ} \tag{1.47}$$

将式（1.44）、式（1.47）代入式（1.34），得

$$\boldsymbol{T}^{ⓔ}\boldsymbol{F}^{ⓔ} = \overline{\boldsymbol{k}}^{ⓔ}\boldsymbol{T}^{ⓔ}\boldsymbol{\delta}^{ⓔ}$$

等号两边均左乘 $\boldsymbol{T}^{ⓔ-1}$，考虑到 $\boldsymbol{T}^{ⓔ-1}\boldsymbol{T}^{ⓔ}$ 等于单位矩阵 $\boldsymbol{I}$，可得

$$\overline{\boldsymbol{F}}^{ⓔ} = \boldsymbol{T}^{ⓔ-1}\overline{\boldsymbol{k}}^{ⓔ}\boldsymbol{T}^{ⓔ}\boldsymbol{\delta}^{ⓔ} = \boldsymbol{T}^{ⓔ\mathrm{T}}\overline{\boldsymbol{k}}^{ⓔ}\boldsymbol{T}^{ⓔ}\boldsymbol{\delta}^{ⓔ} \tag{1.48}$$

令

$$\boldsymbol{k}^{ⓔ}=\boldsymbol{T}^{ⓔ\mathrm{T}}\overline{\boldsymbol{k}}^{ⓔ}\boldsymbol{T}^{ⓔ} \tag{1.49}$$

则得

$$\boldsymbol{F}^{ⓔ}=\boldsymbol{k}^{ⓔ}\boldsymbol{\delta}^{ⓔ} \tag{1.50}$$

式（1.49）即为两种坐标系下单元刚度矩阵的变换公式。利用该式，就可以由局部坐标系下的单元刚度矩阵 $\overline{\boldsymbol{k}}^{ⓔ}$ 和单元坐标变换矩阵 $\boldsymbol{T}^{ⓔ}$，求得整体坐标系下的单元刚度矩阵 $\boldsymbol{k}^{ⓔ}$。

$\boldsymbol{k}^{ⓔ}$ 写成展开形式为

$$\boldsymbol{k}^{ⓔ}=\left[\begin{array}{ccc:ccc} S_1 & S_2 & -S_3 & -S_1 & -S_2 & -S_3 \\ & S_4 & S_5 & -S_2 & -S_4 & S_5 \\ & & 2S_6 & S_3 & -S_5 & S_6 \\ \hdashline & & & S_1 & S_2 & S_3 \\ & 对\quad 称 & & & S_4 & -S_5 \\ & & & & & 2S_6 \end{array}\right]^{ⓔ} \tag{1.51}$$

其中

$$\left.\begin{aligned} S_1&=\frac{EA}{l}\cos^2\alpha+\frac{12EI}{l^3}\sin^2\alpha \\ S_2&=\left(\frac{EA}{l}-\frac{12EI}{l^3}\right)\sin\alpha\cos\alpha \\ S_3&=\frac{6EI}{l^2}\sin\alpha \\ S_4&=\frac{EA}{l}\sin^2\alpha+\frac{12EI}{l^3}\cos^2\alpha \\ S_5&=\frac{6EI}{l^2}\cos\alpha \\ S_6&=\frac{2EI}{l} \end{aligned}\right\} \tag{1.52}$$

以上推导方法和步骤完全适合于轴力单元。轴力单元在整体坐标系下的杆端力列阵和杆端位移列阵分别为

$$\boldsymbol{F}^{ⓔ}=\left[\begin{array}{c} X_i \\ Y_i \\ \hdashline X_j \\ Y_j \end{array}\right]^{ⓔ} \qquad \boldsymbol{\delta}^{ⓔ}=\left[\begin{array}{c} u_i \\ v_i \\ \hdashline u_j \\ v_j \end{array}\right]^{ⓔ}$$

因为轴力单元中不需要考虑杆端角位移 θ 和杆端力 M，故对单元坐标变换矩阵作相应的改变，这样单元坐标变换矩阵式（1.45）应删去第 3、6 行与列，即

$$T^{ⓔ}=\left[\begin{array}{cc:cc} \cos\alpha & \sin\alpha & 0 & 0 \\ -\sin\alpha & \cos\alpha & 0 & 0 \\ \hdashline 0 & 0 & \cos\alpha & \sin\alpha \\ 0 & 0 & -\sin\alpha & \cos\alpha \end{array}\right]^{ⓔ} \tag{1.53}$$

式（1.44）、式（1.46）、式（1.49）仍适用于轴力单元。在整体坐标系下轴力单元的

单元刚度矩阵的展开形式为

$$
k^{ⓔ}=\left[\begin{array}{cc:cc} W_1 & W_2 & -W_1 & -W_2 \\ & W_3 & -W_2 & -W_3 \\ \hdashline & & W_1 & W_2 \\ \text{对} & \text{称} & & W_3 \end{array}\right]^{ⓔ} \tag{1.54}
$$

其中

$$
\left.\begin{aligned} W_1 &= \frac{EA}{l}\cos^2\alpha \\ W_2 &= \frac{EA}{l}\cos\alpha\sin\alpha \\ W_3 &= \frac{EA}{l}\sin^2\alpha \end{aligned}\right\} \tag{1.55}
$$

对于一般单元或轴力单元，当 α 为零时，有 $\boldsymbol{k}^{ⓔ}=\overline{\boldsymbol{k}}^{ⓔ}$。

整体坐标系下单元刚度矩阵 $\boldsymbol{k}^{ⓔ}$ 与局部坐标系下单元刚度矩阵 $\overline{\boldsymbol{k}}^{ⓔ}$ 是同阶矩阵，并且有类似的性质：$\boldsymbol{k}^{ⓔ}$ 中某一元素 k_{ij} 表示整体坐标系中第 j 个杆端位移分量等于 1 时，所引起的第 i 个杆端力分量；$\boldsymbol{k}^{ⓔ}$ 对称矩阵，可以用分块子矩阵表示；一般单元的 $\boldsymbol{k}^{ⓔ}$ 具有奇异性。

1.4　单元未知量编码

为了便于编程计算，需要按一定规律对结构的节点、单元和各节点的位移分量编号。结构的节点位移有自由节点位移和支座节点位移（亦称约束节点位移）之分。自由节点位移是未知量，支座节点位移是已知量。建立结构整体刚度方程求解未知节点位移的方式有“后处理法”和“先处理法”，以下分别予以介绍。

1.4.1　后处理法

先简单介绍“后处理法”。由单元刚度矩阵形成整体刚度矩阵，建立刚度方程后再引入支承条件，进而求解节点的未知位移的方法称为“后处理法”。

图 1.9 (a) 为一平面刚架。其中 1、2、3、4 为节点号；①、②、③为杆件单元号。xOy 为选定的整体坐标系。设该结构承受任意荷载作用，其节点荷载如图 1.9 所示。

用后处理法分析该结构时，设所有节点位移都是未知量，则节点位移列阵为［见图 1.9 (b)］

$$
\begin{aligned} \boldsymbol{\Delta} &= [\boldsymbol{\Delta}_1 \quad \boldsymbol{\Delta}_2 \quad \boldsymbol{\Delta}_3 \quad \boldsymbol{\Delta}_4]^{\mathrm{T}} \\ &= [u_1 \quad v_1 \quad \theta_1 \mid u_2 \quad v_2 \quad \theta_2 \mid u_3 \quad v_3 \quad \theta_3 \mid u_4 \quad v_4 \quad \theta_4]^{\mathrm{T}} \end{aligned}
$$

P_{ix}、P_{iy}、$P_{i\theta}$ 分别代表作用在节点 $i(i=1,\ 2,\ 3,\ 4)$ 上的水平力、竖向力和力偶。规定节点力 P_{ix}、P_{iy} 的正方向与整体坐标系 x、y 轴的正方向相同，$P_{i\theta}$ 以顺时针指向为正；节点位移的正方向与节点力的正方向一致。

在求出各单元刚度方程之后，根据节点平衡条件和位移连续条件，可建立整个结构的位移法方程：

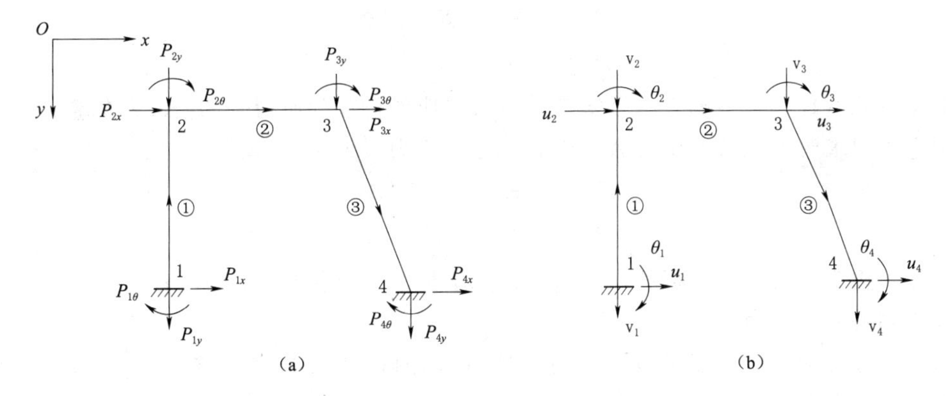

图 1.9　平面刚架节点编号及节点荷载、位移图

$$\begin{bmatrix} \boldsymbol{P}_1 \\ \boldsymbol{P}_2 \\ \boldsymbol{P}_3 \\ \boldsymbol{P}_4 \end{bmatrix} = \begin{bmatrix} k_{ii}^{①} & k_{ij}^{①} & 0 & 0 \\ k_{ji}^{①} & k_{jj}^{①}+k_{ii}^{②} & k_{ij}^{②} & 0 \\ 0 & k_{ji}^{②} & k_{jj}^{②}+k_{ii}^{③} & k_{ij}^{③} \\ 0 & 0 & k_{ji}^{③} & k_{jj}^{③} \end{bmatrix} \begin{bmatrix} \boldsymbol{\Delta}_1 \\ \boldsymbol{\Delta}_2 \\ \boldsymbol{\Delta}_3 \\ \boldsymbol{\Delta}_4 \end{bmatrix} \tag{1.56}$$

或

$$\boldsymbol{P}_0 = \boldsymbol{K}_0 \boldsymbol{\Delta}_0 \tag{1.57}$$

其中

$$\boldsymbol{K}_0 = \begin{bmatrix} \boldsymbol{K}_{11} & \boldsymbol{K}_{12} & \boldsymbol{K}_{13} & \boldsymbol{K}_{14} \\ \boldsymbol{K}_{21} & \boldsymbol{K}_{22} & \boldsymbol{K}_{23} & \boldsymbol{K}_{24} \\ \boldsymbol{K}_{31} & \boldsymbol{K}_{32} & \boldsymbol{K}_{33} & \boldsymbol{K}_{34} \\ \boldsymbol{K}_{41} & \boldsymbol{K}_{42} & \boldsymbol{K}_{43} & \boldsymbol{K}_{44} \end{bmatrix} = \begin{bmatrix} k_{ii}^{①} & k_{ij}^{①} & 0 & 0 \\ k_{ji}^{①} & k_{jj}^{①}+k_{ii}^{②} & k_{ij}^{②} & 0 \\ 0 & k_{ji}^{②} & k_{jj}^{②}+k_{ii}^{③} & k_{ij}^{③} \\ 0 & 0 & k_{ji}^{③} & k_{jj}^{③} \end{bmatrix} \tag{1.58}$$

为结构的整体刚度矩阵，或称为结构的原始刚度矩阵。

在建立整体刚度方程式（1.57）时，假设所有节点位移都是未知量，也就是所有节点都可能发生位移，相当于整体结构并无支座，因而在外力作用下，除了弹性变形外，还有可能发生刚体位移。在这种情况下，各节点位移不能唯一确定。这说明整体刚度矩阵式（1.58）为一奇异矩阵，不能求逆，故利用整体刚度方程式（1.57）也不能求出节点位移。

实际上在图 1.9（a）所示的刚架中，节点 1、4 为固定端，因此节点位移是已知的。支承条件为 $u_1=v_1=\theta_1=0$，$u_4=v_4=\theta_4=0$，即 $\boldsymbol{\Delta}_1=\boldsymbol{0}$，$\boldsymbol{\Delta}_4=\boldsymbol{0}$。将该支承条件引入整体刚度方程，对整体刚度方程进行修改，得

$$\begin{bmatrix} \boldsymbol{P}_1 \\ \boldsymbol{P}_2 \\ \boldsymbol{P}_3 \\ \boldsymbol{P}_4 \end{bmatrix} = \begin{bmatrix} \boldsymbol{K}_{11} & \boldsymbol{K}_{12} & \boldsymbol{K}_{13} & \boldsymbol{K}_{14} \\ \boldsymbol{K}_{21} & \boldsymbol{K}_{22} & \boldsymbol{K}_{23} & \boldsymbol{K}_{24} \\ \boldsymbol{K}_{31} & \boldsymbol{K}_{32} & \boldsymbol{K}_{33} & \boldsymbol{K}_{34} \\ \boldsymbol{K}_{41} & \boldsymbol{K}_{42} & \boldsymbol{K}_{43} & \boldsymbol{K}_{44} \end{bmatrix} \begin{bmatrix} \boldsymbol{0} \\ \boldsymbol{\Delta}_2 \\ \boldsymbol{\Delta}_3 \\ \boldsymbol{0} \end{bmatrix} \tag{1.59}$$

可以把它分为两组方程，一组是

$$\begin{bmatrix} \boldsymbol{P}_2 \\ \boldsymbol{P}_3 \end{bmatrix} = \begin{bmatrix} \boldsymbol{K}_{22} & \boldsymbol{K}_{23} \\ \boldsymbol{K}_{32} & \boldsymbol{K}_{33} \end{bmatrix} \begin{bmatrix} \boldsymbol{\Delta}_2 \\ \boldsymbol{\Delta}_3 \end{bmatrix} \tag{1.60}$$

这也就是在式（1.59）中删去与已知节点位移相应的行和列所得到的修改后的整体刚度方程。用它可以求解未知节点位移 $\boldsymbol{\Delta}_2$ 和 $\boldsymbol{\Delta}_3$。另一组为

$$\begin{bmatrix} \boldsymbol{P}_1 \\ \boldsymbol{P}_4 \end{bmatrix} = \begin{bmatrix} \boldsymbol{K}_{12} & 0 \\ 0 & \boldsymbol{K}_{43} \end{bmatrix} \begin{bmatrix} \boldsymbol{\Delta}_2 \\ \boldsymbol{\Delta}_3 \end{bmatrix} \tag{1.61}$$

式（1.61）称为反力方程。将利用式（1.60）求出的节点位移 $\boldsymbol{\Delta}_2$、$\boldsymbol{\Delta}_3$ 代入上式后，便可以计算未知的支座反力。

对于一般杆件结构，都可以按上述步骤进行分析。无论结构具有多少个节点位移分量，经过调整其排列次序，总可以将它们分成两组：一组包括所有的未知节点位移分量（或称“自由节点位移分量”），以 $\boldsymbol{\Delta}_F$ 表示；另一组为支座节点位移分量，以 $\boldsymbol{\Delta}_R$ 表示。相应地，将全部节点力分量也分为两组，与 $\boldsymbol{\Delta}_F$ 相应者为已知的节点力列阵，以 $\boldsymbol{P}_F$ 表示；与 $\boldsymbol{\Delta}_R$ 相应者为支座节点力列阵，以 $\boldsymbol{P}_R$ 表示。于是有

$$\boldsymbol{\Delta}_0 = \begin{bmatrix} \boldsymbol{\Delta}_F \\ \boldsymbol{\Delta}_R \end{bmatrix},\ \boldsymbol{P}_0 = \begin{bmatrix} \boldsymbol{P}_F \\ \boldsymbol{P}_R \end{bmatrix}$$

与以上分组方法相配合，将整体刚度矩阵 $\boldsymbol{K}_0$ 中的各元素也重新排列，划分为 4 个子块，则整体刚度方程 $\boldsymbol{K}_0\boldsymbol{\Delta}_0 = \boldsymbol{P}_0$ 可写成下列形式：

$$\begin{bmatrix} \boldsymbol{K}_{FF} & \boldsymbol{K}_{FR} \\ \boldsymbol{K}_{RF} & \boldsymbol{K}_{RR} \end{bmatrix} \begin{bmatrix} \boldsymbol{\Delta}_F \\ \boldsymbol{\Delta}_R \end{bmatrix} = \begin{bmatrix} \boldsymbol{P}_F \\ \boldsymbol{P}_R \end{bmatrix} \tag{1.62}$$

展开上式，得

$$\left.\begin{aligned} \boldsymbol{K}_{FF}\boldsymbol{\Delta}_F + \boldsymbol{K}_{FR}\boldsymbol{\Delta}_R = \boldsymbol{P}_F \\ \boldsymbol{K}_{RF}\boldsymbol{\Delta}_F + \boldsymbol{K}_{RR}\boldsymbol{\Delta}_R = \boldsymbol{P}_R \end{aligned}\right\} \tag{1.63}$$

当已知 $\boldsymbol{P}_F$ 及 $\boldsymbol{\Delta}_R$ 时，式（1.63）的第一个式子可用以求自由节点位移分量 $\boldsymbol{\Delta}_F$；式（1.63）的第二个式子可用以计算支座反力。当无支座移动，即 $\boldsymbol{\Delta}_R = \boldsymbol{0}$ 时，式（1.63）为

$$\boldsymbol{K}_{FF}\boldsymbol{\Delta}_F = \boldsymbol{P}_F \tag{1.64}$$

$$\boldsymbol{K}_{RF}\boldsymbol{\Delta}_F = \boldsymbol{P}_R \tag{1.65}$$

式中，$\boldsymbol{K}_{FF}$ 为修正的结构整体刚度矩阵；$\boldsymbol{\Delta}_F$、$\boldsymbol{P}_F$ 分别为自由节点位移分量列阵与自由节点荷载列阵。式（1.64）为“修正的整体刚度方程”，它与式（1.57）的区别在于引进了支承条件。

后处理法是将单元刚度矩阵组集成整体刚度矩阵后，再引入支承条件予以修改，最后建立用以求解自由节点位移的修正的整体刚度方程。后处理法在对单元、节点的位移、力等未知量进行编号时较为简便。但当结构构造复杂，例如结构为复式框架、组合结构且支承较为复杂时，应用后处理法解题有诸多不便，此时常采用先处理法。

1.4.2　先处理法

采用先处理法解题时，仅对未知的自由节点位移分量编号，得到的节点位移列阵中不包含已知的约束节点位移分量。由于在建立单元刚度方程和整体刚度方程时，先考虑了支承条件，因此这样得到的整体刚度方程就是式（1.64）所表示的“修正的整体刚度方程”。

用它可直接求解自由节点的位移分量。为了介绍“先处理法”，以下举例说明单元、节点及节点位移分量的编号的有关问题。

图1.10所示的具有组合节点的刚架划分为三个单元，其编号为①、②、③，各杆之上的箭头表示局部坐标系 $\bar{x}$ 轴的正方向。刚架节点编号为1～5，在铰 C 处编两个节点号3和4，这是由于横梁 BC 的 C 端和立柱 CD 的 C 端角位移不相等，且都是独立的未知量。一个节点编号对应的位移分量有三个，按 u、v、θ 顺序编号，其中一个角位移为 θ。如果节点 C 采用一个编号表达节点 C 处相连的两个单元的两个独立的角位移，就会出现困难，采用两个节点号可以解决。

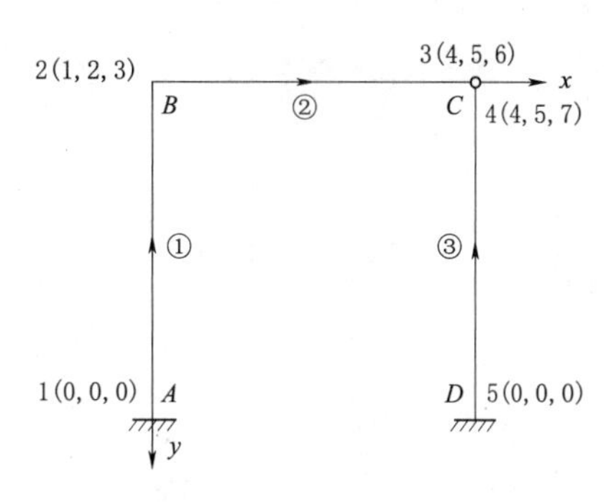

图1.10 具有组合节点的刚架图

下面考虑各单元节点的位移分量编号。采用先处理法需作如下规定：

(1) 仅对独立的位移分量按自然数顺序编号，称为位移号，若某些位移分量由于联结条件或直杆轴向刚性条件（即忽略轴向变形）的限制彼此相等，则将它们编为同一位移号。

(2) 在支座处，由于刚性约束而使某些位移分量为零时，此位移分量编号为0。

在图1.10所示刚架中，支座1和5的位移分量都等于零，因此节点位移分量编号均为（0，0，0）；节点2的位移分量按 u、v、θ 的顺序编为（1，2，3）；节点3和4的水平位移分量 u、竖向位移分量 v 分别相等，只有角位移不等，因此节点3编为（4，5，6），节点4编为（4，5，7）。

综上所述，该刚架的单元划分、节点及单元位移分量的编号见表1.1，并标于图1.10中。

表1.1　　单元、节点及位移分量编号

杆段	单元编号	节点编号		位移分量编号
		始端	末端	
AB	①	1	2	（0，0，0）（1，2，3）
BC	②	2	3	（1，2，3）（4，5，6）
DC	③	5	4	（0，0，0）（4，5，7）

例1.2 试对图1.11（a）所示结构的节点和单元进行编号，并用单元两端的节点号数组表示 EF 杆单元两端节点号；用节点位移号数组表示节点 F 的位移分量编号；写出 CD 杆单元定位数组。分别考虑以下两种情况：(1) 考虑各杆的轴向变形；(2) 忽略各杆的轴向变形。

解 建立整体坐标系，将结构划分为6个单元，用箭头表示各单元的局部坐标系 $\bar{x}$ 轴的正方向，根据结构特征编为9个节点号。其中，联结①、③、④单元的铰处编有三个节点号，原因是三个单元在铰节点处虽具有相同的线位移，但角位移各不相同。单元②、③、⑤相交点编有两个节点号，因为单元②、③在此处为刚性联结，具有相同的角位移和线位移。

（1）当考虑各杆的轴向变形时，按前面所述规定，用自然数顺序给各节点位移分量编号，如图 1.11（b）所示。

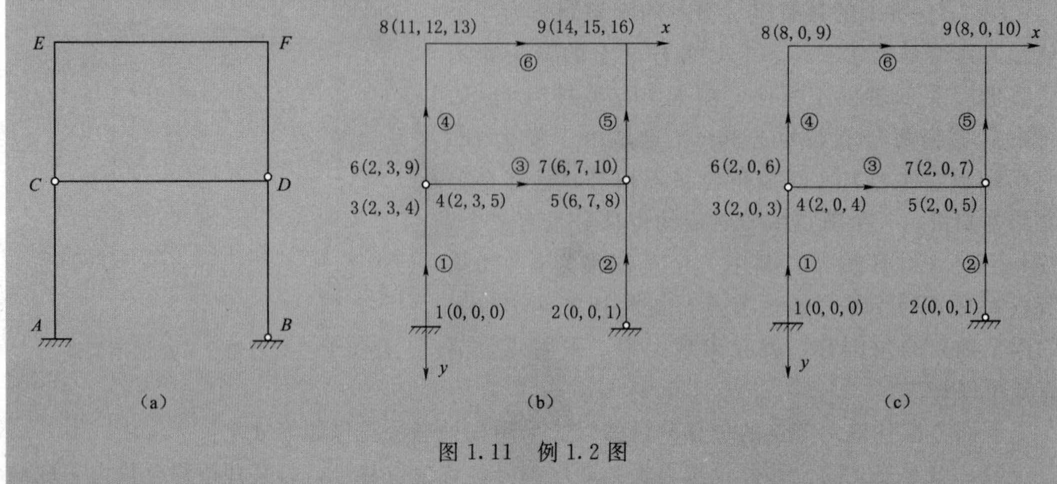

图 1.11　例 1.2 图

（2）当忽略各杆轴向变形时，各节点 y 轴方向的位移均为零，同时，有水平杆联结的节点，例如节点 8、9，因其沿 x 轴方向的位移相同，故两节点水平位移分量编号相同。节点位移分量编号如图 1.11（c）所示。

1.5　平面结构的整体刚度矩阵

在进行了单元分析得出单元刚度矩阵之后，需要进行整体分析。以先处理法为例，将离散单元重新组合成原结构，使其满足结构节点的位移连续条件和力的平衡条件，从而得到修正的整体刚度方程，即前面给出的式（1.64）：

$$\boldsymbol{K}_{\mathrm{FF}}\boldsymbol{\Delta}_{\mathrm{F}}=\boldsymbol{P}_{\mathrm{F}}$$

当已知计算对象为自由节点位移分量而不致引起误解时，式（1.64）也常简称为整体刚度方程，$\boldsymbol{K}_{\mathrm{FF}}$ 简称为整体刚度矩阵，$\boldsymbol{\Delta}_{\mathrm{F}}$、$\boldsymbol{P}_{\mathrm{F}}$ 分别简称为节点位移列阵与荷载列阵。为了书写简便，它们的下标常常被略去。

由单元刚度矩阵集成整体刚度矩阵，通常采用“直接刚度法”。在 1.1 节中已作了介绍，把计算过程分为两步，首先求出各单元贡献矩阵，然后将它们叠加起来，得出整体刚度矩阵。然而在实际电算中，这种做法是不便采用的，原因是在计算中需要先将所有单元的贡献矩阵 $\boldsymbol{K}^{ⓔ}$ 都存储起来，而 $\boldsymbol{K}^{ⓔ}$ 的阶数与整体刚度矩阵 $\boldsymbol{K}$ 的阶数相同，这样就要占用大量的计算机存储容量。因此，在实际运算中，通常不采用贡献矩阵叠加的方法，而是采用“边定位，边累加”的方法。这样做，应用直接刚度法求整体刚度矩阵的基本原理并没有变，所得到的整体刚度矩阵与叠加所有单元贡献矩阵的结果完全相同。下面举例说明这一方法的应用。图 1.10 所示的结构划分为 3 个单元、5 个节点，有 7 个独立的位移分量。整体刚度矩阵为 7×7 阶矩阵。现在的问题是如何确定单元刚度矩阵中各元素在整体刚度矩阵中的位置，以下分别予以考虑。单元①的刚度矩阵为

$$\boldsymbol{k}^{①}=\begin{array}{c}\begin{matrix}0 & 0 & 0 & 1 & 2 & 3\end{matrix}\\ \left[\begin{array}{ccc:ccc} k_{11} & k_{12} & k_{13} & k_{14} & k_{15} & k_{16}\\ k_{21} & k_{22} & k_{23} & k_{24} & k_{25} & k_{26}\\ k_{31} & k_{32} & k_{33} & k_{34} & k_{35} & k_{36}\\ \hdashline k_{41} & k_{42} & k_{43} & k_{44} & k_{45} & k_{46}\\ k_{51} & k_{52} & k_{53} & k_{54} & k_{55} & k_{56}\\ k_{61} & k_{62} & k_{63} & k_{64} & k_{65} & k_{66}\end{array}\right]^{①}\begin{matrix}0\\0\\0\\1\\2\\3\end{matrix}\end{array}$$

式中单元刚度矩阵的上面和右侧标记了单元节点位移分量编号。因为整体刚度矩阵各元素是按位移分量编号排列的，按先处理法，单元刚度矩阵中对应于位移分量编号为零的元素不进入整体刚度矩阵，非零位移分量编号指明了其余各元素在整体刚度矩阵中的行、列号。例如对应于第 4 行的位移分量编号为 1，第 5 列的编号是 2，它在整体刚度矩阵中应放在 K_{12} 位置。元素在整体刚度矩阵 $\boldsymbol{K}$ 中的位置为

$$\begin{matrix} k_{44}^{①}\rightarrow K_{11} & k_{45}^{①}\rightarrow K_{12} & k_{46}^{①}\rightarrow K_{13}\\ k_{54}^{①}\rightarrow K_{21} & k_{55}^{①}\rightarrow K_{22} & k_{56}^{①}\rightarrow K_{23}\\ k_{64}^{①}\rightarrow K_{31} & k_{65}^{①}\rightarrow K_{32} & k_{66}^{①}\rightarrow K_{33}\end{matrix}$$

单元②的刚度矩阵为

$$\boldsymbol{k}^{②}=\begin{array}{c}\begin{matrix}1 & 2 & 3 & 4 & 5 & 6\end{matrix}\\ \left[\begin{array}{ccc:ccc} k_{11} & k_{12} & k_{13} & k_{14} & k_{15} & k_{16}\\ k_{21} & k_{22} & k_{23} & k_{24} & k_{25} & k_{26}\\ k_{31} & k_{32} & k_{33} & k_{34} & k_{35} & k_{36}\\ \hdashline k_{41} & k_{42} & k_{43} & k_{44} & k_{45} & k_{46}\\ k_{51} & k_{52} & k_{53} & k_{54} & k_{55} & k_{56}\\ k_{61} & k_{62} & k_{63} & k_{64} & k_{65} & k_{66}\end{array}\right]^{②}\begin{matrix}1\\2\\3\\4\\5\\6\end{matrix}\end{array}$$

$\boldsymbol{k}^{②}$ 各元素在 $\boldsymbol{K}$ 中的位置为

$$k_{ij}^{②}\rightarrow K_{ij}\begin{pmatrix} i=1,2,\cdots,6\\ j=1,2,\cdots,6\end{pmatrix}$$

单元③的刚度矩阵为

$$\boldsymbol{k}^{③}=\begin{array}{c}\begin{matrix}0 & 0 & 0 & 4 & 5 & 7\end{matrix}\\ \left[\begin{array}{ccc:ccc} k_{11} & k_{12} & k_{13} & k_{14} & k_{15} & k_{16}\\ k_{21} & k_{22} & k_{23} & k_{24} & k_{25} & k_{26}\\ k_{31} & k_{32} & k_{33} & k_{34} & k_{35} & k_{36}\\ \hdashline k_{41} & k_{42} & k_{43} & k_{44} & k_{45} & k_{46}\\ k_{51} & k_{52} & k_{53} & k_{54} & k_{55} & k_{56}\\ k_{61} & k_{62} & k_{63} & k_{64} & k_{65} & k_{66}\end{array}\right]^{③}\begin{matrix}0\\0\\0\\4\\5\\7\end{matrix}\end{array}$$

$\boldsymbol{k}^{③}$ 各元素在 $\boldsymbol{K}$ 中的位置为

$$k_{44}^{③} \to K_{44} \quad k_{45}^{③} \to K_{45} \quad k_{46}^{③} \to K_{47}$$

$$k_{54}^{③} \to K_{54} \quad k_{55}^{③} \to K_{55} \quad k_{56}^{③} \to K_{57}$$

$$k_{64}^{③} \to K_{74} \quad k_{65}^{③} \to K_{75} \quad k_{66}^{③} \to K_{77}$$

按以上的定位方法，将 $\boldsymbol{k}^{①}$、$\boldsymbol{k}^{②}$ 和 $\boldsymbol{k}^{③}$ 中的有关元素移到整体刚度矩阵对应位置，得到

$$\boldsymbol{K}=\begin{bmatrix} k_{44}^{①}+k_{11}^{②} & k_{45}^{①}+k_{12}^{②} & k_{46}^{①}+k_{13}^{②} & k_{14}^{②} & k_{15}^{②} & k_{16}^{②} & 0 \\ k_{54}^{①}+k_{21}^{②} & k_{55}^{①}+k_{22}^{②} & k_{56}^{①}+k_{23}^{②} & k_{24}^{②} & k_{25}^{②} & k_{26}^{②} & 0 \\ k_{64}^{①}+k_{31}^{②} & k_{65}^{①}+k_{32}^{②} & k_{66}^{①}+k_{33}^{②} & k_{34}^{②} & k_{35}^{②} & k_{36}^{②} & 0 \\ k_{41}^{②} & k_{42}^{②} & k_{43}^{②} & k_{44}^{②}+k_{44}^{③} & k_{45}^{②}+k_{45}^{③} & k_{46}^{②} & k_{46}^{③} \\ k_{51}^{②} & k_{52}^{②} & k_{53}^{②} & k_{54}^{②}+k_{54}^{③} & k_{55}^{②}+k_{55}^{③} & k_{56}^{②} & k_{56}^{③} \\ k_{61}^{②} & k_{62}^{②} & k_{63}^{②} & k_{64}^{②} & k_{65}^{②} & k_{66}^{②} & 0 \\ 0 & 0 & 0 & k_{64}^{③} & k_{65}^{③} & 0 & k_{66}^{③} \end{bmatrix}$$

在实际电算时，采用的是“边定位、边累加”的方法，过程如下：

（1）将 $\boldsymbol{K}$ 置零，这时 $\boldsymbol{K}=\boldsymbol{O}_{7\times 7}$。

（2）将 $\boldsymbol{k}^{①}$ 中的相关元素，按照“对号入座”，累加到 $\boldsymbol{K}$。

（3）将 $\boldsymbol{k}^{②}$ 中的相关元素，继续按照“对号入座”，累加到 $\boldsymbol{K}$。

（4）将 $\boldsymbol{k}^{③}$ 中的相关元素，继续按照“对号入座”，累加到 $\boldsymbol{K}$，整体刚度矩阵最后完成。

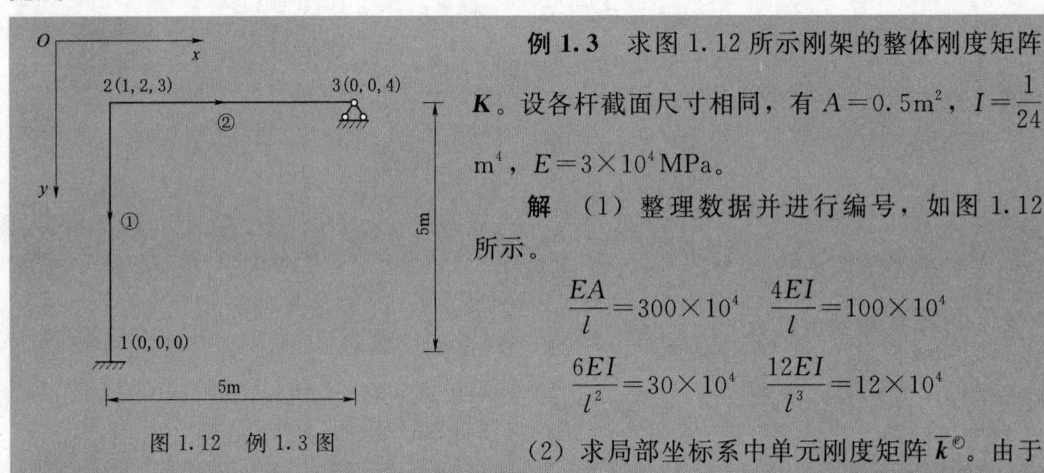

图1.12　例1.3图

例1.3　求图1.12所示刚架的整体刚度矩阵 $\boldsymbol{K}$。设各杆截面尺寸相同，有 $A=0.5\text{m}^2$，$I=\frac{1}{24}\text{m}^4$，$E=3\times 10^4\text{MPa}$。

解　（1）整理数据并进行编号，如图1.12所示。

$$\frac{EA}{l}=300\times 10^4 \quad \frac{4EI}{l}=100\times 10^4$$

$$\frac{6EI}{l^2}=30\times 10^4 \quad \frac{12EI}{l^3}=12\times 10^4$$

（2）求局部坐标系中单元刚度矩阵 $\overline{\boldsymbol{k}}^{ⓔ}$。由于单元①、②的尺寸完全相同，故有 $\overline{\boldsymbol{k}}^{①}=\overline{\boldsymbol{k}}^{②}$，可直接利用式（1.35）求得

$$\overline{\boldsymbol{k}}^{①}=\overline{\boldsymbol{k}}^{②}=\left[\begin{array}{ccc:ccc} 300 & 0 & 0 & -300 & 0 & 0 \\ 0 & 12 & 30 & 0 & -12 & 30 \\ 0 & 30 & 100 & 0 & -30 & 50 \\ \hdashline -300 & 0 & 0 & 300 & 0 & 0 \\ 0 & -12 & -30 & 0 & 12 & -30 \\ 0 & 30 & 50 & 0 & -30 & 100 \end{array}\right]\times 10^4$$

（3）求整体坐标系中单元刚度矩阵 $\boldsymbol{k}^{ⓔ}$。按式（1.51）和式（1.52），求得各单元在

整体坐标系中的单元刚度矩阵，并将单元节点位移分量编号标记于上面与左侧，即

$$\boldsymbol{k}^{①}=\begin{array}{c}\\1\\2\\3\\0\\0\\0\end{array}\!\!\begin{array}{c}\begin{array}{cccccc}1&2&3&0&0&0\end{array}\\\left[\begin{array}{ccc:ccc}12&0&-30&-12&0&-30\\0&300&0&0&-300&0\\-30&0&100&30&0&50\\\hdashline-12&0&30&12&0&30\\0&-300&0&0&300&0\\-30&0&50&30&0&100\end{array}\right]\end{array}\times10^{4}$$

$$\boldsymbol{k}^{②}=\overline{\boldsymbol{k}}^{②}=\begin{array}{c}\\1\\2\\3\\0\\0\\4\end{array}\!\!\begin{array}{c}\begin{array}{cccccc}1&2&3&0&0&4\end{array}\\\left[\begin{array}{ccc:ccc}300&0&0&-300&0&0\\0&12&30&0&-12&30\\0&30&100&0&-30&50\\\hdashline-300&0&0&300&0&0\\0&-12&-30&0&12&-30\\0&30&50&0&-30&100\end{array}\right]\end{array}\times10^{4}$$

（4）形成整体刚度矩阵 $\boldsymbol{K}$。采用本节中介绍的方法建立结构整体刚度矩阵如下：

$$\boldsymbol{K}=\begin{bmatrix}312&0&-30&0\\0&312&30&30\\-30&30&200&50\\0&30&50&100\end{bmatrix}\times10^{4}$$

1.6　非节点荷载处理

为分析平面结构而建立的整体刚度方程，反映了结构的节点荷载与节点位移之间的关系。作用在结构上的荷载除了直接作用在节点上的荷载 $\boldsymbol{P}_{\mathrm{d}}$ 之外，还有作用在杆件上的分布荷载、集中荷载等。这些非节点荷载应转换成等效节点荷载 $\boldsymbol{P}_{\mathrm{e}}$。将 $\boldsymbol{P}_{\mathrm{d}}$ 与 $\boldsymbol{P}_{\mathrm{e}}$ 叠加，可得综合节点荷载 $\boldsymbol{P}_{\mathrm{c}}$。综合节点荷载 $\boldsymbol{P}_{\mathrm{c}}$ 亦称“总节点荷载”，其下标 c 通常可略去不写，即

$$\boldsymbol{P}=\boldsymbol{P}_{\mathrm{d}}+\boldsymbol{P}_{\mathrm{e}} \tag{1.66}$$

直接作用在节点上的荷载，可按其作用方位直接加入 $\boldsymbol{P}$ 之中，而等效节点荷载的计算步骤如下：

（1）在局部坐标系下，求单元ⓔ的固端力 $\overline{\boldsymbol{F}}_{\mathrm{f}}^{ⓔ}$：

$$\overline{\boldsymbol{F}}_{\mathrm{f}}^{ⓔ}=\begin{bmatrix}\overline{\boldsymbol{F}}_{\mathrm{f}i}^{ⓔ}\\\overline{\boldsymbol{F}}_{\mathrm{f}j}^{ⓔ}\end{bmatrix}=[\overline{X}_{\mathrm{f}i}\quad\overline{Y}_{\mathrm{f}i}\quad\overline{M}_{\mathrm{f}i}\quad\vdots\quad\overline{X}_{\mathrm{f}j}\quad\overline{Y}_{\mathrm{f}j}\quad\overline{M}_{\mathrm{f}j}]^{ⓔ\mathrm{T}} \tag{1.67}$$

式中，子向量 $\overline{\boldsymbol{F}}_{\mathrm{f}i}^{ⓔ}$ 和 $\overline{\boldsymbol{F}}_{\mathrm{f}j}^{ⓔ}$ 分别为单元ⓔ在端点 i、j 的固端内力。

几种非节点荷载作用下的单元固端力列于表1.2中。

表 1.2　　两端固定梁的固端力

简　图	剪　力		弯　矩	
	Q_{AB}	Q_{BA}	M_{AB}	M_{BA}
	$-\dfrac{qa}{2l^3}(2l^3-2la^2+a^3)$	$-\dfrac{qa^3}{2l^3}(2l-a)$	$-\dfrac{qa^2}{12l^2}(6l^2-8la+3a^2)$	$\dfrac{qa^3}{12l^2}(4l-3a)$
	$-\dfrac{Pb^2}{l^3}(l+2a)$	$-\dfrac{Pa^2}{l^3}(l+2b)$	$-\dfrac{Pab^2}{l^2}$	$\dfrac{Pa^2b}{l^2}$
	$m\dfrac{6ab}{l^3}$	$-m\dfrac{6ab}{l^3}$	$m\dfrac{b(3a-l)}{l^2}$	$m\dfrac{a(3b-l)}{l^2}$

(2) 求单元ⓔ的等效节点荷载 $\boldsymbol{P}_e^{ⓔ}$。仿照局部坐标系与整体坐标系中单元杆端力的变换式：

$$\overline{\boldsymbol{F}}^{ⓔ}=\boldsymbol{T}^{ⓔ}\boldsymbol{F}^{ⓔ}$$

固端内力在两种坐标系下的变换形式，可以写成

$$\overline{\boldsymbol{F}}_f^{ⓔ}=\boldsymbol{T}^{ⓔ}\boldsymbol{F}_f^{ⓔ}$$

有

$$\boldsymbol{F}_f^{ⓔ}=\boldsymbol{T}^{ⓔ\mathrm{T}}\overline{\boldsymbol{F}}_f^{ⓔ} \tag{1.68}$$

因此，等效节点荷载列阵 $\boldsymbol{P}_e$ 可以由下式求出：

$$\boldsymbol{P}_e^{ⓔ}=-\boldsymbol{T}^{ⓔ\mathrm{T}}\overline{\boldsymbol{F}}_f^{ⓔ} \tag{1.69}$$

将上式展开，得到

$$\begin{bmatrix} P_{e1} \\ P_{e2} \\ P_{e3} \\ P_{e4} \\ P_{e5} \\ P_{e6} \end{bmatrix}=\begin{bmatrix} -\overline{X}_{fi}\cos\alpha+\overline{Y}_{fi}\sin\alpha \\ -\overline{X}_{fi}\sin\alpha-\overline{Y}_{fi}\cos\alpha \\ -\overline{M}_{fi} \\ -\overline{X}_{fj}\cos\alpha+\overline{Y}_{fj}\sin\alpha \\ -\overline{X}_{fj}\sin\alpha-\overline{Y}_{fj}\cos\alpha \\ -\overline{M}_{fj} \end{bmatrix} \tag{1.70}$$

当 $\alpha=0$ 时，$\boldsymbol{P}_e^{ⓔ}=-\overline{\boldsymbol{F}}_f^{ⓔ}$。

(3) 求整体结构的等效节点荷载 $\boldsymbol{P}_e$。求得单元等效节点荷载 $\boldsymbol{P}_e^{ⓔ}$ 之后，利用单元节点位移分量编号，就可以将 $\boldsymbol{P}_e^{ⓔ}$ 中的各分量叠加到结构等效荷载列阵 $\boldsymbol{P}_e$ 中去。因为 $\boldsymbol{P}_e$ 中的各元素是按节点位移分量编号排列的，$\boldsymbol{P}_e^{ⓔ}$ 中的 6 个元素也与节点位移分量编号一一对应，所以也按对号入座方法，将其逐一累加到 $\boldsymbol{P}_e$ 中相应的位置上去。当直接作用在节点上的

荷载等于零（$\boldsymbol{P}_d=0$）时，由式（1.66）可知$\boldsymbol{P}=\boldsymbol{P}_e$。

在“后处理法”中，$\boldsymbol{P}$、$\boldsymbol{P}_d$和$\boldsymbol{P}_e$应分别与自由节点位移相对应，其表达式与式（1.66）相同。

例 1.4 求图 1.13 所示刚架的等效节点荷载和综合节点荷载。

解 单元局部坐标系及节点位移分量编号如图 1.13 所示。

（1）求各单元在局部坐标系中的固端内力$\overline{\boldsymbol{F}}_f^{ⓔ}$。

单元①：

$q=-12\text{kN/m}$，$a=l=5\text{m}$

由表 1.2 可得

$\overline{X}_{fi}=\overline{X}_{fj}=0$，$\overline{Y}_{fi}=\overline{Y}_{fj}=30\text{kN}$，

$\overline{M}_{fi}=-\overline{M}_{fj}=25\text{kN}\cdot\text{m}$

单元②：

$P=8\text{kN}$，$a=b=2.5\text{m}$，

$l=5\text{m}$

由表 1.2 可得$\overline{X}_{fi}=\overline{X}_{fj}=0$，$\overline{Y}_{fi}=\overline{Y}_{fj}=-4\text{kN}$，$\overline{M}_{fi}=\overline{M}_{fj}=-5\text{kN}\cdot\text{m}$，因此有

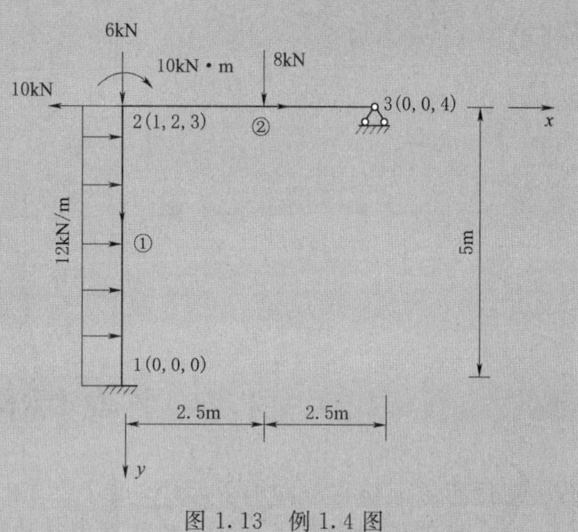

图 1.13 例 1.4 图

$$\overline{\boldsymbol{F}}_f^{①}=\begin{bmatrix}0\\30\\25\\\hdashline 0\\30\\-25\end{bmatrix},\quad \overline{\boldsymbol{F}}_f^{②}=\begin{bmatrix}0\\-4\\-5\\\hdashline 0\\-4\\5\end{bmatrix}$$

（2）求整体坐标系下各单元的等效节点荷载。

单元①，$\alpha=90°$；单元②，$\alpha=0°$。利用式（1.69）或式（1.70）可得

$$\boldsymbol{P}_e^{①}=\begin{matrix}1\\2\\3\\0\\0\\0\end{matrix}\begin{bmatrix}P_{e1}\\P_{e2}\\P_{e3}\\\hdashline P_{e4}\\P_{e5}\\P_{e6}\end{bmatrix}=\begin{bmatrix}30\\0\\-25\\\hdashline 30\\0\\25\end{bmatrix},\quad \boldsymbol{P}_e^{②}=\begin{matrix}1\\2\\3\\0\\0\\4\end{matrix}\begin{bmatrix}P_{e1}\\P_{e2}\\P_{e3}\\\hdashline P_{e4}\\P_{e5}\\P_{e6}\end{bmatrix}=\begin{bmatrix}0\\4\\5\\\hdashline 0\\4\\-5\end{bmatrix}$$

（3）求刚架等效节点荷载列阵，结果为

$$P_e = \begin{matrix}1\\2\\3\\4\end{matrix}\begin{bmatrix} P_{e1}^{①}+P_{e1}^{②} \\ P_{e2}^{①}+P_{e2}^{②} \\ P_{e3}^{①}+P_{e3}^{②} \\ P_{e6}^{②} \end{bmatrix} = \begin{bmatrix} 30+0 \\ 0+4 \\ -25+5 \\ -5 \end{bmatrix} = \begin{bmatrix} 30 \\ 4 \\ -20 \\ -5 \end{bmatrix}$$

（4）求直接作用在节点上的荷载：

$$\boldsymbol{P}_d = [-10 \quad 6 \quad 10 \quad 0]^T$$

（5）求总节点荷载列阵：

$$\boldsymbol{P} = \boldsymbol{P}_d + \boldsymbol{P}_e = \begin{bmatrix} -10 \\ 6 \\ 10 \\ 0 \end{bmatrix} + \begin{bmatrix} 30 \\ 4 \\ -20 \\ -5 \end{bmatrix} = \begin{bmatrix} 20 \\ 10 \\ -10 \\ -5 \end{bmatrix}$$

1.7　平面结构分析算例

应用有限元位移法计算平面杆件结构，按“先处理法”解题步骤如下：

（1）整理原始数据，对单元和节点进行编号，并确定每个单元的局部坐标系和结构的整体坐标系。

（2）计算局部坐标系中的单元刚度矩阵 $\overline{\boldsymbol{k}}^{©}$。

（3）计算整体坐标系中的单元刚度矩阵 $\boldsymbol{k}^{©}$。

（4）按节点位移分量编号，“对号入座，同号叠加”，形成结构整体刚度矩阵 $\boldsymbol{K}$。

（5）求总节点荷载列阵 $\boldsymbol{P}$。对于各单元非节点荷载，可按表 1.2 中的公式计算单元固端内力列阵 $\overline{\boldsymbol{F}}_f^{©}$，再按式（1.69）或式（1.70）变换为整体坐标系下的单元等效节点荷载列阵 $\boldsymbol{P}_e^{©}$，然后根据节点位移编号。形成等效节点荷载列阵 $\boldsymbol{P}_e$，最后加上直接作用于节点上的荷载 $\boldsymbol{P}_d$，形成总节点荷载列阵 $\boldsymbol{P}$。

（6）求解结构的整体刚度方程 $\boldsymbol{K\Delta}=\boldsymbol{P}$，得出节点位移列阵 $\boldsymbol{\Delta}$。

（7）计算各单元杆端力 $\overline{\boldsymbol{F}}^{©}$。各单元杆端内力由两部分组成：一部分是在节点被约束的条件下非节点荷载产生的固端力 $\overline{\boldsymbol{F}}_f^{©}$；另一部分是在总节点荷载 $\boldsymbol{P}$ 作用下的节点位移产生的杆端内力。因此单元杆端内力 $\overline{\boldsymbol{F}}^{©}$ 可由下式计算：

$$\overline{\boldsymbol{F}}^{©} = \overline{\boldsymbol{k}}^{©}\overline{\boldsymbol{\delta}}^{©} + \overline{\boldsymbol{F}}_f^{©} \tag{1.71}$$

（8）整理计算结果，作内力图。

例 1.5　试计算图 1.14 所示刚架。

解　按上述 8 个解题步骤进行。（1）～（5）步的计算已在例 1.3 和例 1.4 中给出，此处只列出标题。

（1）整理原始数据建立局部坐标系，进行单元节点及节点位移分量编号。

（2）计算 $\overline{\boldsymbol{k}}^{©}$（详见例 1.3）。

(3) 计算 $\boldsymbol{k}^{ⓔ}$(详见例 1.3)。

(4) 形成 $\boldsymbol{K}$(详见例 1.3)。

(5) 求总节点荷载列阵 $\boldsymbol{P}$(详见例 1.4)。

(6) 解方程,求出节点位移 $\boldsymbol{\Delta}$。整体刚度方程为

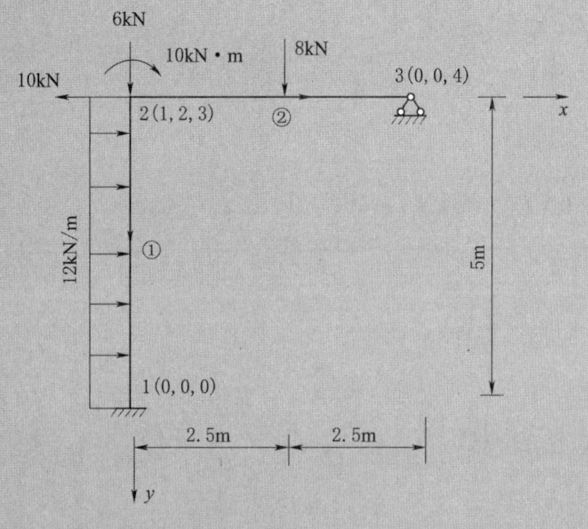

图 1.14 例 1.5 图

$$10^4 \times \begin{bmatrix} 312 & 0 & -30 & 0 \\ 0 & 312 & 30 & 30 \\ -30 & 30 & 200 & 50 \\ 0 & 30 & 50 & 100 \end{bmatrix} \begin{bmatrix} \Delta_1 \\ \Delta_2 \\ \Delta_3 \\ \Delta_4 \end{bmatrix} = \begin{bmatrix} 20 \\ 10 \\ -10 \\ -5 \end{bmatrix}$$

解得

$$\boldsymbol{\Delta} = \begin{bmatrix} \Delta_1 \\ \Delta_2 \\ \Delta_3 \\ \Delta_4 \end{bmatrix} = \begin{bmatrix} u_2 \\ v_2 \\ \theta_2 \\ \theta_3 \end{bmatrix} = \begin{bmatrix} 6.0654 \\ 3.9729 \\ -3.5865 \\ -4.3986 \end{bmatrix} \times 10^{-6}$$

(7) 计算各单元杆端内力 $\overline{\boldsymbol{F}}^{ⓔ}$。利用式(1.71)计算单元杆端内力,该式中 $\overline{\boldsymbol{k}}^{ⓔ}$、$\overline{\boldsymbol{F}}_{\mathrm{f}}^{ⓔ}$ 已经求出,但是位移 $\overline{\boldsymbol{\delta}}^{ⓔ}$ 尚需应用式(1.47)进行坐标变换才可求出。首先从已求出的 $\boldsymbol{\Delta}$ 中取出各单元的杆端位移 $\boldsymbol{\delta}^{ⓔ}$,有

$$\boldsymbol{\delta}^{①} = \begin{bmatrix} \boldsymbol{\delta}_i \\ \boldsymbol{\delta}_j \end{bmatrix}^{①} = \begin{bmatrix} 6.0654 \\ 3.9729 \\ -3.5865 \\ \hdashline 0 \\ 0 \\ 0 \end{bmatrix} \times 10^{-6}$$

$$\boldsymbol{\delta}^{②}=\begin{bmatrix}\boldsymbol{\delta}_i\\ \boldsymbol{\delta}_j\end{bmatrix}^{②}=\begin{bmatrix}6.0654\\3.9729\\-3.5865\\ \hdashline 0\\0\\-4.3986\end{bmatrix}\times 10^{-6}$$

然后计算杆端内力。

单元①：

$$\overline{\boldsymbol{F}}^{①}=\overline{\boldsymbol{k}}^{①}\overline{\boldsymbol{\delta}}^{①}+\overline{\boldsymbol{F}}_{\mathrm{f}}^{①}=\overline{\boldsymbol{k}}^{①}\boldsymbol{T}^{①}\boldsymbol{\delta}^{①}+\overline{\boldsymbol{F}}_{\mathrm{f}}^{①}$$

$$=10^4\times\left[\begin{array}{ccc:ccc}300&0&0&-300&0&0\\0&12&30&0&-12&30\\0&30&100&0&-30&50\\ \hdashline -300&0&0&300&0&0\\0&-12&-30&0&12&-30\\0&30&50&0&-30&100\end{array}\right]\left[\begin{array}{ccc:ccc}0&1&0&&&\\-1&0&0&&0&\\0&0&0&&&\\ \hdashline &&&0&1&0\\&0&&-1&0&0\\&&&0&0&1\end{array}\right]$$

$$\begin{bmatrix}6.0654\\3.9729\\-3.5865\\ \hdashline 0\\0\\0\end{bmatrix}\times 10^{-6}+\begin{bmatrix}0\\30\\25\\ \hdashline 0\\30\\-25\end{bmatrix}=\begin{bmatrix}11.919\mathrm{kN}\\28.196\mathrm{kN}\\19.594\mathrm{kN\cdot m}\\ \hdashline -11.919\mathrm{kN}\\31.804\mathrm{kN}\\-28.613\mathrm{kN\cdot m}\end{bmatrix}$$

单元②：

$$\overline{\boldsymbol{F}}^{②}=\overline{\boldsymbol{k}}^{②}\overline{\boldsymbol{\delta}}^{②}+\overline{\boldsymbol{F}}_{\mathrm{f}}^{②}=\overline{\boldsymbol{k}}^{②}\boldsymbol{\delta}^{②}+\overline{\boldsymbol{F}}_{\mathrm{f}}^{②}$$

$$=10^4\times\left[\begin{array}{ccc:ccc}300&0&0&-300&0&0\\0&12&30&0&-12&30\\0&30&100&0&-30&50\\ \hdashline -300&0&0&300&0&0\\0&-12&-30&0&12&-30\\0&30&50&0&-30&100\end{array}\right]\begin{bmatrix}6.0654\\3.9729\\-3.5865\\ \hdashline 0\\0\\-4.3986\end{bmatrix}\times 10^{-6}+\begin{bmatrix}0\\-4\\-5\\ \hdashline 0\\-4\\5\end{bmatrix}$$

$$=\begin{bmatrix}18.196\mathrm{kN}\\-5.919\mathrm{kN}\\-9.594\mathrm{kN\cdot m}\\ \hdashline -18.196\mathrm{kN}\\-2.081\mathrm{kN}\\0\mathrm{kN\cdot m}\end{bmatrix}$$

(8) 由计算结果 $\overline{\boldsymbol{F}}^{①}$ 和 $\overline{\boldsymbol{F}}^{②}$ 作出内力图，如图 1.15 所示。根据节点 1、3 的平衡条件，计算出支座反力：

$$R_1=\begin{bmatrix}-11.919\text{kN}\\-31.804\text{kN}\\-28.613\text{kN}\cdot\text{m}\end{bmatrix},\ R_3=\begin{bmatrix}-18.196\text{kN}\\-2.081\text{kN}\\0\end{bmatrix}$$

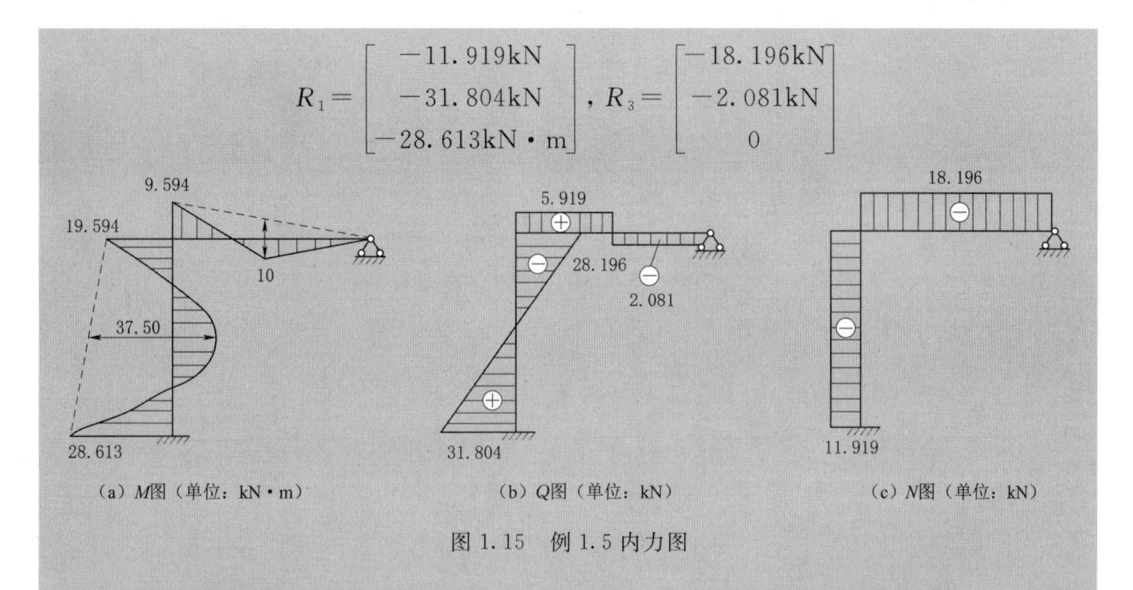

图 1.15 例 1.5 内力图

例 1.6 用有限元位移法求图 1.16（a）所示桁架内力。设各杆 EA 为常数。

解 （1）单元和节点编号如图 1.16（b）所示。图中各杆上箭头所指方向为局部坐标系 $\overline{x}$ 轴正方向。

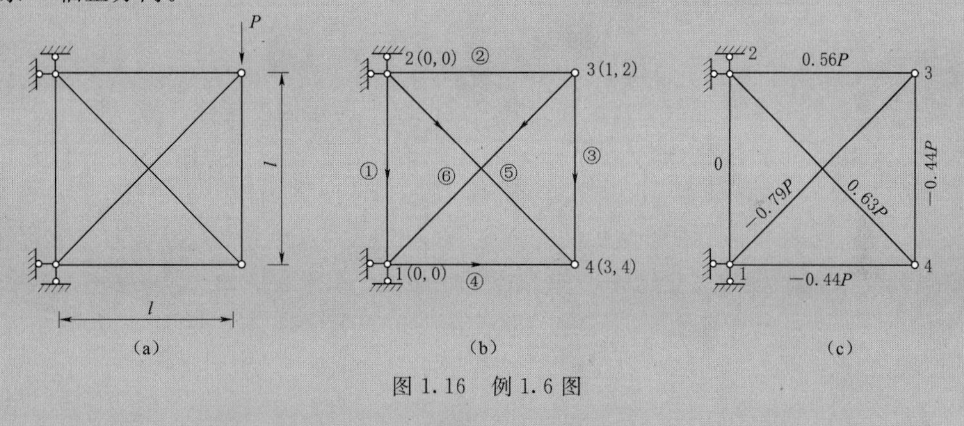

图 1.16 例 1.6 图

（2）计算局部坐标系中的单元刚度矩阵 $\overline{\boldsymbol{k}}^{ⓔ}$。由式（1.39）可得

$$\overline{\boldsymbol{k}}^{①}=\overline{\boldsymbol{k}}^{②}=\overline{\boldsymbol{k}}^{③}=\overline{\boldsymbol{k}}^{④}=\frac{EA}{l}\begin{bmatrix}1&0&-1&0\\0&0&0&0\\-1&0&1&0\\0&0&0&0\end{bmatrix}$$

对于单元⑤、⑥，只需将上式中的系数$\dfrac{EA}{l}$改为$\dfrac{EA}{\sqrt{2}l}$即可，有

$$\overline{\boldsymbol{k}}^{⑤}=\overline{\boldsymbol{k}}^{⑥}=\frac{EA}{\sqrt{2}l}\begin{bmatrix}1&0&-1&0\\0&0&0&0\\-1&0&1&0\\0&0&0&0\end{bmatrix}$$

（3）求整体坐标系中的单元刚度矩阵 $\boldsymbol{k}^{\textcircled{e}}$。利用式（1.49）和式（1.53）得

$$\boldsymbol{k}^{\textcircled{e}}=\boldsymbol{T}^{\textcircled{e}\mathrm{T}}\overline{\boldsymbol{k}}^{\textcircled{e}}\boldsymbol{T}^{\textcircled{e}}$$

$$\boldsymbol{T}^{\textcircled{e}}=\left[\begin{array}{cc:cc}\cos\alpha & \sin\alpha & 0 & 0\\ -\sin\alpha & \cos\alpha & 0 & 0\\ \hdashline 0 & 0 & \cos\alpha & \sin\alpha\\ 0 & 0 & -\sin\alpha & \cos\alpha\end{array}\right]$$

对于单元①和单元③：$\alpha=\dfrac{\pi}{2}$，则

$$\boldsymbol{T}^{\textcircled{e}}=\left[\begin{array}{cc:cc}0 & 1 & 0 & 0\\ -1 & 0 & 0 & 0\\ \hdashline 0 & 0 & 0 & 1\\ 0 & 0 & -1 & 0\end{array}\right]$$

$$\begin{array}{cccccc} 1 & 2 & 3 & 4 & & ③\\ 0 & 0 & 0 & 0 & ① & \end{array}$$

$$\boldsymbol{k}^{①}=\boldsymbol{k}^{③}=\frac{EA}{l}\left[\begin{array}{cc:cc}0 & 0 & 0 & 0\\ 0 & 1 & 0 & -1\\ \hdashline 0 & 0 & 0 & 0\\ 0 & -1 & 0 & 1\end{array}\right]\begin{array}{cc}0 & 1\\ 0 & 2\\ 0 & 3\\ 0 & 4\end{array}$$

在 $\boldsymbol{k}^{\textcircled{e}}$ 上方和右侧标记了单元位移分量编码，以下单元也按这种方法标记。对于单元②和单元④：$\alpha=0$，$\boldsymbol{k}^{\textcircled{e}}=\overline{\boldsymbol{k}}^{\textcircled{e}}$，则

$$\begin{array}{cccccc} 0 & 0 & 3 & 4 & & ④\\ 0 & 0 & 1 & 2 & ② & \end{array}$$

$$\boldsymbol{k}^{②}=\boldsymbol{k}^{④}=\frac{EA}{l}\left[\begin{array}{cc:cc}1 & 0 & -1 & 0\\ 0 & 0 & 0 & 0\\ \hdashline -1 & 0 & 1 & 0\\ 0 & 0 & 0 & 0\end{array}\right]\begin{array}{cc}0 & 0\\ 0 & 0\\ 1 & 3\\ 2 & 4\end{array}$$

对于单元⑤：$\alpha=\dfrac{\pi}{4}$，则

$$\boldsymbol{T}^{⑤}=\frac{1}{\sqrt{2}}\left[\begin{array}{cc:cc}1 & 1 & 0 & 0\\ -1 & 1 & 0 & 0\\ \hdashline 0 & 0 & 1 & 1\\ 0 & 0 & -1 & 1\end{array}\right]$$

$$\begin{array}{cccc} 0 & 0 & 3 & 4\end{array}$$

$$\boldsymbol{k}^{⑤}=\frac{EA}{l}\cdot\frac{1}{2\sqrt{2}}\left[\begin{array}{cc:cc}1 & 1 & -1 & -1\\ 1 & 1 & -1 & -1\\ \hdashline -1 & -1 & 1 & 1\\ -1 & -1 & 1 & 1\end{array}\right]\begin{array}{c}0\\ 0\\ 3\\ 4\end{array}$$

对于单元⑥：$\alpha=\frac{3\pi}{4}$，则

$$T^{⑥}=\frac{1}{\sqrt{2}}\begin{bmatrix}-1 & 1 & 0 & 0\\ -1 & -1 & 0 & 0\\ 0 & 0 & -1 & 1\\ 0 & 0 & -1 & -1\end{bmatrix}$$

$$\begin{matrix} & & 1 & 2 & 0 & 0 & \\ \boldsymbol{k}^{⑥}=\frac{EA}{l}\cdot\frac{1}{2\sqrt{2}} & \Bigg[& \begin{matrix}1\\-1\\-1\\1\end{matrix} & \begin{matrix}-1\\1\\1\\-1\end{matrix} & \begin{matrix}-1\\1\\1\\-1\end{matrix} & \begin{matrix}1\\-1\\-1\\1\end{matrix} & \Bigg]\begin{matrix}1\\2\\0\\0\end{matrix}\end{matrix}$$

(4) 形成整体刚度矩阵：

$$\boldsymbol{K}=\frac{EA}{l}\begin{bmatrix}1.35 & -0.35 & 0 & 0\\ -0.35 & 1.35 & 0 & -1\\ 0 & 0 & 1.35 & 0.35\\ 0 & -1 & 0.35 & 1.35\end{bmatrix}\begin{matrix}1\\2\\3\\4\end{matrix}$$

（列号：1　2　3　4）

(5) 形成整体节点荷载列阵：

$$\boldsymbol{P}=\begin{bmatrix}0\\P\\0\\0\end{bmatrix}\begin{matrix}1\\2\\3\\4\end{matrix}$$

(6) 列出整体刚度方程为

$$\frac{EA}{l}\begin{bmatrix}1.35 & -0.35 & 0 & 0\\ -0.35 & 1.35 & 0 & -1\\ 0 & 0 & 1.35 & 0.35\\ 0 & -1 & 0.35 & 1.35\end{bmatrix}\begin{bmatrix}u_3\\v_3\\u_4\\v_4\end{bmatrix}=\begin{bmatrix}0\\P\\0\\0\end{bmatrix}$$

解方程，求节点位移，有

$$\boldsymbol{\Delta}=\begin{bmatrix}\boldsymbol{\Delta}_1\\\boldsymbol{\Delta}_2\\\boldsymbol{\Delta}_3\\\boldsymbol{\Delta}_4\end{bmatrix}=\begin{bmatrix}u_3\\v_3\\u_4\\v_4\end{bmatrix}=\frac{Pl}{EA}\begin{bmatrix}0.56\\2.14\\-0.44\\1.69\end{bmatrix}$$

(7) 求各杆内力。

单元①：

$$\overline{\boldsymbol{F}}^{①}=\boldsymbol{T}^{①}\boldsymbol{F}^{①}=\boldsymbol{T}^{①}\boldsymbol{k}^{①}\boldsymbol{\delta}^{①}$$

$$=\begin{bmatrix}0&1&0&0\\-1&0&0&0\\0&0&0&1\\0&0&-1&0\end{bmatrix}\frac{EA}{l}\begin{bmatrix}0&0&0&0\\0&1&0&-1\\0&0&0&0\\0&-1&0&1\end{bmatrix}\frac{Pl}{EA}\begin{bmatrix}0\\0\\0\\0\end{bmatrix}=\begin{bmatrix}0\\0\\0\\0\end{bmatrix}$$

单元②：

$$\overline{\boldsymbol{F}}^{②}=\boldsymbol{F}^{②}=\boldsymbol{k}^{②}\boldsymbol{\delta}^{②}$$

$$=\frac{EA}{l}\begin{bmatrix}1&0&-1&0\\0&0&0&0\\-1&0&1&0\\0&0&0&0\end{bmatrix}\frac{Pl}{EA}\begin{bmatrix}0\\0\\0.56\\2.14\end{bmatrix}=\begin{bmatrix}-0.56P\\0\\0.56P\\0\end{bmatrix}$$

单元③：

$$\overline{\boldsymbol{F}}^{③}=\boldsymbol{T}^{③}\boldsymbol{F}^{③}=\boldsymbol{T}^{③}\boldsymbol{k}^{③}\boldsymbol{\delta}^{③}$$

$$=\begin{bmatrix}0&1&0&0\\-1&0&0&0\\0&0&0&1\\0&0&-1&0\end{bmatrix}\frac{EA}{l}\begin{bmatrix}0&0&0&0\\0&1&0&-1\\0&0&0&0\\0&-1&0&1\end{bmatrix}\frac{Pl}{EA}\begin{bmatrix}0.56\\2.14\\-0.44\\0\end{bmatrix}=\begin{bmatrix}0.44P\\0\\-0.44P\\0\end{bmatrix}$$

单元④：

$$\overline{\boldsymbol{F}}^{④}=\boldsymbol{F}^{④}=\boldsymbol{k}^{④}\boldsymbol{\delta}^{④}$$

$$=\frac{EA}{l}\begin{bmatrix}1&0&-1&0\\0&0&0&0\\-1&0&1&0\\0&0&0&0\end{bmatrix}\frac{Pl}{EA}\begin{bmatrix}0\\0\\-0.44\\1.69\end{bmatrix}=\begin{bmatrix}0.44P\\0\\-0.44P\\0\end{bmatrix}$$

单元⑤：

$$\overline{\boldsymbol{F}}^{⑤}=\boldsymbol{T}^{⑤}\boldsymbol{F}^{⑤}=\boldsymbol{T}^{⑤}\boldsymbol{k}^{⑤}\boldsymbol{\delta}^{⑤}$$

$$=\frac{1}{\sqrt{2}}\begin{bmatrix}1&1&0&0\\-1&1&0&0\\0&0&1&1\\0&0&-1&1\end{bmatrix}\frac{EA}{l}\frac{1}{2\sqrt{2}}\begin{bmatrix}1&1&-1&-1\\1&1&-1&-1\\-1&-1&1&1\\-1&-1&1&1\end{bmatrix}\times\frac{Pl}{EA}\begin{bmatrix}0\\0\\-0.44\\1.69\end{bmatrix}$$

$$=\begin{bmatrix}-0.63P\\0\\0.63P\\0\end{bmatrix}$$

单元⑥：

$$\overline{F}^{⑥}=T^{⑥}F^{⑥}=T^{⑥}k^{⑥}\delta^{⑥}$$

$$=\frac{1}{\sqrt{2}}\begin{bmatrix}-1 & 1 & 0 & 0\\-1 & -1 & 0 & 0\\0 & 0 & -1 & 1\\0 & 0 & -1 & -1\end{bmatrix}\frac{EA}{l}\frac{1}{2\sqrt{2}}\begin{bmatrix}1 & -1 & -1 & 1\\-1 & 1 & 1 & -1\\-1 & 1 & 1 & -1\\1 & -1 & -1 & 1\end{bmatrix}\times\frac{Pl}{EA}\begin{bmatrix}0.56\\2.14\\0\\0\end{bmatrix}$$

$$=\begin{bmatrix}0.79P\\0\\-0.79P\\0\end{bmatrix}$$

作出 N 图如图 1.16（c）所示。取出各节点进行平衡条件校核，满足条件，说明计算无误。

习　　题

1.1　试用有限单元法计算题 1.1 图所示连续梁。

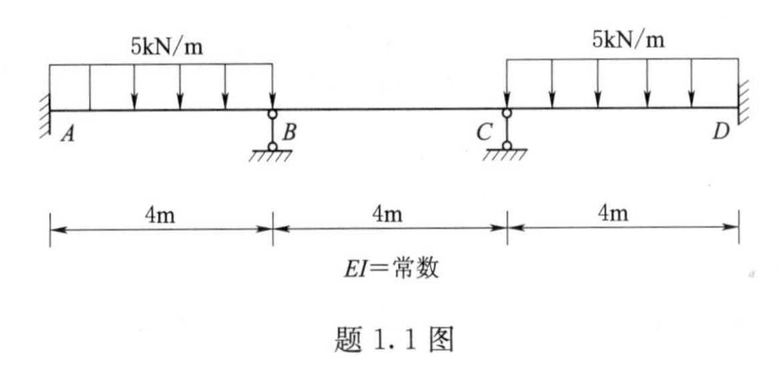

题 1.1 图

1.2　试用有限单元法解题 1.2 图所示连续梁，E=常数。

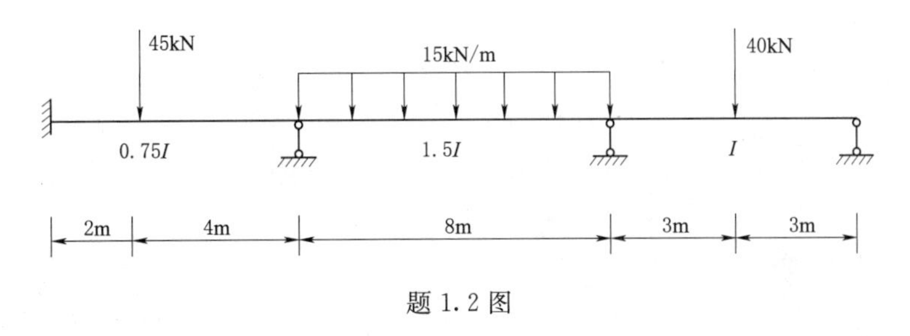

题 1.2 图

1.3　题 1.3 图所示刚架各杆几何尺寸相同，$l=5\text{m}$，$A=0.5\text{m}^2$，$I=\frac{1}{24}\text{m}^4$，$E=3\times10^4\text{MPa}$，$q=4.8\text{kN/m}$，试用有限单元法求刚架内力并画出内力图。

1.4　试用有限单元法计算题 1.4 图所示刚架的内力。$l=5\text{m}$，$A=0.5\text{m}^2$，$I=\frac{1}{24}\text{m}^4$，$E=3\times10^4\text{MPa}$，$q=4.8\text{kN/m}$。

1.5　一直角三角形桁架如题 1.5 图所示，试按有限元位移法求出各节点的位移与各杆的内力。结构参数为 $E=3\times10^{7}\mathrm{N/cm^{2}}$，$A=10\mathrm{cm^{2}}$，$l=100\mathrm{cm}$。

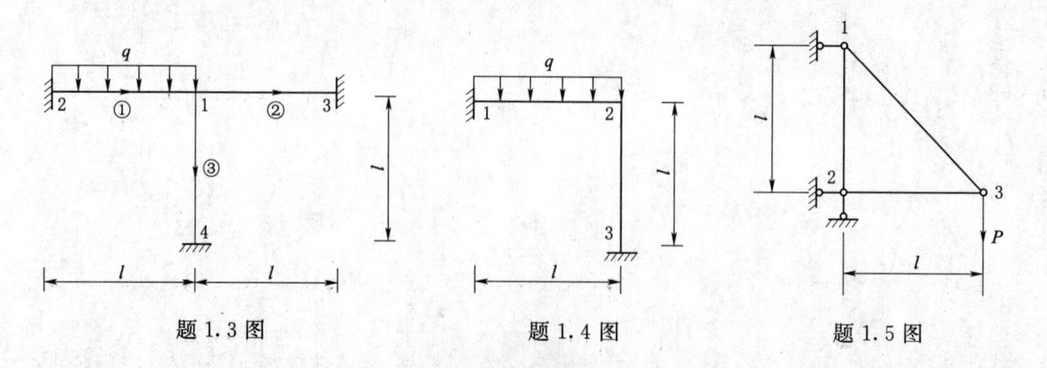

题 1.3 图　　题 1.4 图　　题 1.5 图

资源 1.1　习题答案

第2章　连续梁程序设计

2.1 概　　述

2.1.1 程序编制说明

（1）本程序是为初学程序设计者而编写的，主要说明编制程序的基本方法，力求简单易懂。

（2）程序功能，系用于计算多跨连续梁（各跨抗弯刚度 EI 为常数）在非节点荷载作用下支座截面（节点）处的转角及杆端弯矩值。

（3）只承受非节点荷载，且非节点荷载作用下的固端弯矩由手算完成。

（4）梁的两端可以是固定支座或者铰支座。

2.1.2 计算模型及计算方法

1. 计算模型

分析图2.1所示连续梁计算简图，以梁支座处为节点，编号从左到右共有 n 个节点，以每一跨梁为一个单元，共有（$n-1$）个单元。各单元的线刚度为

$$i_j=\frac{(EI)_j}{l_j}(j=1,2,\cdots,n-1) \tag{2.1}$$

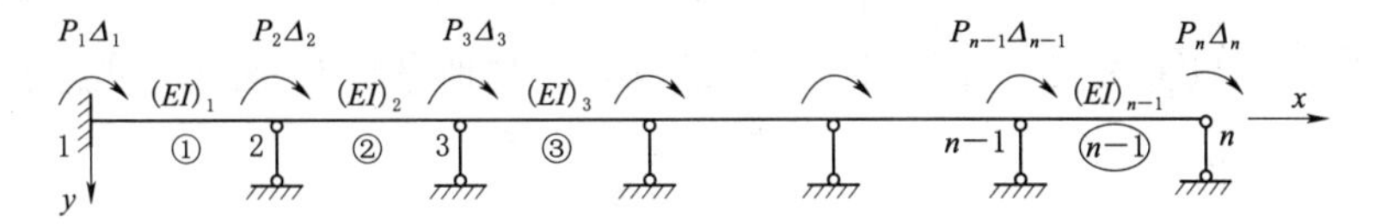

图2.1　连续梁计算简图

式中，$(EI)_j$ 为单元 j 的抗弯刚度；l_j 为单元 j 的长度。

位移列阵 $\boldsymbol{\Delta}=[\Delta_1\quad\Delta_2\quad\cdots\quad\Delta_n]^{\mathrm{T}}$ 中各分量为各支座节点处截面的转角；综合节点荷载列阵 $\boldsymbol{P}=[P_1\quad P_2\quad\cdots\quad P_n]^{\mathrm{T}}$。

2. 节点荷载的计算

综合节点荷载 $\boldsymbol{P}=\boldsymbol{P}_{\mathrm{e}}+\boldsymbol{P}_{\mathrm{d}}$，其中 $\boldsymbol{P}_{\mathrm{e}}$ 为等效节点荷载，$\boldsymbol{P}_{\mathrm{d}}$ 为直接作用在节点上的荷载。当直接作用在节点上的荷载为零时，$\boldsymbol{P}=\boldsymbol{P}_{\mathrm{e}}$，而 $\boldsymbol{P}_{\mathrm{e}}^{ⓔ}=-\boldsymbol{F}_{\mathrm{f}}^{ⓔ}$，故

$$\left.\begin{aligned}P_1&=-M_{\mathrm{f1}}^{①}\\P_n&=-M_{\mathrm{f2}}^{(n-1)}\\P_j&=-M_{\mathrm{f2}}^{(j-1)}-M_{\mathrm{f1}}^{(j)}\quad(j=2,3,\cdots,n-1)\end{aligned}\right\} \tag{2.2}$$

式中，$M_{f1}^{ⓙ}$、$M_{f2}^{ⓙ}$为单元 j 左、右端的固端弯矩值。

3. 整体刚度矩阵的组集

按照直接刚度法组集整个结构的刚度矩阵。整体刚度矩阵为三对角矩阵，见式(1.21)。各元素在程序中可用下式表示：

$$\left.\begin{aligned}K_{11}&=4i_1\\K_{nn}&=4i_{n-1}\\K_{jj}&=4(i_{j-1}+i_j)(j=2,3,\cdots,n-1)\\K_{j,j-1}&=K_{j-1,j}=2i_{j-1}(j=2,3,\cdots,n-1)\end{aligned}\right\}\tag{2.3}$$

其余元素为零。整个结构的刚度方程为

$$\boldsymbol{K\Delta}=\boldsymbol{P}$$

4. 支承条件的引入（后处理法）

(1) 引入刚性支承。设某支承为刚性支承，与其对应的节点位移 Δ_i 必为零。当引入这个条件时，采用把整体刚度矩阵中第 i 行、第 i 列所对应的主对角元素 K_{ii} 改为 1，而将第 i 行、第 i 列的其余元素都改为零，对应的荷载项 P_i 也改为零，这样第 i 个方程变为

$$0\cdot\Delta_1+0\cdot\Delta_2+\cdots+0\cdot\Delta_{i-1}+1\cdot\Delta_i+0\cdot\Delta_{i+1}+\cdots+0\cdot\Delta_n=0$$

由上式解出 $\Delta_i=0$。这个结果体现了引入刚性支承条件。

(2) 引入已知支承位移。当某节点某方向的位移是不为零的已知值时，如 $\Delta_i=b$，可将整体刚度矩阵中主对角元素 K_{ii} 改为一个很大的数 Q（相对其他元素而言），对应的荷载项 P_i 改为 $Q\cdot b$，这样第 i 个方程变为

$$K_{i1}\cdot\Delta_1+K_{i2}\cdot\Delta_2+\cdots+K_{i,i-1}\cdot\Delta_{i-1}+Q\cdot\Delta_i+K_{i,i+1}\cdot\Delta_{i+1}+\cdots+K_{in}\cdot\Delta_n=Q\cdot b$$

上式两边同除以大数 Q，于是除 Δ_i 的系数外，其他系数都很小，可近似认为是零，上式变为 $\Delta_i=b$。这个结果体现了引入已知支承位移条件。

5. 解刚度方程

采用高斯消去法解刚度方程。高斯消去法包括向前消元和向后回代两个过程。

向前消元是对 n 阶线性方程组 $\boldsymbol{K\Delta}=\boldsymbol{P}$，经过 $(n-1)$ 轮消元，把方程组变为上三角矩阵的同解方程组。n 阶线性方程组顺序消元的过程为

$$\left.\begin{aligned}&\text{对于}\quad k=1,\ 2,\ \cdots,\ n-1,\ \text{作}\\&\text{对于}\quad i=k+1,\ k+2,\ \cdots,\ n,\ \text{作}\\&C\Leftarrow-\frac{a_{ik}}{a_{kk}}\\&P_i\Leftarrow P_i+C\times P_k\\&a_{ij}\Leftarrow a_{ij}+C\times a_{kj}\ \ (j=1,\ 2,\ \cdots,\ n)\end{aligned}\right\}\tag{2.4}$$

向后回代是把已变为上三角矩阵的 n 阶线性方程组从最后一个方程开始，逆序依次求出各未知位移。求出的位移直接存入荷载项 P 中。其计算过程为

$$\left.\begin{array}{c} P_n = P_n / a_{nn} \\ \text{对于 } i = n-1, n-2, \cdots, 1, \text{作} \\ P_i \Leftarrow \dfrac{\left[P_i - \sum_{j=i+1}^{n}(a_{ij} \times P_j)\right]}{a_{ii}} \end{array}\right\} \tag{2.5}$$

解刚度方程求得位移（转角）后，按 $\overline{\boldsymbol{F}}^{ⓔ} = \overline{\boldsymbol{F}}_{\mathrm{f}}^{ⓔ} + \overline{\boldsymbol{k}}^{ⓔ}\overline{\boldsymbol{\delta}}^{ⓔ}$ 计算 j 单元的杆端力（弯矩）

$$\begin{bmatrix} M_1 \\ M_2 \end{bmatrix}^{ⓙ} = \begin{bmatrix} 4i & 2i \\ 2i & 4i \end{bmatrix}^{ⓙ} \begin{bmatrix} \theta_j \\ \theta_{j+1} \end{bmatrix}^{ⓙ} + \begin{bmatrix} M_{\mathrm{f1}} \\ M_{\mathrm{f2}} \end{bmatrix}^{ⓙ} \tag{2.6}$$

式中，$M_1^{ⓙ}$、$M_2^{ⓙ}$为单元 j 左、右端的杆端弯矩。

2.2 连续梁分析的程序设计框图、程序及应用举例（Julia）

2.2.1 连续梁程序设计框图

1. 程序标识符的说明

连续梁分析程序（continuous beam analysis program，CBAP）的主要标识符说明如下：

title——标题；

EI——单元的抗弯刚度；

l——单元长度；

Mf——非节点荷载产生的单元固端弯矩；

θ——单元杆端节点位移；

M——单元杆端力（弯矩）；

K——整体刚度矩阵；

P——整体节点荷载；

Δ——节点位移列向量；

ContinuousBeam——函数，生成单元数据结构；

cbeams——子程序模块，生成所有单元参数的单元列向量集；

_ elstiff——子程序模块，计算每个单元的刚度矩阵；

gstiff——子程序模块，组装整体刚度矩阵；

nodeforce——子程序模块，组装节点荷载；

beam _ end _ force! ——子程序模块，计算单元杆端力；

writefile——子程序模块，按固定格式将已知条件和计算结果写入文本文件。

2. 程序设计框图

连续梁分析程序（Julia）总框图如图 2.2 所示，总框图一共包括 4 个子框图，详见图 2.3～图 2.6。图 2.3 为输入原始数据并形成单元数据列向量集的子框图；图 2.4 为形成整体刚度矩阵并引入支承条件的子框图；图 2.5 为形成整体节点荷载列阵并引入支承条件的子框图；图 2.6 为求解方程计算杆端力并输出计算结果的子框图。

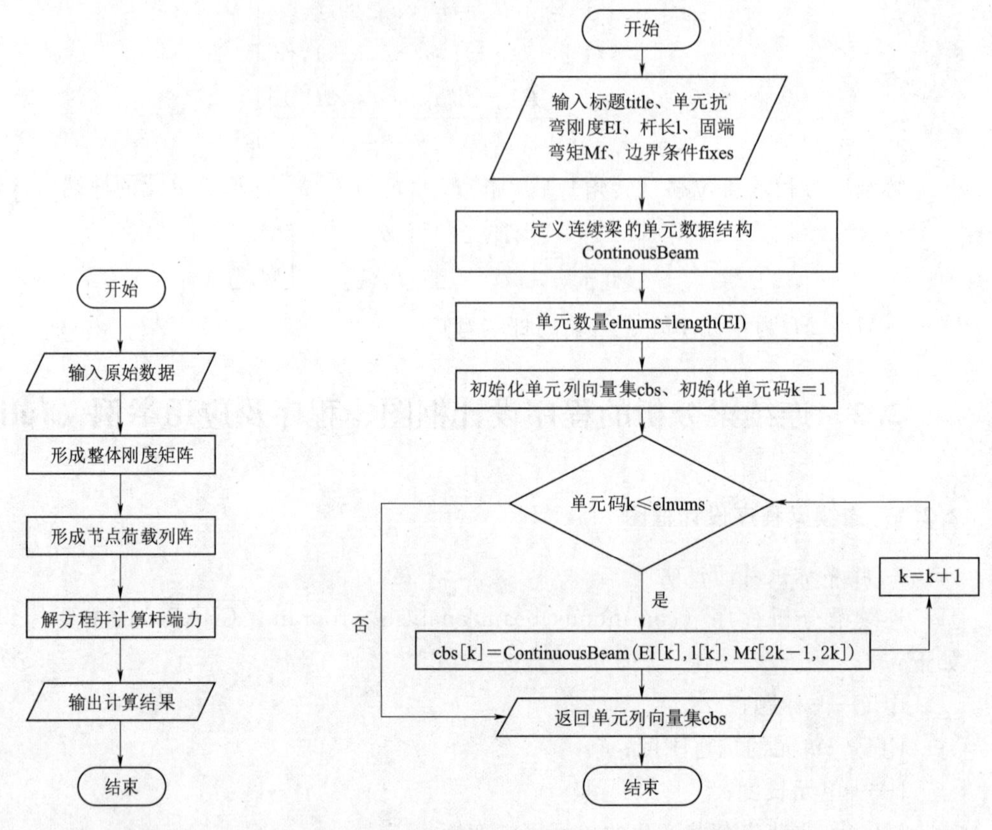

图 2.2　连续梁分析程序（Julia）总框图　　　图 2.3　输入原始数据并形成单元数据列向量集的子框图

2.2.2　连续梁分析程序

连续梁分析程序 continuousbeam.jl 代码及具体说明如下：

```
using TOML,Printf #  引入必要的程序模块
#  定义连续梁的单元数据结构
struct ContinuousBeam
    EI::Float64            # 单元的抗弯刚度
    l::Float64             # 单元的长度
    Mf::Vector{Float64}    # 非节点荷载产生的单元固端弯矩
    θ::Vector{Float64}     # 单元杆端节点位移
    M::Vector{Float64}     # 单元杆端力(弯矩)
end
#  生成单元数据结构的构造函数
ContinuousBeam(EI,l,Mf)=ContinuousBeam(EI,l,Mf,zeros(2),zeros(2))# 外部构造函数,有固端力的情况
#  形成包括所有单元的列向量
function cbeams(EIs,ls,Mfs)
    elnums=length(EIs)#  单元数量
    cbs=Vector{ContinuousBeam}(undef,elnums)#  初始化单元列向量,undef 表示数组中的元素未被定义,数组的长度由变量 elnums 决定
```

```
    for k in 1:elnums
        cbs[k]=ContinuousBeam(EIs[k],ls[k],Mfs[2k-1:2k])#  依次生成梁单元,并放入一个列向量中
    end
    return cbs
end
```

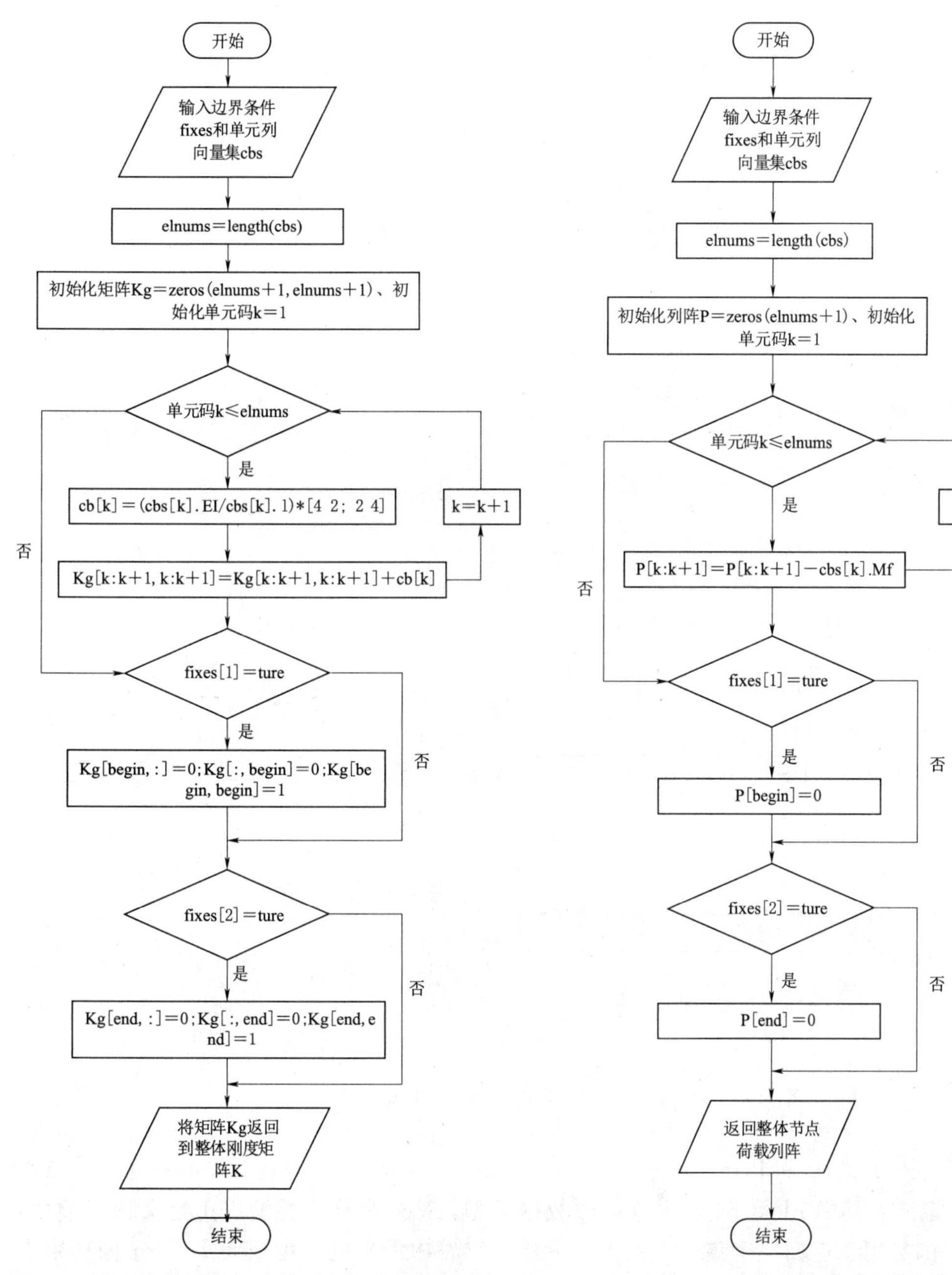

图 2.4　形成整体刚度矩阵并引入支承条件的子框图

图 2.5　形成整体节点荷载列阵并引入支承条件的子框图

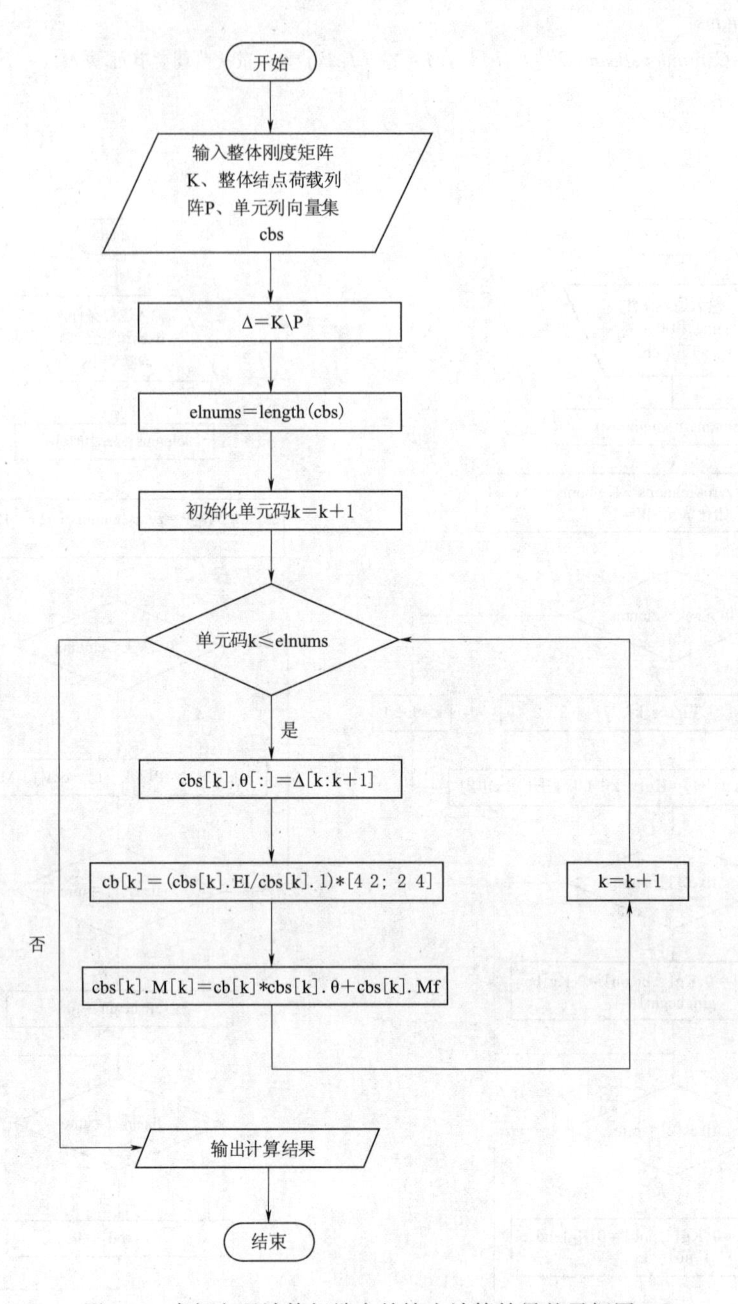

图 2.6 求解方程计算杆端力并输出计算结果的子框图

程序引入 TOML 和 Printf 程序模块。ContinuousBeam 函数对连续梁的单元参数数据结构进行定义，其中 Float 64 表示浮点数数据类型，Vector {} 类型用于定义数组类型，length() 函数用于返回一个集合（数组、元组、字符串等）的长度或大小，for 循环用来遍历集合中的元素，zeros() 函数用于创造每个元素均为 0 的数组或矩阵。子程序模块 cbeams 用于生成各单元参数的列向量集 cbs，“#”后面的文本用于对代码解释说明。

```
#  计算每个单元的刚度矩阵,以 _开头的函数是辅助函数,主程序不直接调用,而由其他函数调用,用于生成中间结果。
function __elstiff(cb)
    cb.EI/cb.l*[4 2; 2 4]  #  只有节点角位移时所对应的单元刚度矩阵
end


#  组装整体刚度矩阵
function gstiff(cbs,fixes)
    elnums=length(cbs) # 获取单元数量
    Kg=zeros(elnums+1,elnums+1) # 初始化整体刚度矩阵,节点数量为:单元数量+1
    #  采用直接刚度法形成整体刚度矩阵
    for k in 1:elnums
        Kg[k:k+1,k:k+1]+= __elstiff(cbs[k])
    end
    #处理边界约束条件
    fixes[1] &&(Kg[begin,:].=0; Kg[:,begin].=0; Kg[begin,begin]=1)  # 左边界
    fixes[2] &&(Kg[end,:].=0; Kg[:,end].=0; Kg[end,end]=1)          #右边界
    return Kg
end
```

上述两个子程序模块用于生成整体刚度矩阵，首先构造子程序模块__elstiff 用于生成单元刚度矩阵，接着构造子程序模块 gstiff 利用直接刚度法组装整体刚度矩阵 Kg，“+=”是一个复合赋值运算符，用于将右侧表达式的结果加到左侧变量上，并将结果赋值给左侧变量。同时引入支承条件，ture 为固定端，flase 为简支端，“&&”表示符号前的语句若判断正确则输出为 ture，执行符号后面的语句；若判断错误则输出 flase，不执行符号后方语句。程序中 fixes[1] 和 fixes[2] 依次读取 fixes 数组中的内容，分别代表连续梁左右两端的边界条件，“.=”用于对矩阵元素逐个赋值。

```
#  组装节点荷载
function nodeforce(cbs,fixes)
    elnums=length(cbs) # 获取单元数量
    P=zeros(elnums+1)  #  初始化整体节点荷载,节点数量为: 单元数 + 1
    for k in 1:elnums
        P[k:k+1]-=cbs[k].Mf
    end
    fixes[1] &&(P[begin]=0) # 后处理,修改左边界
    fixes[2] &&(P[end]=0) # 后处理,修改右边界
    return P
end
```

该子程序模块用于形成节点荷载列阵，“-=”与“+=”类似，表示用左侧变量减去右侧表达式的结果，并将结果赋值给左侧变量。边界条件的引入同样利用“&&”语句进行判断。

```
#  将整体节点位移 θ 转换成单元杆端位移,并计算单元杆端力
function beam_end_force! (cbs,θs)
```

```
    elnums=length(cbs) # 获取单元数量
    for k in 1:elnums
        cbs[k].θ[:]=θs[k:k+1]  #  将整体节点位移转换成单元杆端位移
        cbs[k].M[:]=__elstiff(cbs[k]) * cbs[k].θ+cbs[k].Mf # 计算单元杆端力
    end
end
```

子程序模块 beam _ end _ force! 用于计算单元杆端力，其中“!”表示会在原始对象上直接修改或更新，上述程序会对单元列向量集 cbs 的内容进行修改。

```
#  将已知条件和计算结果写入文本文件
functionwritefile(filename,fixes,Δ,cbs)
    elnums=length(cbs)
    open("$filename.txt","w")do io # 在打开输出文件时可以自定义工作路径,注意工作路径中的\要改为/
        @printf io "%s\n" filename
        @printf io "\n%s\n" "节点数量:$(elnums+1)\t\t 左端约束条件:$(fixes[1] ? "固定" : "简支")\t\t 右端约束条件:$(fixes[2] ? "固定" : "简支")"
        @printf io "\n%3s%10s%13s%20s%20s\n" "单元号" "长度" "刚度" "固端弯矩(左)" "固端弯矩(右)"
        for k in 1:elnums
            @printf io "%3i%13.4f%13.4f%13.4f%17.4f\n" k cbs[k].l cbs[k].EI cbs[k].Mf[1] cbs[k].Mf[2]
        end
        @printf io "\n%s\n" "转角(弧度)"
        for k in 1:elnums+1
            @printf io "%5i:%9.4f;" k Δ[k]
        end
        @printf io "\n\n%3s%15s%15s\n" "单元号" "左端弯矩" "右端弯矩"
        for k in 1:elnums
            @printf io "%3i%16.4f%14.4f\n" k cbs[k].M[1] cbs[k].M[2]
        end
    end
end
```

子程序模块 writefile 会将输出对象按照指定格式进行输出，open() 函数用于打开创建文件，io 是一个变量，用于表示文件流对象。@printf 宏用于将格式化的字符串写入文件流中，这些输出格式与 C 语言的 printf 格式说明相似，“\ n”为换行符，“$”用于字符串插值，“\ t”为制表符。“%ws”表示按照字符串的形式输出，“%w.df”表示按浮点数结构输出结果，“%wi”表示按十进制整数形式输出，其中 w 为整数值，表示输出结果共占 w 个字符宽度，“.d”表示保留 d 位小数。“condition? expression1: expression2”会根据 condition 的对错判断的结果分别执行 expression1 和 expression2 语句。

```
data=TOML.parsefile("ex2-1.toml") #  读入输入文件,双引号中输入 ex2-1.toml 文件的工作路径,注意工作路径中的\要改为/
#  分解输入文件中各量,并赋给相应变量
title=data["title"] #  求解问题的名称
```

```
EIs=data["EI"]          #  各单元抗弯刚度组成的列向量
ls=data["l"]            #  各单元长度组成的列向量
Mfs=data["Mf"]          #  各单元固端弯矩组成的列向量
fixes=data["fixes"]  #  边界条件组成的列向量
cbs=cbeams(EIs,ls,Mfs) #  根据输入参数,生成初始单元列向量
K=gstiff(cbs,fixes) #  根据初始单元列向量和边界条件,组装整体刚度矩阵
P=nodeforce(cbs,fixes)     #  根据初始单元列向量和边界条件,组装整体节点荷载
Δ=K \ P                         #  应用高斯消去法求解节点位移列向量
beam_end_force! (cbs,Δ)        #  根据各单元的已知条件和已求得的节点列向量,计算杆端力
writefile(title,fixes,Δ,cbs) #  将问题的已知条件和结果保存到文本文件
```

以上部分程序为连续梁分析程序的主程序部分，将“ex2－1.toml”文件的工作路径输入程序中对应位置即可运行，程序将读入输入文件，将对应数值分别赋予相应变量中，再代入程序中进行计算并按照格式要求输出计算结果，其中可以对输入文件“ex2－1.toml”进行更换，用于计算其他问题。

2.2.3 连续梁分析程序应用举例

例 2.1 三跨连续梁，左端为固定端，右端为铰支端，跨度、荷载及各截面的线刚度如图 2.7 所示，抗弯刚度 EI 为常数。

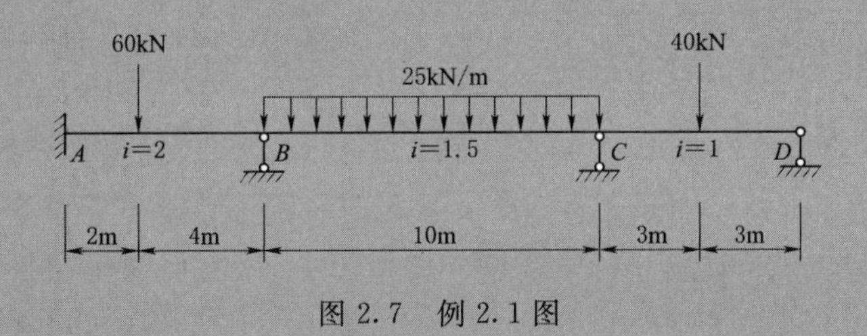

图 2.7 例 2.1 图

解 （1）准备原始数据。

1）将支座 A、B、C、D 改为 1、2、3、4；左端为固定端。故支承信息填 ture；右端为铰支，故支承信息填 false。

2）从图中的数据，算出各单元抗弯刚度的相对值。

3）根据图上梁所受荷载，计算出各单元的固端弯矩。

4）设本例题的标题为“例题 2－1”。将上述数据填入表 2.1。

（2）建立数据文件“ex2－1.toml”，并输入以下数据：

```
#  例题 2-1 的输入文件
title="例题 2-1" #  求解问题的标题
EI=[12,15,6]  #  每个单元的抗弯刚度,有几个单元就输入几个抗弯刚度
l=[6,10,6]  #  每个单元的长度
Mf=[-53.33,26.67,-208.33,208.33,-30,30] #  每个单元所受非节点荷载产生的固端弯矩,两个为一组,分别对应单元的左、右杆端
fixes=[true,false]
```

表 2.1　　连续梁计算输入数据表

标题	例题 2-1			
左支承	true		右支承	false
单元号	长度	抗弯刚度	固端弯矩	
			左端	右端
1	6	12	−53.33	26.67
2	10	15	−208.33	208.33
3	6	6	−30	30

（3）运行程序，从文件“例题 2-1.txt”中得到如下结果：

```
例题 2-1
节点数量:4    左端约束条件:固定    右端约束条件:简支
单元号      长度        刚度       固端弯矩(左)      固端弯矩(右)
  1       6.0000     12.0000      −53.3300          26.6700
  2      10.0000     15.0000     −208.3300         208.3300
  3       6.0000      6.0000      −30.0000          30.0000
转角(弧度)
   1:  0.0000;    2:  18.1618;    3:−24.2017;    4:  4.6009;
单元号       左端弯矩       右端弯矩
  1          19.3172      171.9644
  2        −171.9644      117.6051
  3        −117.6051        0.0000
```

（4）根据输出结果绘制弯矩图，如图 2.8 所示。

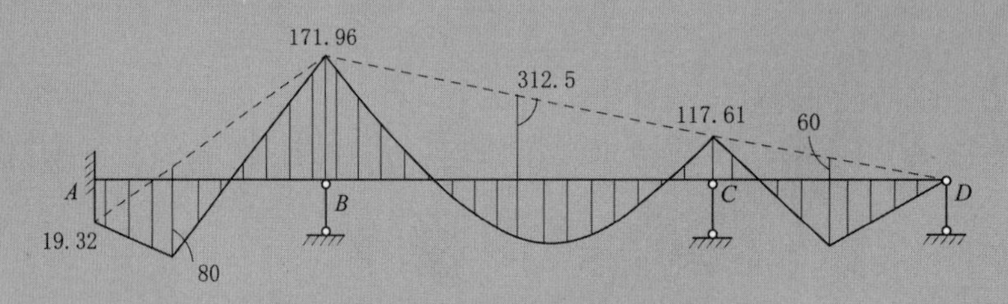

图 2.8　例 2.1 弯矩图（单位：kN·m）

例 2.2　图 2.9 所示为一等截面连续梁，支座 C 有竖向位移 $\Delta_{cv}=0.03\text{m}$，试计算该连续梁内力。设 $E=30\text{GPa}$，$I=1.5\times10^{-3}\text{m}^4$。

解　（1）准备原始数据。根据转角位移方程求得：$M_{BC}=M_{CB}=-\dfrac{6EI\Delta_{cv}}{6^2}=-225(\text{kN}\cdot\text{m})$，$M_{CD}=M_{DC}=\dfrac{6EI\Delta_{cv}}{9^2}=100(\text{kN}\cdot\text{m})$。将有关参数填入表 2.2。

图 2.9　例 2.2 图

表 2.2　连续梁计算输入数据表

标题	例题 2-2			
左支承	true		右支承	true
单元号	长度	抗弯刚度	固端弯矩	
			左端	右端
1	6	4.5×10^4	0	0
2	6	4.5×10^4	−225	−225
3	9	4.5×10^4	100	100

（2）建立数据文件“ex2-2.toml”，并输入以下数据：

```
#  例题 2-2 的输入文件
title="例题 2-2" #  求解问题的标题
EI=[4.5e4,4.5e4,4.5e4] #  每个单元的抗弯刚度，有几个单元就输入几个抗弯刚度
l=[6,6,9]  #  每个单元的长度
Mf=[0,0,-225,-225,100,100] #  每个单元所受非节点荷载产生的固端弯矩，两个为一组，分别对应单元的左、右杆端
fixes=[true,true]
```

（3）运行程序，从文件“例题 2-2.txt”中得到如下结果：

```
例题 2-2
节点数量:4    左端约束条件:固定    右端约束条件:固定
单元号    长度        刚度          固端弯矩(左)     固端弯矩(右)
  1       6.0000     45000.0000      0.0000          0.0000
  2       6.0000     45000.0000    -225.0000       -225.0000
  3       9.0000     45000.0000     100.0000        100.0000
转角(弧度)
   1: 0.0000;    2: 0.0034;    3: 0.0015;    4: 0.0000;
单元号    左端弯矩      右端弯矩
  1        50.6757      101.3514
  2      -101.3514     -129.7297
  3       129.7297      114.8649
```

（4）根据输出结果绘制弯矩图，如图 2.10 所示。

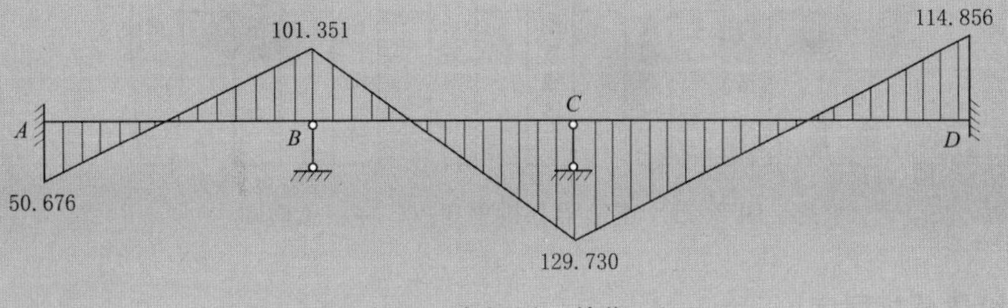

图 2.10　例 2.2 弯矩图（单位：kN·m）

2.3　连续梁分析的程序设计框图、程序及应用举例（C++）

2.3.1　连续梁分析程序设计框图

1. 程序标识符的说明

连续梁分析程序的主要标识符说明如下：

NJ——节点总数。整型变量，输入参数；

NNE——单元总数。整型变量，值为 NJ－1；

IL、IR——左、右两端支承信息。值为 0 表示简支端，值为 1 表示固定端。整型变量，输入参数；

GC(20)——GC(I) 为 I 单元的长度。实型数组，输入参数；

GX(20)——GX(I) 为 I 单元的抗弯刚度。实型数组，输入参数；

XG(20)——XG(I) 为 I 单元的线刚度。实型数组；

AMF(20，2)——AMF(I，1)、AMF(I，2) 分别为 I 单元左、右端的固端弯矩，实型数组，输入参数；

AM(20，2)——AM(I，1)、AM(I，2) 分别为 I 单元左、右端的杆端力（弯矩），实型数组；

AK(21，21)——整体刚度矩阵，实型数组；

P(21)——节点荷载，解方程后，存放节点位移（转角）；

TITLE(20)——标题。实型数组，输入参数；

2. 程序设计框图

连续梁分析程序总框图如图 2.11 所示。总框图共包括 6 个子框图，详见图 2.12～图 2.17。图 2.12 为输入原始数据子框图；图 2.13 为形成节点荷载列阵子框图；图 2.14 为形成整体刚度矩阵子框图；图 2.15 为引入支承条件子框图；图 2.16 为解方程并打印杆端位移子框图；图 2.17 为计算并打印杆端力子框图。为了便于读者阅读，在子框图的右侧作了简要的文字说明。

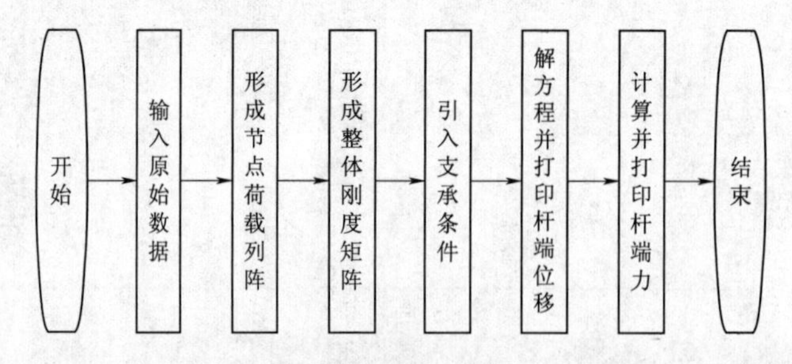

图 2.11　连续梁分析程序（C++）总框图

2.3.2　连续梁分析程序

通常，在一个 C++程序中，只包含两类文件：. cpp 文件和 . h 文件。其中，. cpp 文

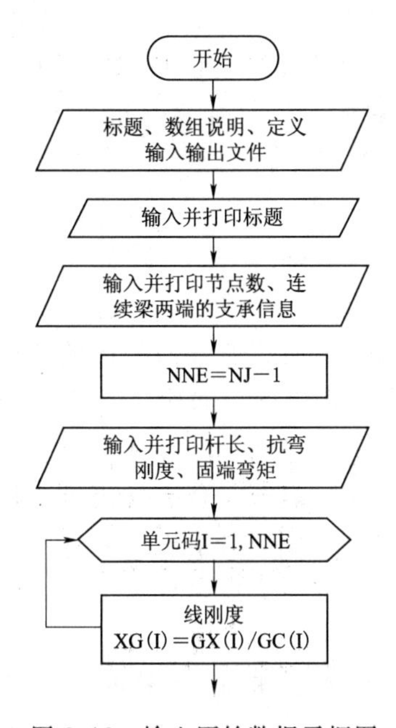

图 2.12 输入原始数据子框图

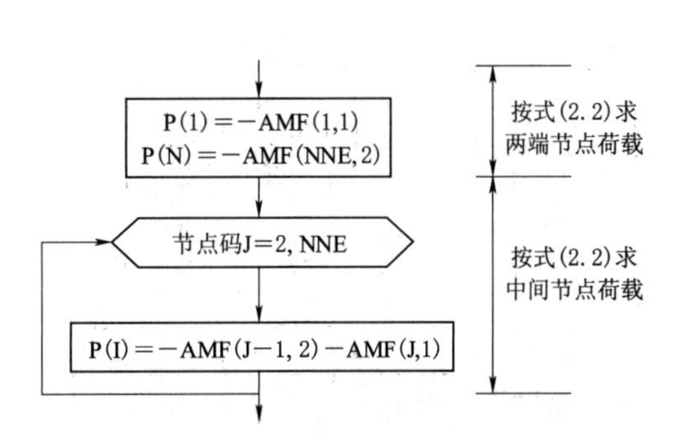

图 2.13 形成节点荷载列阵子框图

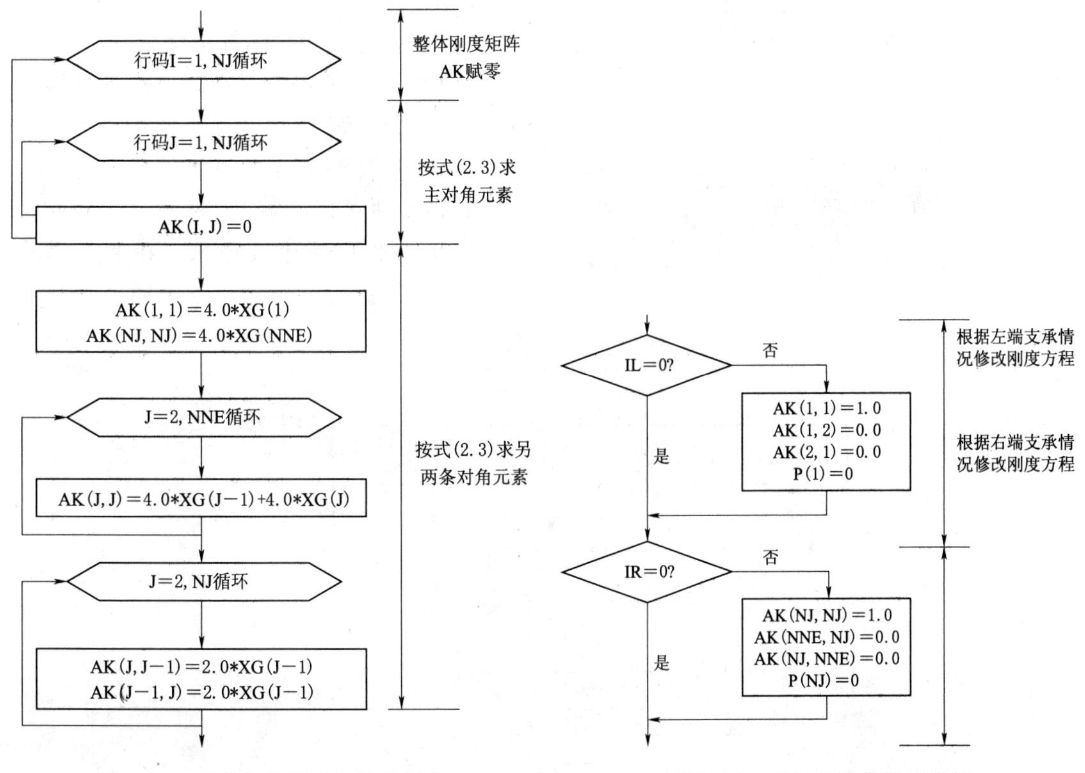

图 2.14 形成整体刚度矩阵子框图

图 2.15 引入支承条件子框图

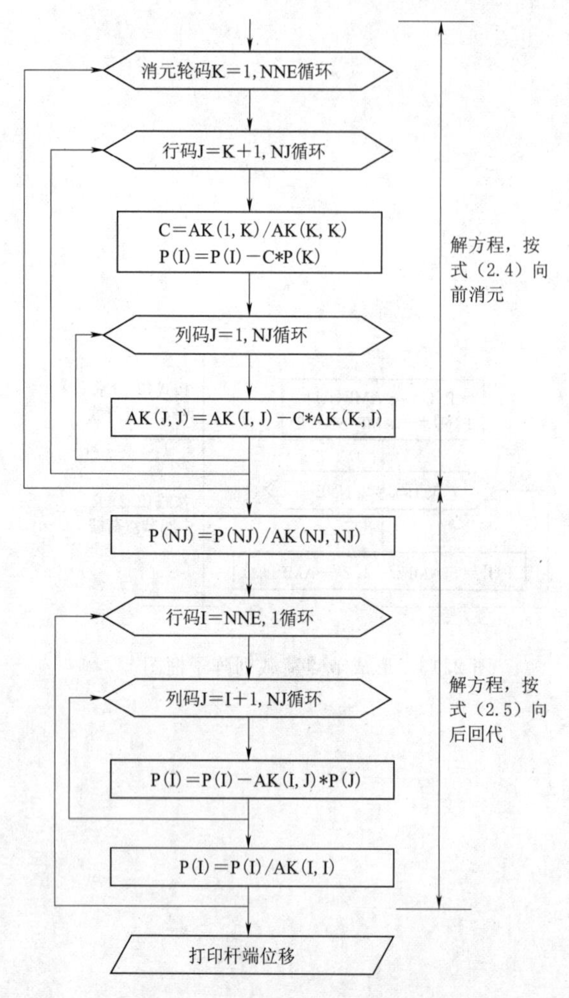

图 2.16　解方程并打印杆端位移子框图

件被称作 C++源文件，里面放的都是 C++的源代码；而 .h 文件则被称作 C++头文件，里面放的也是 C++的源代码。

建议采用 Visual Studio 2022 编码（版本可降），在学习代码时可以 debug（按快捷键〈F11〉，逐行编译），结合断点，从而快速学习编码的整体架构和细节，明晰编译过程中函数的作用和变量值。

另外，本书所有的代码中，代码行号后的重复编号数字表示 debug 跳转逻辑顺序，没有重复编号数字视为默认代码逻辑。

连续梁分析源程序包含 main.cpp 和 cbap.cpp 两个源文件，一个头文件 cbap.h。下面是文件的详细代码和说明。

(1) File_1：首先定义连续梁分析头文件（cbap.h）。在 C++程序中编译时，不会编译头文件，当源文件（.cpp）需要调用头文件（.h）时，.cpp 文件可以通过宏命令"＃include"将 .h 文件中内容读进来，在编译过程中调用。此外，头文件中声明的变量和

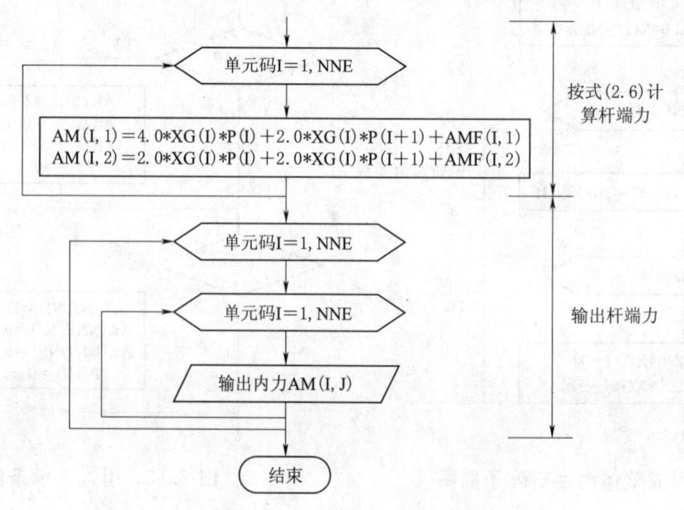

图 2.17　计算并打印杆端力子框图

函数可以在多个源文件中被重复调用。

```
1.   #include<vector>
2.   #include<string>
3.   enum SupportType {
4.     Simply=0,                        // 简支端
5.     Fixed=1                          // 固定端
6.   };
7.   struct ElemInfo {                  // 单元信息
8.     double GC;                       // 单元长度
9.     double GX;                       // 单元抗弯刚度;
10.    double AMF[2];                   // 左、右固端弯矩
11.  };
12.  struct Beam {
13.    double left;
14.    double right;
15.  };
16.  struct CBAPParam {
17.    std::string title;               // 文件标题
18.    int NJ;                          // 节点数
19.    SupportType IL;                  // 左支承信息
20.    SupportType IR;                  // 右支承信息
21.    std::vector<ElemInfo> elements;  // 单元信息
22.  };
23.  struct CBAPResult {
24.    std::vector<Beam> beam;          // 节点左/右端
25.    std::vector<double> p;           // 旋转角
26.  };
27.  CBAPResult cbap(const CBAPParam& param); //声明 cbap.cpp 文件
```

（2）File_2：定义连续梁分析主程序源文件（main.cpp），即整个编码程序的主体。函数是从主函数 int main() 开始编译，第 71 行代码。

```
28.  #include "cbap.h"                                   //包含 cbap.h 头文件
29.  #include<iostream>
30.  #include<cstdio>
31.  #include<fstream>
32.  #include <iomanip>
33.  using namespace std;
34.  void load_param(const   string& file_name,CBAPParam& p){
35.      ifstream fin(file_name);                        // 读取文件并赋予变量 fin
36.      fin >> p.title;           // 调用自定义类(CBAPParam)的成员函数,下同
37.      int nj,il,ir;char c;
38.      fin >> nj >> c >> il >> c >> ir;  // 按序读取节点数 nj、左支承信息 il、右支承信息 ir
39.      p.NJ=nj;
```

```
40.        p.IL=SupportType(il);
41.        p.IR=SupportType(ir);
42.        for(int i=0; i < p.NJ-1; i++){
43.            double gc,gx,l,r;
44.            fin >> gc >> c >> gx >> c >> l >> c >> r;            //按序读取单元长度、抗弯刚度、左/右侧固端弯矩
45.            p.elements.push_back({ gc,gx,{l,r} });
46.        }
47.  }                                                                //读取函数结束,返回71.行
48.        void save_ouput(const  string& file_name,const CBAPParam& p,const CBAPResult& res){ //打印函数
49.        ofstream fp("CBAP.OUT");
50.        fp<<setw(30)<<p.title.c_str()<<endl;
51.        fp<<setw(30)<<"INPUT INFORMATION"<<endl;                //打印基本数据
52.        fp<<setw(15)<<"NUMBER OF NODE="<<p.NJ<<setw(15)<<"BIND(L)="<<p.IL<<setw(15)<<"BIND(R)="<<p.IR<<
endl;
53.        fp<<fixed<<setprecision(5)<<"NO.E" << "\t" <<setw(15)<<"LENGTH" << "\t" <<setw(15)<<"STIFFNESS" << "\t"<<setw(15)<<"MOMENT(L)" << "\t" <<setw(15)<<"MOMENT(R)"<<endl;
54.        for(int i=0;i<p.elements.size();i++){
55.            auto elem=p.elements[i];
56.            fp<<fixed<<setprecision(5)<<i+1<<"\t"<<setw(15)<<elem.GC<<"\t"<<setw(15)<< elem.GX<<"\t"<<
    <<elem.A MF[0]<<"\t"<<setw(15)<<elem.AMF[1]<<endl;
57.        };
58.        fp<<setw(30)<<"ANGLE(RIDIAN)OF ROTATION"<<endl;  //打印节点旋转角信息
59.        fp<<fixed<<setprecision(5)<<"NO.NODES"<<setw(15)<<"ANGLE"<<endl;
60.        for(int i=0;i<res.p.size();i++){
61.            fp<<fixed<<setprecision(5)<<i+1<<"\t"<<setw(15)<<res.p[i]<<endl;
62.        };
63.        fp<<setw(30)<<"MOMENTS OF BEAMENDS"<<endl;              //打印杆端力
64.        fp<<fixed<<setprecision(5)<<" NO.BEAM" << "\t" <<setw(15)<<"1(LEFT)"<< "\t"<<setw(15)<<"2(RIGHT)" <<endl;
65.        for(int i=0;i<res.beam.size();i++){
66.    fp<<fixed<<setprecision(5)<<i+1<<"\t"<<setw(15)<<res.beam[i].left<<"\t"<<setw(15)<< res.beam[i].right<<endl;
67.        };
68.        fp.close();                                              //打印结束,关闭输出文件.OUT
69.        cout<<"计算结果已成功输出到文件 CBAP.OUT。\n";
70.    }                                                            //打印函数结束,返回76.行
71.    int main(){                                                  //主函数开始编译.START
72.        CBAPParam p;                                             //加载变量 p
73.34.       load_param("CBAP.IN",p);                                 //调用加载函数
```

```
74.79.    auto res=cbap(p);                         //调用计算函数,跳转到 File_3 的 79.行
75.48.   save_ouput("CBAP.OUT",p, res);             //调用打印函数
76.      return 0;
77.  }                                              //主函数完成编译.END
```

(3) File_3：定义连续梁分析公式源文件（cbap.cpp)。其主要功能是定义计算过程中涉及的公式（计算连续梁的旋转角和杆端位移)，以供主函数 int main() 调用。

```
78.   #include "cbap.h"                            //包含 cbap.h 头文件
  79.  CBAPResult cbap(const CBAPParam& param){ // cbap 函数入口
  80.    int NNE=param.NJ-1;                       // 计算单元数
  81.    std::vector<double> XG(NNE, 0);           // 计算线刚度
  82.    for(int i=0; i < NNE; i++){
  83.        XG[i]=param.elements[i].GX / param.elements[i].GC;
  84.    }
  85.    std::vector<double> P(NNE + 1, 0);        // 根据式(2.2)计算两端以及中间节点荷载
  86.    P[0]=-param.elements[0].AMF[0];
  87.    P[NNE]=-param.elements[NNE-1].AMF[1];
  88.    for(int i=1; i < NNE; i++){
  89.        P[i]=-param.elements[i-1].AMF[1]-param.elements[i].AMF[0];
  90.    }
  91.    std::vector<std::vector<double>> AK(NNE + 1, std::vector<double>(NNE + 1, 0));//计算整体
刚度矩阵
  92.    AK[0][0]=4.0 * XG[0];                     //按式(2.3)求主对角元素
  93.    AK[NNE][NNE]=4.0 * XG[NNE-1];
  94.    for(int i=1; i < NNE; i++){
  95.        AK[i][i]=4.0 *(XG[i-1] + XG[i]);
  96.    }
  97.    for(int i=1; i < NNE + 1; i++){          //按式(2.3)求另两条对角元素
  98.        AK[i][i-1]=2.0 * XG[i-1];
  99.        AK[i-1][i]=2.0 * XG[i-1];
  100.    }
  101.    if(param.IL==SupportType::Fixed){         // 根据左端支承类型修改刚度方程
  102.        AK[0][0]=1.0;
  103.        AK[0][1]=0.0;
  104.        AK[1][0]=0.0;
  105.        P[0]=0.0;
  106.    }
  107.    if(param.IR==SupportType::Fixed){         // 根据右端支承类型修改刚度方程
  108.        AK[NNE][NNE]=1.0;
  109.        AK[NNE-1][NNE]=0.0;
  110.        AK[NNE][NNE-1]=0.0;
  111.        P[NNE]=0.0;
  112.    }
  113.    for(int k=0; k < NNE; k++){      // 按照高斯顺序消去法求解刚度方程,第一步:按式(2.4)顺序消元
```

```
114.            for(int i=k + 1; i < NNE + 1; i++){
115.                auto C=AK[i][k] / AK[k][k];
116.                P[i]=P[i]-C * P[k];
117.                for(int j=0; j < NNE + 1; j++){
118.                    AK[i][j]=AK[i][j]-C * AK[k][j];
119.                }
120.            }
121.        }
122.        P[NNE]=P[NNE] / AK[NNE][NNE];                  //第二步：按式(2.5)向后回带
123.        for(int i=NNE-1; i >=0; i--){
124.            for(int j=i + 1; j < NNE + 1; j++){
125.                P[i]=P[i]-AK[i][j] * P[j];
126.            }
127.            P[i]=P[i] / AK[i][i];
128.        }
129.        CBAPResult res{ std::vector<Beam>(NNE, { 0,0 }), P }; //定义返回值
130.        for(int i=0; i < NNE; i++){                    //按式(2.6)计算杆端力
131.            res.beam[i].left=4.0 * XG[i] * P[i]+2.0*XG[i]* P[i+1]+param.elements[i].AMF[0];
132.            res.beam[i].right=2.0*XG[i]* P[i]+4.0*XG[i]* P[i+1]+param.elements[i].AMF[1];
133.        }
134.        return res;                                    //返回计算结果
135.74. }                                                 //跳转到 File_2 的 74. 行，结束计算
```

以上介绍了连续梁分析的三个关键的程序文件。其中 File_2 主要负责加载输入文件 CBAP.IN，并依序对单元杆长、抗弯刚度、左端固端弯矩及右端固端弯矩进行赋值，相应内容见表 2.3。

2.3.3　连续梁分析程序应用举例

例 2.3　三跨连续梁，左端为固定端，右端为铰支端，跨度、荷载及各截面的线刚度如图 2.18 所示，抗弯刚度 EI 为常数。试绘制该连续梁的弯矩图。

解　(1) 准备原始数据。

1) 根据图 2.18，将支座 A、B、C、D 改为 1、2、3、4；左端为固定端，故支承信息填 1；右端为铰支，故支承信息填 0。

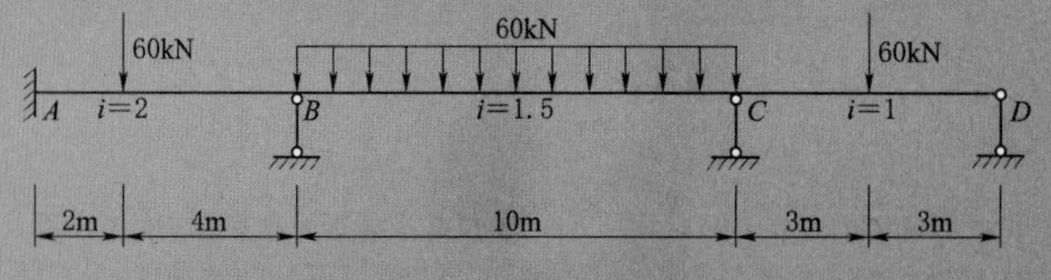

图 2.18　例 2.3 图

2) 从图中的数据，算出各单元抗弯刚度的相对值。

3) 根据图上梁所受荷载，计算出各单元的固端弯矩。

4) 设本例题的标题为 EXAMPLE ---(2 - 3)，将上面数据填入表 2.3。

表 2.3　　连续梁算例输入数据表

标题	EXAMPLE ---(2-3)				
节点数	4	左支承	1	右支承	0
单元号	长度	抗弯刚度	固端弯矩		
			左端		右端
①	6	12	−53.33		26.67
②	10	15	−208.33		208.33
③	6	6	−30.00		30.00

（2）建立数据文件 CBAP.IN，并按照以下格式输入数据：

```
EXAMPLE ---(2-3)
4,1,0
6,12,-53.33,26.67
10,15,-208.33,208.33
6,6,-30.00,30.00
```

（3）运行程序，程序执行后的输出结果储存在文件 CBAP.OUT 中，具体如下：

```
EXAMPLE ---(2-3)
  INPUT INFORMATION
NUMBER OF NODE=4        BIND(L)=1        BIND(R)=0
NO.E   LENGTH       STIFFNESS       MOMENT(L)        MOMENT(R)
1       6.00000      12.00000        -53.33000         26.67000
2      10.00000      15.00000       -208.33000        208.33000
3       6.00000       6.00000        -30.00000         30.00000
    ANGLE(RIDIAN)OF ROTATION
NO.NODES         ANGLE
1                   0.00000
2                  18.16179
3                 -24.20171
4                   4.60085
          MOMENTS OF BEAMENDS
NO.BEAM      1(LEFT)        2(RIGHT)
1             19.31718       171.96436
2           -171.96436       117.60513
3           -117.60513         0.00000
```

（4）根据输出结果绘制弯矩图，如图 2.19 所示。

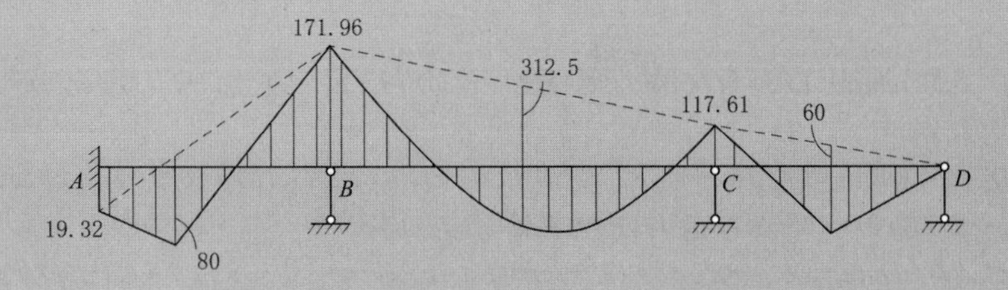

图 2.19　例 2.3 弯矩图（单位：kN·m）

2.4　程序功能的扩展（Julia）

以上介绍的连续梁分析源程序 CBAP 是为初学程序设计者而编写的，旨在说明编制程序的基本方法。从实用角度出发，连续梁内力计算程序的功能还可以进一步扩展。

2.4.1　总节点荷载的计算

对于连续梁既承受非节点荷载，又承受节点荷载的情况，如图 2.20 所示。此时可在源程序 continuousbeam.jl 的第 13 行插入下列程序段：

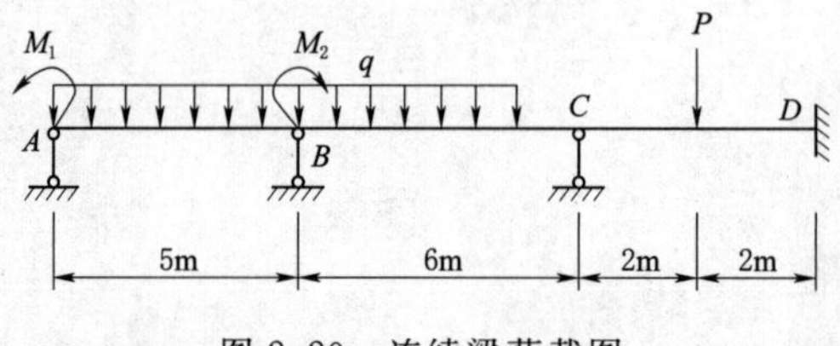

图 2.20　连续梁荷载图

```
ContinuousBeam(EI,l)=ContinuousBeam(EI,l,zeros(4),zeros(4),zeros(4))  #  外部构造函数不含固端力
```

更换源程序第 27 行用于计算每个单元的刚度矩阵的子程序模块__elstiff() 的代码如下：

```
function __elstiff(cb)
    EI=cb.EI
    l=cb.l
    EI/l*[ 12/l^2   6/l−12/l^2   6/l
            6/l       4   −6/l      2
          −12/l^2   −6/l   12/l^2−6/l
            6/l       2   −6/l      4]  #  节点有横向线位移和角位移时所对应的单元刚度矩阵
End
```

同时，在程序中增加各种非节点荷载自动计算各梁段固端弯矩的功能。梁长为 l 的两端固定梁的等效节点荷载如图 2.21 所示。

接着在子程序模块__elstiff() 的后面加入子程序模块__fixed_force() 用于计算非节点荷载作用下的固端力，具体程序段如下：

```
function __fixed_force(type,ac,l)
    a,c=ac
    type=="LD" &&(return−1*l*[(7a+3c)/20,(a/20+c/30)*l,(3a+7c)/20,−(a/30+c/20)*l])#线性分布荷载
    type=="CD" &&(return−1*[a*c−a*c^3/(2l^3)*(2l−c), a*c^2/(12l^2)*(6l^2−8c*l+3c^2),a*c^3/(2l^3)*(2l−c),−a*c^3/(12l^2)*(4l−3c)])# 均匀分布荷载
    type=="CF" &&(return−1*[a−a*c^2*(3l−2c)/l^3,a*c*(l−c)^2/l^2, a*c^2*(3l−2c)/l^3,−a*c^2*(l−c)/l^2])# 集中力
    type=="CM" &&(return−1*[−6*a*c*(l−c)*l^3,a*(l−c)*(l−3c)/l^2,6*a*c*(l−c)/l^3,a*c*(3c
```

```
-2l)/l^2])# 集中弯矩
end
```

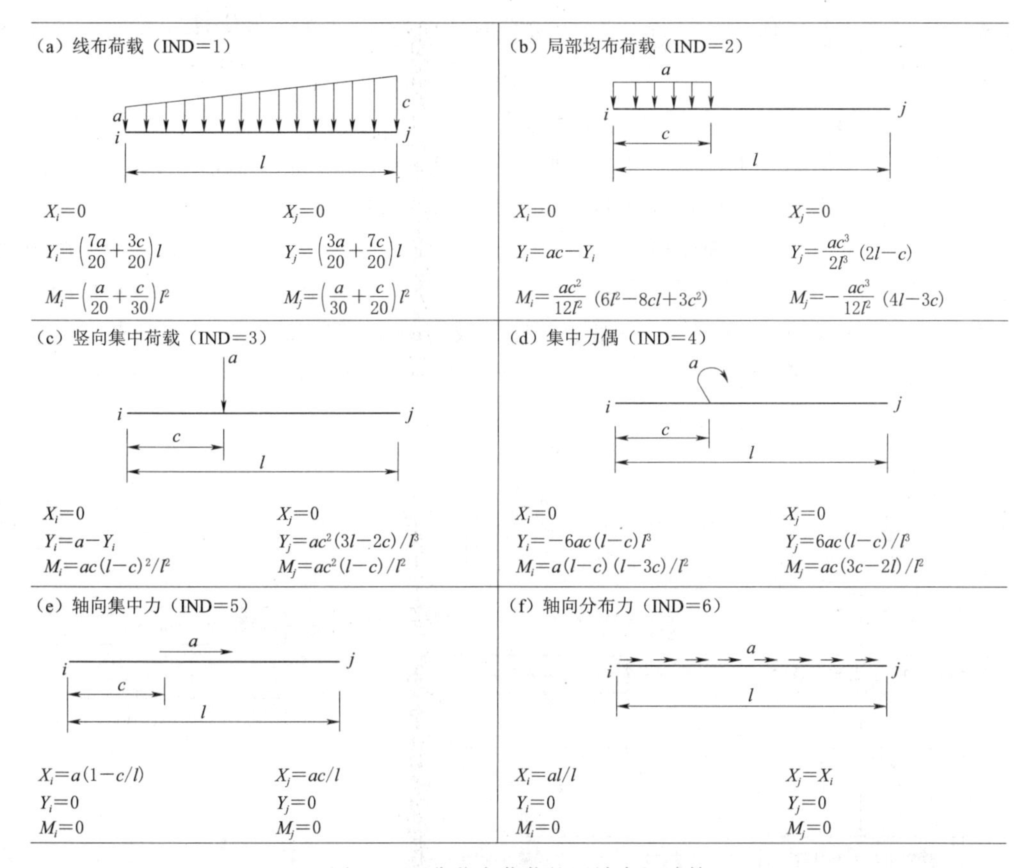

图 2.21 非节点荷载的固端弯矩计算

然后替换源程序 continuousbeam.jl 第 16 行的子程序模块 cbeams 的代码，同时更换其位置，将其置于子程序模块__fixed_force() 后，具体代码如下：

```
function cbeams(EIs,ls,nonnode_force_els,types,acs)
    elnums=length(EIs)# 单元数量
    cbs=Vector{ContinuousBeam}(undef,elnums)# 初始化单元列向量
    # 先不考虑固端力,生成单元列向量
    for k in 1:elnums
        cbs[k]=ContinuousBeam(EIs[k],ls[k])# 依次生成梁单元,并放入一个列向量中
    end
    for(i,k)in enumerate(nonnode_force_els)
        cbs[k].Ff.+=__fixed_force(types[i],acs[2i-1:2i],ls[k])# 使用.+=表示修改向量中的内容而不是重新生成向量
    end
    return cbs
end
```

同时将子程序模块 gstiff、nodeforce、beam_end_force!、writefile 以及程序的其余部分进行适当修改，具体修改见下方具体代码，此处不再过多阐述。经过以上修改的程序，可计算同时承受非节点荷载和节点荷载连续梁的杆端弯矩和节点角位移，源程序名改为 continuousbeam_ge. jl。

2.4.2　含外伸梁的连续梁分析程序设计框图

含外伸梁的连续梁分析程序设计框图如图 2.22 所示，其中最左侧部分为主程序框图，主程序通过调用各个子程序模块来实现各部分成果运算，ContinuousBeam 是用于生成单元数据结构的构造函数，子程序模块 cbeams 用于生成各单元参数列向量集，子程序模块 gstiff、nodeforce、beam _ end _ force! 和 writefile 分别用于实现程序框图中所指向的主程序功能，子程序模块__ fixed_force 被子程序模块 cbeams 调用，用于计算非节点荷载作用下的固端力。接着子程序模块__ elstiff 被子程序模块 gstiff 和 writefile 调用，用于计算单元刚度矩阵。

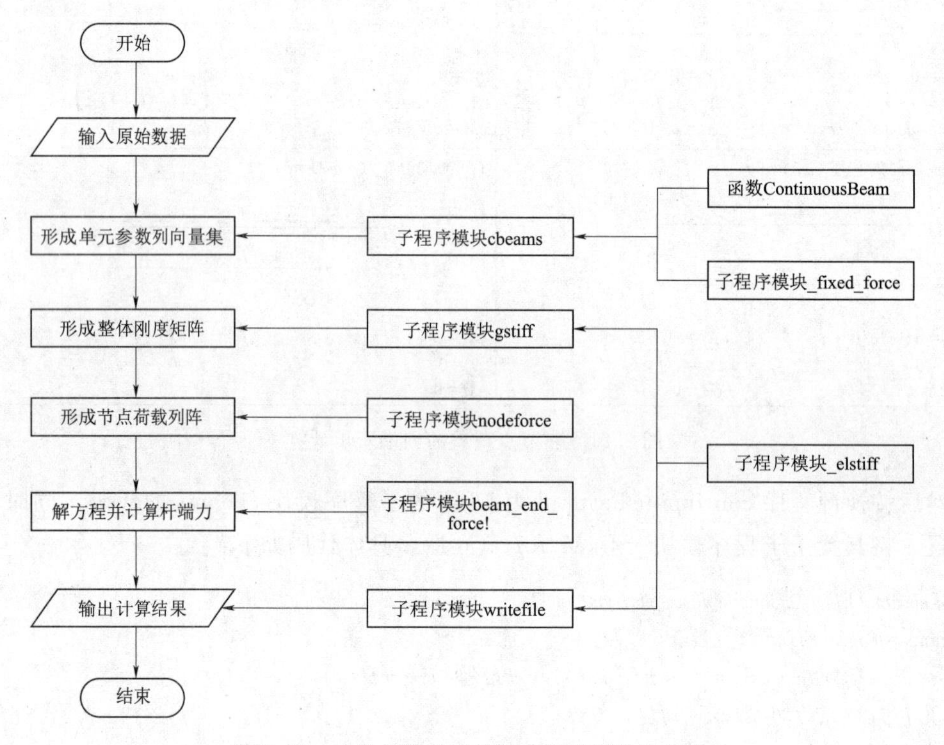

图 2.22　含外伸梁的连续梁分析程序设计框图

2.4.3　含外伸梁的连续梁分析程序

对于带有外伸端的连续梁，在其既承受非节点荷载，又承受节点荷载的情况下，对连续梁分析源程序 continuousbeam. jl 进行扩展，将各种非节点荷载作用下梁的等效节点荷载计算过程编成一子程序模块__ fixed_force 加入程序中，子程序模块__ fixed_force 可根据输入参数直接计算非节点荷载的等效节点荷载。扩展后的连续梁内力计算程序 continuousbeam_ge. jl 整体运行思路与源程序类似，具体代码如下所示：

```
1 using TOML, Printf #  引入必要的程序模块
2 #  定义连续梁的单元数据结构
3 struct ContinuousBeam
4     EI::Float64            #  单元的抗弯刚度
5     l::Float64             #  单元的长度
6     Ff::Vector{Float64}    #  非节点荷载产生的固端力{Yfᵢ, Mfᵢ, Yfⱼ, Mfⱼ}
7     δ::Vector{Float64}     #  单元杆端节点位移{Δᵢ, θᵢ, Δⱼ, θⱼ}
8     F::Vector{Float64}     #  单元杆端力{Yᵢ, Mᵢ, Yⱼ, Mⱼ}
9 end
10 #  生成单元数据结构的构造函数
11 ContinuousBeam(EI,l,Ff)=ContinuousBeam(EI,l,Ff,zeros(4),zeros(4))#  外部构造函数，包含固端力
12 ContinuousBeam(EI,l)=ContinuousBeam(EI,l,zeros(4),zeros(4),zeros(4))#  外部构造函数，不含固端力
13 #  计算每个单元的刚度矩阵，以_开头的函数是辅助函数，
14 #  主程序不直接调用，而由其他函数调用，用于生成中间结果。
15 function _elstiff(cb)
16     EI=cb.EI
17     l=cb.l
18     EI/l*[ 12/l^2   6/l−12/l^2   6/l
19               6/l       4   −6/l      2
20            −12/l^2   −6/l   12/l^2−6/l
21               6/l       2   −6/l      4]  #  节点有横向线位移和角位移时所对应的单元刚度矩阵
22 end
23 #   非节点荷载作用下的固端力
24 function _fixed_force(type,ac,l)
25     a,c=ac #  将 ac 数组里的元素分别分配给 a,c 两个变量
26     type=="LD" &&(return−1*l*[(7a+3c)/20,(a/20+c/30)*l,(3a+7c)/20,−(a/30+c/20)*l])#  
线性分布荷载
27     type=="CD" &&(return−1*[a*c−a*c^3/(2l^3)*(2l−c), a*c^2/(12l^2)*(6l^2−8c*l+3c^2),a
*c^3/(2l^3)*(2l−c),−a*c^3/(12l^2)*(4l−3c)])#   均匀分布荷载
28     type=="CF" &&(return−1*[a−a*c^2*(3l−2c)/l^3,a*c*(l−c)^2/l^2, a*c^2*(3l−2c)/l^3,−a
*c^2*(l−c)/l^2])#  集中力
29     type=="CM" &&(return−1*[−6*a*c*(l−c)*l^3,a*(l−c)*(l−3c)/l^2,6*a*c*(l−c)/l^3,a
*c*(3c−2l)/l^2])#  集中弯矩
30 end
31 #  形成包括所有单元的列向量
32 function cbeams(EIs,ls,nonnode_force_els,types,acs)
33     elnums=length(EIs)#  单元数量
34     cbs=Vector{ContinuousBeam}(undef,elnums)#  初始化单元列向量，undef 表示数组中的元素未被定
义，数组的长度由变量 elnums 决定
35     #  先不考虑固端力，生成单元列向量
36     for k in 1:elnums
37         cbs[k]=ContinuousBeam(EIs[k],ls[k])#  依次生成梁单元，并放入一个列向量中
38     end
39     for(i,k)in enumerate(nonnode_force_els)#  enumerate 函数用于在迭代过程中同时获取元素的索引和值
```

```
40          cbs[k].Ff. += _fixed_force(types[i],acs[2i-1:2i],ls[k]) #  使用.+=表示修改向量中的内容而不是重新生成向量
41      end
42      return cbs
43  end
44  #  组装整体刚度矩阵
45  function gstiff(cbs, fixes)
46      elnums=length(cbs) #  获取单元数量
47      Kg=zeros(2(elnums+1),2(elnums+1)) #  初始化整体刚度矩阵,节点数量为:单元数量 + 1,每个节点有两个位移
48      #  采用直接刚度法形成整体刚度矩阵,后处理法
49      for k in 1:elnums
50          Kg[2k-1:2k+2,2k-1:2k+2] += _elstiff(cbs[k])
51      end
52      #  处理固定边界约束条件
53      for i in fixes
54          Kg[i,:].=0
55          Kg[:,i].=0
56          Kg[i,i]=1
57      end
58      return Kg
59  end
60  #    组装节点荷载
61  function nodeforce(cbs,fixes,Pd)
62      elnums=length(cbs)
63      P=float(copy(Pd))  #  初始化整体节点荷载,节点数量为:单元数 + 1,每个节点有两个力,copy 函数用于创建原始对象的副本
64      #    累加固端荷载
65      for k in 1:elnums
66          P[2k-1:2k+2]-=cbs[k].Ff
67      end
68      #  处理固定边界约束条件
69      for i in fixes
70          P[i]=0
71      end
72      return P
73  end
74  #  将整体节点位移 Δs 转换成单元杆端位移,并计算单元杆端力
75  function beam_end_force!(cbs, Δs)
76      elnums=length(cbs) #  获取单元数量
77      for k in 1:elnums
78          cbs[k].δ.=Δs[2k-1:2k+2]  #  将整体节点位移转换成单元杆端位移
79          cbs[k].F.=_elstiff(cbs[k]) * cbs[k].δ+cbs[k].Ff #  计算单元杆端力
80      end
```

```
81 end
82 #  将已知条件和计算结果写入文本文件
83 function writefile(filename,acs,fixes,nfes,types,Pds,Δ,cbs)
84     elnums=length(cbs)
85     open("$filename.txt", "w")do io #  在打开输出文件时可以自定义工作路径,注意工作路径中的\要
改为/
86         @printf io "%s\n" filename
87         @printf io "\n%s\n" "节点数量:$(elnums+1)\t\t 单元数量:$elnums\t\t 非节点荷载数量:
$(length(acs)÷2)\t\t 约束数量:$(length(fixes))"
88         @printf io "\n%3s%10s%13s\n" "单元号" "长度" "刚度"
89         for k in 1:elnums
90             @printf io "%3i%13.4f%13.4f\n" k cbs[k].l cbs[k].EI
91         end
92         @printf io "\n%s\n" "节点荷载"
93         for k in 1:2(elnums+1)
94             @printf io "%5i:%9.4f" k Pds[k]
95             k % 4==0 && @printf io "\n"
96         end
97         @printf io "\n\n%s\n" "非节点荷载"
98         @printf io "\n%3s%15s%15s%15s%15s\n" "序号" "单元号" "荷载类型" "参数 a" "参数 c"
99         for k in 1:length(acs)÷2
100             @printf io "%3i%12i%17s%15.3f%15.3f\n" k nfes[k](types[k]=="LD" ? "线性分布" :
types[k]=="CD" ? "均匀分布" : types[k]=="CF" ? "集中力 " : types[k]=="CM" ? "集中弯矩" : "其他类型")
acs[2k-1] acs[2k]
101         end
102         @printf io "\n%s\n" "节点位移约束序号"
103         for i in fixes
104             @printf io "%5i" i
105         end
106        @printf io "\n\n%15s%20s\n" "位移" "转角(弧度)"
107         for k in 1:elnums+1
108             @printf io "%15.4e%15.4e\n" Δ[2k-1] Δ[2k]
109         end
110         @printf io "\n\n%3s%15s%15s%17s%16s\n" "单元号" "左端剪力" "左端弯矩" "右端剪力" "右
端弯矩"
111         for k in 1:elnums
112             @printf io "%3i%16.4f%14.4f%16.4f%14.4f\n" k cbs[k].F[1] cbs[k].F[2] cbs[k].F[3]
cbs[k].F[4]
113         end
114     end
115 end
116 data=TOML.parsefile("ex2-3.toml")#  读入输入文件,双引号中输入 ex2-3.toml 文件的工作路径
117 #  分解输入文件中各量,并赋给相应变量
118 title=data["title"] #  求解问题的名称
```

```
119 EIs=data["EI"]         #  各单元抗弯刚度组成的列向量
120 ls=data["l"]           #  各单元长度组成的列向量
121 nfes=data["nonnode_force_els"]       #  获取非节点荷载作用的单元编号
122 types=data["types"] #  获取非节点荷载类型
123 acs=data["acs"]    #  获取非节点荷载的参数
124 fixes=data["fixes"] #  边界条件组成的列向量
125 Pds=data["Pd"]       #  节点荷载
126 cbs=cbeams(EIs,ls,nfes,types,acs)#  根据输入参数,生成初始单元列向量
127 K=gstiff(cbs, fixes)#  根据初始单元列向量和边界条件,组装整体刚度矩阵
128 P=nodeforce(cbs, fixes, Pds)    #  根据初始单元列向量和边界条件,组装整体节点荷载
129 Δ=K \ P                         #  应用高斯消去法求解节点位移列向量
130 beam_end_force! (cbs, Δ)        #  根据各单元的已知条件和已求得的节点列向量,计算杆端力
131 writefile(title, acs, fixes, nfes, types,Pds, Δ, cbs)#  将问题的已知条件和结果保存到文本文件
```

2.4.4 含外伸梁的连续梁计算程序应用举例

例 2.4　图 2.23 所示为一带有外伸端，第一跨抗弯刚度分段不等，且既承受节点荷载又承受非节点荷载的四跨连续梁。试对该结构进行内力分析，并求各节点的位移。已知 $E=210\text{GPa}$，$I=4.0\times10^4\text{cm}^4$。

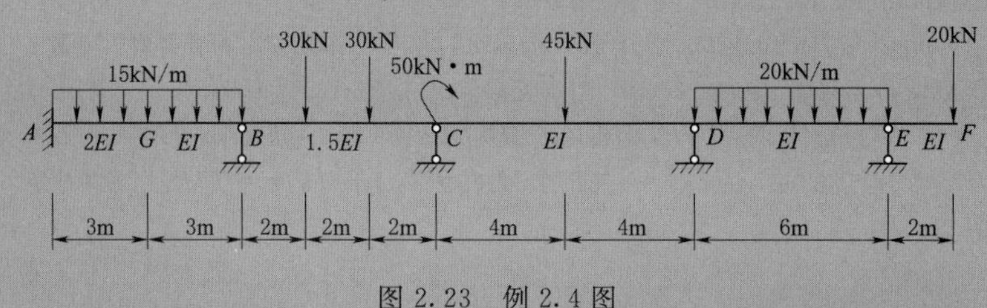

图 2.23　例 2.4 图

解　(1) 准备原始数据。

1) 将支座 A、B、C、D、E 和外伸端 F、截面突变点 G 作为连续梁单元划分的节点，由左至右依次为 1、2、3、4、5、6、7 节点，相应地可确定由左至右 6 个单元，如图 2.24 所示。坐标系和各节点的位移亦标在该图中。Δ 的下脚标为节点位移的自然数序号。

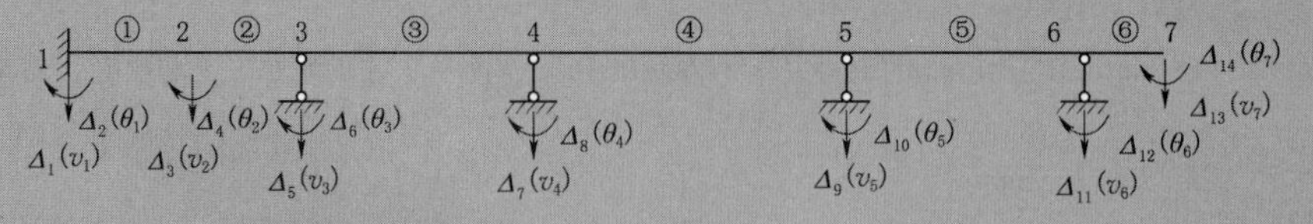

图 2.24　例 2.4 单元划分

2) 由图 2.23 可知各单元的长度。根据已知条件计算各单元的抗弯刚度值。

3) 直接作用在节点上的荷载为：节点 4 上的集中力偶 50kN·m，节点 7 上的竖向荷载 20kN，其余为零。直接作用在节点上的荷载由节点 1 至节点 7 依次写出。

4) 非节点荷载按作用单元、荷载类型、荷载参数 A、荷载参数 C 的顺序逐个给

出。同一单元中允许有若干个任意类型的非节点荷载同时作用。非节点荷载总数与单元数无关。

5）输入支承信息。

6）设本例题标题为“例题 2－4”。本例题计算所需输入的数据如表 2.4 所示。

表 2.4　　例 2.4 的输入数据

标题	例题 2－4						
单元长度	抗弯刚度	单元长度	抗弯刚度	单元长度	抗弯刚度	单元长度	抗弯刚度
3	1.68×10^5	3	8.40×10^4	6	1.26×10^5	8	8.40×10^4
6	8.40×10^4	2	8.40×10^4				
节点力 Y_1	节点力 M_1	节点力 Y_2	节点力 M_2	节点力 Y_3	节点力 M_3	节点力 Y_4	节点力 M_4
0	0	0	0	0	0	0	50
节点力 Y_5	节点力 M_5	节点力 Y_6	节点力 M_6	节点力 Y_7	节点力 M_7		
0	0	0	0	20	0		
单元号	荷载类型	参数 A	参数 C	单元号	荷载类型	参数 A	参数 C
1	2	15	3	2	2	15	3
3	3	30	2	3	3	30	4
4	3	45	4	5	2	20	6
支承位移号	1	2	5	7	9	11	

（2）建立数据文件“ex2－4.toml”，并输入以下数据：

```
#  例题 2-4 的输入文件
title="例题 2-4" # 求解问题的标题
EI=[1.68e5, 8.4e4, 1.26e5, 8.4e4, 8.4e4, 8.4e4] #每个单元的抗弯刚度,有几个单元就输入几个抗弯刚度
l=[3, 3, 6, 8, 6, 2]  #  每个单元的长度
nonnode_force_els=[1,2,3,3,4,5] #非节点荷载作用单元号
types=["CD", "CD", "CF", "CF", "CF", "CD"] #非节点荷载类型,“CD”表示荷载类型 2,“CF”表示荷载类型 3
acs=[15,3,15,3,30,2,30,4,45,4,20,6]#非节点荷载参数
fixes=[1,2,5,7,9,11]#支承位移号
Pd=[0,0,0,0,0,0,0,50,0,0,0,0,20,0]#节点荷载
```

（3）运行程序，从文件“例题 2－4.txt”中得到如下结果：

```
例题 2-4
节点数量:7    单元数量:6    非节点荷载数量:6    约束数量:6
单元号     长度        刚度
  1       3.0000    168000.0000
  2       3.0000     84000.0000
  3       6.0000    126000.0000
  4       8.0000     84000.0000
  5       6.0000     84000.0000
  6       2.0000     84000.0000
```

节点荷载

1：	0.0000	2：	0.0000	3：	0.0000	4：	0.0000
5：	0.0000	6：	0.0000	7：	0.0000	8：	50.0000
9：	0.0000	10：	0.0000	11：	0.0000	12：	0.0000
13：	20.0000	14：	0.0000				

非节点荷载

序号	单元号	荷载类型	参数a	参数c
1	1	均匀分布	15.000	3.000
2	2	均匀分布	15.000	3.000
3	3	集中力	30.000	2.000
4	3	集中力	30.000	4.000
5	4	集中力	45.000	4.000
6	5	均匀分布	20.000	6.000

节点位移约束序号

1 2 5 7 9 11

位移	转角(弧度)
0.0000e+00	0.0000e+00
5.2045e−04	1.0826e−04
0.0000e+00	−1.2908e−04
0.0000e+00	4.4862e−04
0.0000e+00	1.8546e−04
0.0000e+00	−4.4987e−04
−2.6483e−04	2.6316e−05

单元号	左端剪力	左端弯矩	右端剪力	右端弯矩
1	−49.2359	−57.4162	4.2359	−22.7916
2	−4.2359	22.7916	−40.7641	32.0006
3	−23.2896	−32.0006	−36.7104	72.2630
4	−17.5066	−22.2630	−27.4934	62.2106
5	−63.7018	−62.2106	−56.2982	40.0000
6	−20.0000	−40.0000	20.0000	0.0000

（4）绘制内力图。根据输出结果，绘出梁的剪力图、弯矩图，如图2.25所示。

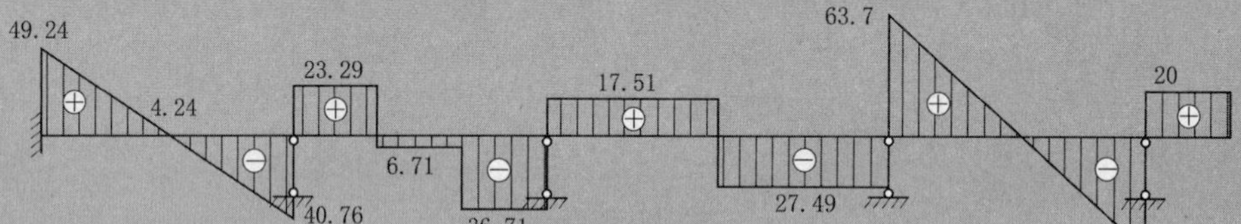

（a）剪力图（单位：kN）

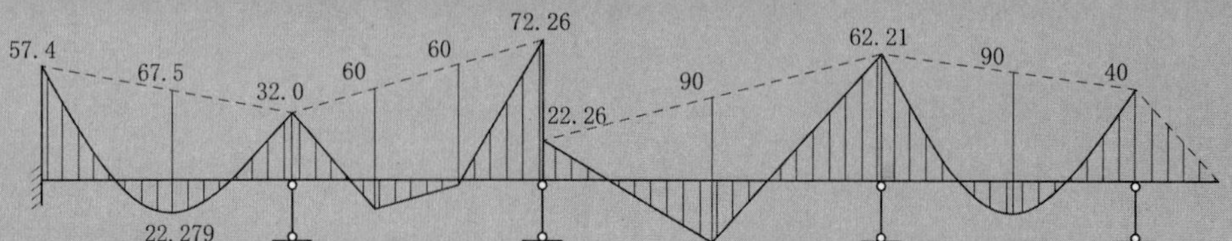

（b）弯矩图（单位：kN·m）

图2.25 例2.4内力图

2.5 程序功能的扩展（C++）

2.5.1 程序标识符的说明

外伸梁的标识符说明同 2.3.1 节程序标识符的说明。

2.5.2 含外伸梁的连续梁分析程序

作为编程训练，以上介绍的连续梁分析源程序功能的扩展可分别独立进行，也可以根据需要，进一步对上述程序加以新的扩展。这里给出经过上述步骤扩展后的带有外伸梁的连续梁内力计算实用程序，包含 main.cpp 和 cbap3.cpp 两个源文件，一个头文件 cbap3.h。下面是文件的详细代码和说明。

（1）File_1：首先定义外伸梁分析头文件（cbap3.h）。

```
1.  #pragma once
2.  #include<vector>
3.  #include<string>
4.  #define FOR(i, start, end)for(int i=(start); i<(end); i++)
5.  struct CBAP3Param {
6.    std::string title;                                    // 标题
7.    int NJ;                                               // 节点总数
8.    int NNE;                                              // 单元总数
9.    int NPF;                                              // 非节点荷载总数
10.    int NZ;                                              // 支承数
11.    std::vector<double> GC;                              // 单元长度
12.    std::vector<double> GX;                              // 单元抗弯刚度
13.    std::vector<double> PJ;                              // 节点荷载
14.    std::vector<std::vector<int>> JPF;                   //非节点荷载单元号和类型
15.    std::vector<std::vector<double>> PF;                 //非节点荷载的参数 a、c
16.    std::vector<int> JZ;                                 //刚性支承出现的位置
17.  };
18.  struct CBAP3Result {
19.    std::vector<double> P;                               // 位移
20.    std::vector<std::vector<double>> AM;                 // 杆端力
21.  };
22.  void CFE(double AMF[], int IND, double A, double C, double AL);
23.  CBAP3Result cbap3(CBAP3Param& param);                  //声明 cbap.cpp 文件
```

（2）File_2：定义外伸梁分析主程序源文件（main.cpp）。它是整个编码程序的主体，函数是从主函数 int main() 开始编译，即 120. 行代码。

```
24.  #include "cbap3.h"                                     //包含 cbap3.h 头文件
25.  #include<fstream>
26.  #include<cstdio>
27.    #include <string>
```

```
28.   #include <cstring>
29.   std::vector<std::string> split(const std::string& s, const std::string& sub){ //读取文件辅助函数
30.     std::vector<std::string> ss;
31.     auto s1=s + sub;
32.     auto pos=s1.find(sub);
33.     while(pos ! =s1.npos){
34.         ss.push_back(s1.substr(0, pos));
35.         s1=s1.substr(pos + 1, s1.size());
36.         pos=s1.find(sub);
37.     }
38.     return ss;
39.   }                                                                    //返回 45. 行
40.   std::vector<std::string> read_file(const std::string& file_name){
41.     std::ifstream fin(file_name);
42.     char buff[256];
43.     std::vector<std::string> input;
44.     while(fin.getline(buff, 256)){
45. 29.       auto line=split(buff, ",");                                  // 调用读取文件辅助函数
46.       input.insert(input.end(), line.begin(), line.end());
47.     }
48.     return input;
49.   }                                                                    //返回 51. 行
50.   void load_param(const std::string& file_name, CBAP3Param& p){
51. 40.     auto input=read_file(file_name);                               // 调用读文件函数 read_
file()
52.     int cnt=0;
53.     p.title=input[cnt++];                                              // 按序读取 title、NJ、NNE、NPF、NZ
54.     p.NJ=stoi(input[cnt++]);
55.     p.NNE=stoi(input[cnt++]);
56.     p.NPF=stoi(input[cnt++]);
57.     p.NZ=stoi(input[cnt++]);
58.     for(int i=0; i < p.NNE; i++){                                      // 按序读取 GC、GX
59.         p.GC.push_back(stod(input[cnt++]));
60.         p.GX.push_back(stod(input[cnt++]));
61.     }
62.   for(int i=0; i < p.NJ * 2; i++){                                     // 按序读取 PJ
63.       p.PJ.push_back(stod(input[cnt++]));
64.   }
65.   p.JPF=std::vector<std::vector<int>>(2, std::vector<int>(p.NNE, 0));// 按序读取单元长度 JPF
66.   p.PF=std::vector<std::vector<double>>(2, std::vector<double>(p.NNE, 0));
67.   for(int i=0; i < p.NNE; i++){
68.     p.JPF[0][i]=stoi(input[cnt++])-1;
69.     p.JPF[1][i]=stoi(input[cnt++]);
70.     p.PF[0][i]=stod(input[cnt++]);
```

```
71.     p.PF[1][i]=stod(input[cnt++]);
72.  }
73.  for(int i=0; i < p.NNE; i++){                 // 按序读取 JZ
74.        p.JZ.push_back(stoi(input[cnt++])-1);
75.  }
76.  }                                              //读取函数结束,返回 123. 行
77.  void save_ouput(const std::string& file_name, const CBAP3Param& p, const CBAP3Result& res){
78.  FILE * fp=NULL;
79.  fopen_s(&fp, file_name.c_str(), "w");
80.  if(fp==NULL){
81.    printf("open file failed.\n");
82.  }
83.  fprintf(fp, "\t%s\n", p.title.c_str());
84.  fprintf(fp, "NJ=%d\tNNE=%d\tNPF=%d\tNZ=%d\n", p.NJ, p.NNE, p.NPF, p.NZ); //打印基本
数据
85.  fprintf(fp, "%15s\t%15s\t%15s\n", "NO.E", "LENGTH", "STIFFNESS");          //打印单元长度、抗
弯刚度
86.  FOR(i, 0, p.NNE){
87.       fprintf(fp, "%15d\t%15.5f\t%15.5f\n", i + 1, p.GC[i], p.GX[i]);
88.  }
89.  fprintf(fp, "\t\t\t\tNODAL LOAD\n");                          //打印节点荷载
90.  FOR(i, 0, 2 * p.NJ){
91.       fprintf(fp, "%2d\t%6.3f\t", i + 1, p.PJ[i]);
92.       if((i + 1)% 5==0){
93.            fprintf(fp, "\n");
94.       }
95.  }
96.  fprintf(fp, "\n\t\t\t\tNON-NODAL LOAD\n");      //打印非节点荷载
97.  fprintf(fp, "%5s\t%5s\t%15s\t%5s\t%7s\n", "NO", "NO.E", "NO.LOAD.MODEL", "(A)", "(C)");
98.  FOR(i, 0, p.NNE){
99.       fprintf(fp, "%5d\t%5d\t%15d\t%5.3f\t%7.4f\n", i + 1, p.JPF[0][i] + 1, p.JPF[1][i], p.PF[0]
[i],p.PF[1][i]);
100.  }
101.  fprintf(fp, "\t\tNO.OF RESTTRAINTED NODAL DRSP\n");  //打印支承位移号
102.  FOR(i, 0, p.NNE){
103.       fprintf(fp, "%d\t", p.JZ[i] + 1);
104.  }
105.  fprintf(fp, "\n");
106.
107.  fprintf(fp,"%30s\t%30s\n", "DISPLACEMENT", "ANGLE(RADIAN)");          //打印位移、旋转角
108.  FOR(i, 0, p.NJ * 2){
109.    fprintf(fp, "%30.5f\t", res.P[i]);
110.    if((i + 1)% 2==0){
111.         fprintf(fp, "\n");
```

```
112.        }
113.    }
114.    fprintf(fp, "%10s\t%10s\t%10s\t%10s\t%10s\n", "NO. N", "Q(1)", "M(1)", "Q(2)", "M(2)");//
115.    FOR(i, 0, p.NNE){
116.          fprintf(fp, "%10d\t%10.3f\t%10.3f\t%10.3f\t%10.3f\n", i + 1, res.AM[i][0], res.AM[i][1],
res.AM[i][2], res.AM[i][3]);
117.    }
118.      fclose(fp);                                    //打印结束,关闭输出文件.OUT
119.  }                                                  //打印函数结束,返回125.行
120.  int main(){                                        //主函数开始编译.START
121.      CBAP3Param p;                                  //加载变量p
122.50.  load_param("CBAP3.IN", p);                     //调用读取函数
123.168. auto res=cbap3(p);                             //调用计算函数,跳转到File_3的168.行
124.77.  save_ouput("CBAP3.OUT", p, res);               //调用打印函数
125.      return 0;
126.  }                                                  //主函数完成编译.END
```

(3) File_3：定义外伸梁分析公式源文件（cbap3.cpp）。主要功能是定义计算过程中涉及的公式，以供主函数 int main() 调用。

```
127.  #include <iostream>
128.  #include "cbap3.h"                                 //包含cbap3.h头文件
129.  template<typename T>
130.  void print_mat(const std::vector<std::vector<T>>& mat){ // 辅助调试函数
131.      for(auto& v : mat){
132.          for(auto& elem : v){
133.              printf("%8.2f ", elem);
134.          }
135.          printf("\n");
136.      }
137.  }                                                  //返回277.行
138.  #define PMAT(x)do{printf(#x##":\n");print_mat(x);}while(0)
139.  void CFE(double AMF[], int IND, double A, double C, double AL){ //外部计算非节点荷载程序
140.      for(int i=0; i < 4; ++i){                      //赋零
141.          AMF[i]=0;
142.      }
143.      if(IND==1){                                    //根据种类计算非节点荷载
144.          AMF[0]=(7. * A / 20. + 3. * C / 20.) * AL;
145.          AMF[1]=(A / 20. + C / 30.) * AL * AL;
146.          AMF[2]=(3. * A / 20. + 7. * C / 20.) * AL;
147.          AMF[3]=-(A / 30. + C / 20.) * AL * AL;
148.      }
149.      else if(IND==2){
150.          AMF[2]=A * C * C * C *(2 * AL-C)/(2 * AL * AL * AL);
151.          AMF[3]=-A * C * C * C *(4. * AL-3. * C)/(12. * AL * AL);
```

```
152.            AMF[0]=A * C-AMF[2];
153.            AMF[1]=A * C * C *(6. * AL * AL-8. * C * AL + 3. * C * C)/(12. * AL * AL);
154.        }
155.        else if(IND==3){
156.            AMF[2]=A * C * C *(3. * AL-2. * C)/(AL * AL * AL);
157.            AMF[3]=-A * C * C *(AL-C)/(AL * AL);
158.            AMF[0]=A-AMF[2];
159.            AMF[1]=A * C *(AL-C) *(AL-C)/(AL * AL);
160.        }
161.        else {
162.            AMF[0]=-6. * A * C *(AL-C)/(AL * AL * AL);
163.            AMF[1]=A *(AL-C) *(AL-3. * C)/(AL * AL);
164.            AMF[2]=6. * A * C *(AL-C)/(AL * AL * AL);
165.            AMF[3]=A * C *(3. * C-2. * AL)/(AL * AL);
166.        }
167.    }                                                   //非节点荷载程序结束，返回 191. 行
168.    CBAP3Result cbap3(CBAP3Param& param){               // cbap3 函数入口
169.        auto& p=param;
170.        auto& GX=p.GX;
171.        auto& GC=p.GC;
172.        auto& JZ=p.JZ;
173.        auto& NPF=p.NPF;
174.        auto& JPF=p.JPF;
175.        auto& PF=p.PF;
176.        auto& PJ=p.PJ;
177.        auto NJ=p.NJ;
178.        auto NNE=p.NNE;
179.        auto NJ2=NJ * 2;
180.        auto NZ=p.NZ;
181.        std::vector<double> XG(NNE, 0);
182.        for(int i=0; i < NNE; i++){                     //计算单元线刚度
183.            XG[i]=GX[i] / GC[i];
184.        }
185.        std::vector<std::vector<double>> AMO(NNE, std::vector<double>(4, 0));  // 初始化 AMO
186.        double AMF[4];
187.        double F[4];
188.        for(int i=0; i < NPF; ++i){                     // 循环计算 AMO
189.            double AL=GC[JPF[0][i]];                    // 长度赋值
190. 139.       FE(AMF, JPF[1][i], PF[0][i], PF[1][i], AL); // 使用外部程序 CFE
191.            for(int K=0; K < 4; ++K){                   // 赋值并导出
192.                F[K]=AMF[K];
193.            }
194.            AMO[JPF[0][i]][0] +=F[0];                   // 循环叠加
195.            AMO[JPF[0][i]][1] +=F[1];
```

```
196.         AMO[JPF[0][i]][2] +=F[2];
197.         AMO[JPF[0][i]][3] +=F[3];
198.     }
199.     std::vector<double> P(NJ2, 0);
200.     P[0]=AMO[0][0] + PJ[0];                       // 求首尾节点总荷载
201.     P[1]=AMO[0][1] + PJ[1];
202.     P[NJ2-2]=AMO[NNE-1][2] + PJ[NJ2-2];
203.     P[NJ2-1]=AMO[NNE-1][3] + PJ[NJ2-1];
204.     for(int i=1; i < NNE; ++i){                   // 求中间节点总荷载
205.         P[2 * i]=AMO[i-1][2] + AMO[i][0] + PJ[2 * i];
206.         P[2 * i + 1]=AMO[i-1][3] + AMO[i][1] + PJ[2 * i + 1];
207.     }
208.     std::vector<std::vector<double>> AK(NJ2, std::vector<double>(NJ2, 0));
209.     AK[0][0]=12 * XG[0] /(GC[0] * GC[0]);         // 计算整体刚度矩阵,计算中心对角线元素
210.     AK[1][1]=4 * XG[0];
211.     for(int j=2; j < NJ2-2; j +=2){
212.         AK[j][j]=12 *(XG[j / 2-1] /(GC[j / 2] * GC[j / 2])+ XG[j / 2]/(GC[j / 2] * GC[j / 2]));
213.     }
214.     for(int j=3; j < NJ2-2; j +=2){
215.         AK[j][j]=4 *(XG[j / 2-1] + XG[j / 2]);
216.     }
217.     AK[NJ2-2][NJ2-2]=12 * XG[NNE-1] /(GC[NNE-1] * GC[NNE-1]);
218.     AK[NJ2-1][NJ2-1]=4 * XG[NNE-1];
219.     AK[0][1]=6 * XG[0] / GC[0];                   // 计算外层对角线元素 1
220.     AK[1][0]=6 * XG[0] / GC[0];
221.     for(int j=1; j < NJ2-2; j +=2){
222.         AK[j][j + 1]=-6 * XG[j / 2] / GC[j / 2];
223.         AK[j + 1][j]=-6 * XG[j / 2] / GC[j / 2];
224.     }
225.     for(int j=2; j < NJ2-3; j +=2){
226.         AK[j][j + 1]=6 *(-XG[j / 2-1] / GC[j / 2-1] + XG[j / 2] / GC[j / 2]);
227.         AK[j + 1][j]=6 *(-XG[j / 2-1] / GC[j / 2-1] + XG[j / 2] / GC[j / 2]);
228.     }
229.     AK[NJ2-1][NJ2-2]=-6 * XG[NNE-1] / GC[NNE-1];
230.     AK[NJ2-2][NJ2-1]=-6 * XG[NNE-1] / GC[NNE-1];
231.     for(int j=0; j < NJ2-2; j +=2){               // 计算外层对角线元素 2
232.         AK[j][j + 2]=-12 * XG[j / 2] /(GC[j / 2] * GC[j / 2]);
233.         AK[j + 2][j]=-12 * XG[j / 2] /(GC[j / 2] * GC[j / 2]);
234.     }
235.     for(int j=1; j < NJ2-2; j +=2){
236.         AK[j][j + 2]=2 * XG[j / 2];
237.         AK[j + 2][j]=2 * XG[j / 2];
238.     }
239.     for(int j=0; j < NJ2-3; j +=2){               //计算外层对角线元素 3
```

```
240.          AK[j][j + 3]=6 * XG[j / 2] / GC[j / 2];
241.          AK[j + 3][j]=6 * XG[j / 2] / GC[j / 2];
242.      }
243.      for(int i=0; i < NZ; i++){                          //输入刚性支承信息对刚度矩阵影响
244.          int idx=JZ[i];
245.          for(int j=0; j < NJ2; j++){
246.              AK[idx][j]=0. ;
247.              AK[j][idx]=0. ;
248.          }
249.          AK[idx][idx]=1. ;
250.          P[idx]=0. ;
251.      }
252.      for(int k=0; k < NJ2-1; k++){                       //高斯消去法_变换为上三角形
253.          int j=k + 1;
254.          for(int i=j; i < NJ2; i++){
255.              double C=AK[i][k] / AK[k][k];
256.              P[i]=P[i]-C * P[k];
257.              for(int j=0; j < NJ2; j++){
258.                  AK[i][j]=AK[i][j]-C * AK[k][j];
259.              }
260.          }
261.      }
262.      P[NJ2-1]=P[NJ2-1] / AK[NJ2-1][NJ2-1];               //计算剩余节点荷载
263.      for(int i=NJ2-2; i >=0; i--){                       //回代
264.          int I1=i + 1;
265.          for(int j=I1; j < NJ2; j++){
266.              P[i]=P[i]-AK[i][j] * P[j];
267.          }
268.          P[i]=P[i] / AK[i][i];                           //计算位移
269.      }
270.      std::vector<std::vector<double>> AM(NNE, std::vector<double>(4, 0));
271.      for(int i=0; i < NNE; i++){                         //求杆端力
272.          AM[i][0]=6. * XG[i] * P[2 * i + 1] / GC[i] + 6. * XG[i] * P[2 * i + 3] / GC[i]-12. *
XG[i] * (P[2 * i + 2]-P[2 * i])/ GC[i] / GC[i]-AMO[i][0];
273.          AM[i][1]=4. * XG[i] * P[2 * i + 1] + 2. * XG[i] * P[2 * i + 3]-6. * XG[i] * (P[2 *
i + 2]-P[2 * i])/ GC[i]-AMO[i][1];
274.          AM[i][2]=-6. * XG[i] * P[2 * i + 1] / GC[i]-6. * XG[i] * P[2 * i + 3] / GC[i] + 12.
* XG[i] * (P[2 * i + 2]-P[2 * i])/ GC[i] / GC[i]-AMO[i][2];
275.           AM[i][3]=2. * XG[i] * P[2 * i + 1] + 4. * XG[i] * P[2 * i + 3]-6. * XG[i] * (P[2 *
i + 2]-P[2 * i])/ GC[i]-AMO[i][3];
276.      }
277. 130. PMAT(AM);                                        //调用辅助调试函数
278.      return {P, AM};                                     //返回计算结果
279.  }                                                       //跳转到 File_2 的 123. 行,结束计算
```

2.5.3　含外伸梁的连续梁计算程序应用举例

现通过例题说明外伸梁内力计算程序（CBAP3）的使用方法。

例 2.5　图 2.26 所示为一带有外伸端，第一跨抗弯刚度分段不等，且既承受节点荷载又承受非节点荷载的四跨连续梁。试对该结构进行内力分析，并求各节点的位移。已知 $E=210\text{GPa}$，$I=4.0\times10^4\text{cm}^4$。

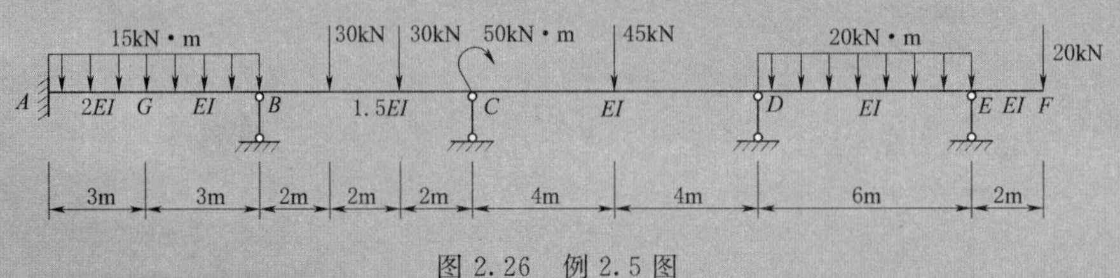

图 2.26　例 2.5 图

解　(1) 准备原始数据。

1) 将支座 A、B、C、D、E 和外伸端 F、截面突变点 G 作为连续梁单元划分的节点，由左至右依次为 1、2、3、4、5、6、7 节点，相应地可确定由左至右 6 个单元，如图 2.27 所示。坐标系和各节点的位移亦标在该图中。Δ 的下脚标为节点位移的自然数序号。

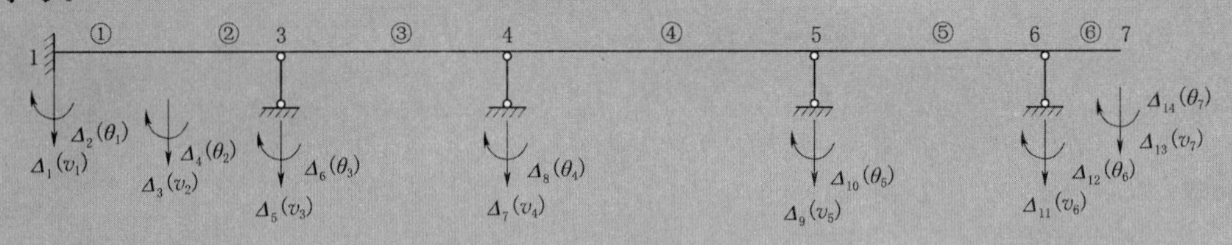

图 2.27　例 2.5 单元划分

2) 由图 2.26 可知各单元的长度。根据已知条件计算各单元的抗弯刚度值。

3) 直接作用在节点上的荷载为：节点 4 上的集中力偶 50kN・m，节点 7 上的竖向荷载 20kN，其余为零。直接作用在节点上的荷载由节点 1 至节点 7 依次写出。

4) 非节点荷载按作用单元、荷载类型、荷载参数 A、荷载参数 C 的顺序逐个给出。同一单元中允许有若干个任意类型的非节点荷载同时作用。非节点荷载总数与单元数无关。

JPF(2，20)——非节点荷载的作用单元号及荷载类型数组（整型数组，输入参数）。JPF(1，I) 为第 I 个非节点荷载作用的单元号，JPF(2，I) 为第 I 个非节点荷载的类型。

PF(2，20)——非节点荷载的参数数组（实型数组，输入参数）。PF(1，I)、PF(2，I) 为第 I 个非节点荷载的两个参数 A、C。

5) 输入支承信息。

JZ(25)——刚性支承位置数组（整型数组，输入参数）。JZ(I) 为第 I 个刚性支承位置对应的位移自然数序号。

6）设本例题标题为 EXAMPLE----(2-5)。本例题计算所需输入的数据见表 2.5。

表 2.5　　连续梁计算输入数据表

标题	EXAMPLE----(2-5)						
节点总数	7	单元总数	6	非节点荷载数	6	支承数	6
单元长度	抗弯刚度	单元长度	抗弯刚度	单元长度	抗弯刚度	单元长度	抗弯刚度
3.	1.68×10^5	3.	8.4×10^4	6.	1.26×10^5	8.	8.4×10^4
6.	8.4×10^4	2.	8.4×10^4				
节点力 Y_1	节点力 M_1	节点力 Y_2	节点力 M_2	节点力 Y_3	节点力 M_3	节点力 Y_4	节点力 M_4
0.	0.	0.	0.	0.	0.	0.	50.
节点力 Y_5	节点力 M_5	节点力 Y_6	节点力 M_6	节点力 Y_7	节点力 M_7		
0.	0.	0.	0.	20.	0.		
单元号	荷载类型	参数 A	参数 C	单元号	荷载类型	参数 A	参数 C
1	2	15.0	3.0	2	2	15.0	3.0
3	3	30.0	2.0	3	3	30.0	4.0
4	3	45.0	4.0	5	2	20.0	6.0
支承位移号	1	2	5	7	9	11	

（2）建立数据文件 CBAP3.IN，并输入以下数据：

```
EXAMPLE----(2-5)
7,6,6,6
3.,1.68e5,3.,8.4e4,6.,1.26e5,8.,8.4e4,6.,8.4e4,2.,8.4e4
0.,0.,0.,0.,0.,0.,0.,50.,0.,0.,0.,0.,20.,0.
1,2,15.,3.,2,2,15.,3.,3,3,30.,2.,3,3,30.,4.,4,3,45.,4,5,2,20.,6.
1,2,5,7,9,11
```

该程序可以连续计算多道题。当最后一道题的计算数据输入结束后，为使程序正常结束，应输入“END”和“0”，如本题输入数据中最后两行所示。

（3）运行程序。从文件 CBAP3.OUT 中得到如下结果：

```
 TEXT—2-5----
NJ=7    NNE=6    NPF=6    NZ=6
         NO.E      LENGTH      STIFFNESS
            1      3.00000     168000.00000
            2      3.00000      84000.00000
            3      6.00000     126000.00000
            4      8.00000      84000.00000
            5      6.00000      84000.00000
            6      2.00000      84000.00000
```

```
             NODAL LOAD
   1  0.000    2  0.000    3   0.000    4  0.000    5  0.000
   6  0.000    7  0.000    8  50.000    9  0.000   10  0.000
  11  0.000   12  0.000   13  20.000   14  0.000
             NON-NODAL LOAD
   NO     NO.E        NO.LOAD.MODEL   (A)      (C)
    1       1               2        15.000   3.0000
    2       2               2        15.000   3.0000
    3       3               3        30.000   2.0000
    4       3               3        30.000   4.0000
    5       4               3        45.000   4.0000
    6       5               2        20.000   6.0000
           NO. OF RESTTRAINTED NODAL DRSP
  1    2    5    7    9    11
                    DISPLACEMENT                ANGLE(RADIAN)
                       0.00000                     0.00000
                       0.00052                     0.00011
                       0.00000                    -0.00013
                       0.00000                     0.00045
                       0.00000                     0.00019
                       0.00000                    -0.00045
                      -0.00026                     0.00003
   NO.N       Q(1)       M(1)       Q(2)       M(2)
     1      -49.236    -57.416      4.236    -22.792
     2       -4.236     22.792    -40.764     32.001
     3      -23.290    -32.001    -36.710     72.263
     4      -17.507    -22.263    -27.493     62.211
     5      -63.702    -62.211    -56.298     40.000
     6      -20.000    -40.000     20.000      0.000
```

（4）绘制内力图。根据输出结果，绘出梁的剪力、弯矩图，如图 2.28 所示。

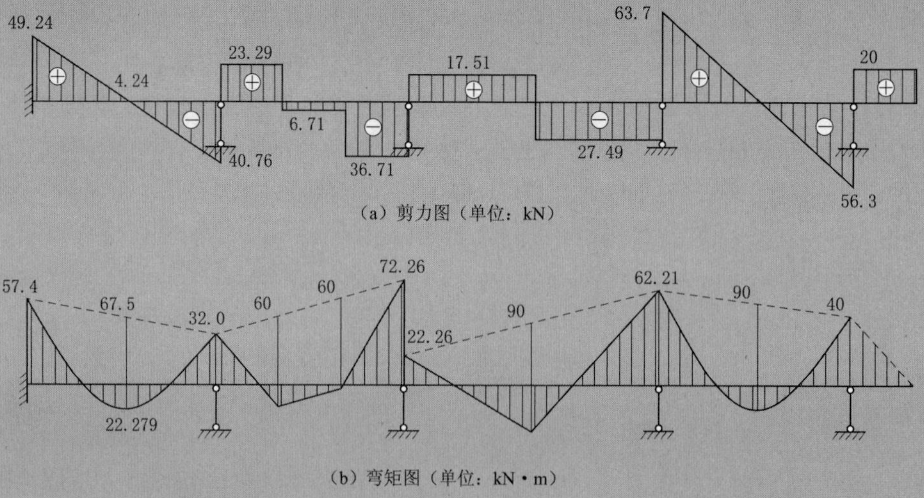

(a) 剪力图（单位：kN）

(b) 弯矩图（单位：kN・m）

图 2.28　例 2.5 内力图

习　　题

2.1　分别用JULIA语言或C++语言编写程序，用该程序计算三阶矩阵与三阶矩阵相乘、三阶矩阵与三阶列阵相乘。

2.2　分别用JULIA语言或C++语言编写高斯法解线性方程组应用程序，消元后未知量系数矩阵为上三角矩阵。

2.3　分别用JULIA语言或C++语言编写高斯法解线性方程组应用程序，消元后未知量系数矩阵为对角矩阵（除主对角元素不为零外，其余元素均为零）。

2.4　分别用JULIA语言或C++语言编写程序，用该程序输出梁单元刚度矩阵，即在给定 E、I、l 后，输出下式：

$$\boldsymbol{k}^{ⓔ}=\begin{bmatrix} \frac{12EI}{l^3} & \frac{6EI}{l^2} & -\frac{12EI}{l^3} & \frac{6EI}{l^2} \\ \frac{6EI}{l^2} & \frac{4EI}{l} & -\frac{6EI}{l^2} & \frac{2EI}{l} \\ -\frac{12EI}{l^3} & -\frac{6EI}{l^2} & \frac{12EI}{l^3} & -\frac{6EI}{l^2} \\ \frac{6EI}{l^2} & \frac{2EI}{l} & -\frac{6EI}{l^2} & \frac{4EI}{l} \end{bmatrix}$$

2.5　试用连续梁分析程序计算题2.5图所示连续梁的杆端弯矩并绘弯矩图。

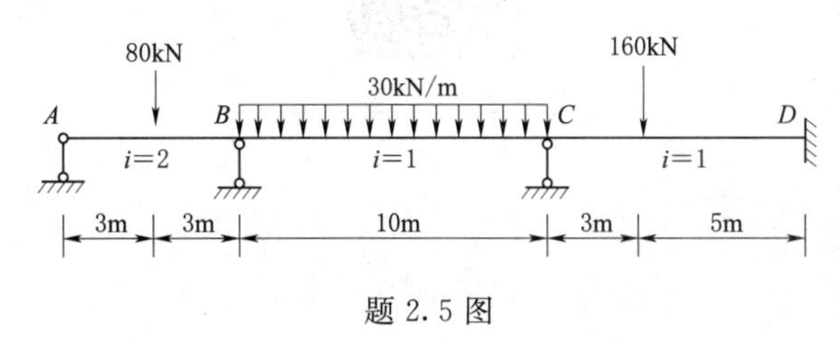

题2.5图

2.6　用连续梁分析程序计算题2.6图所示连续梁时应如何考虑输入数据并对输出结果作怎样的修正？

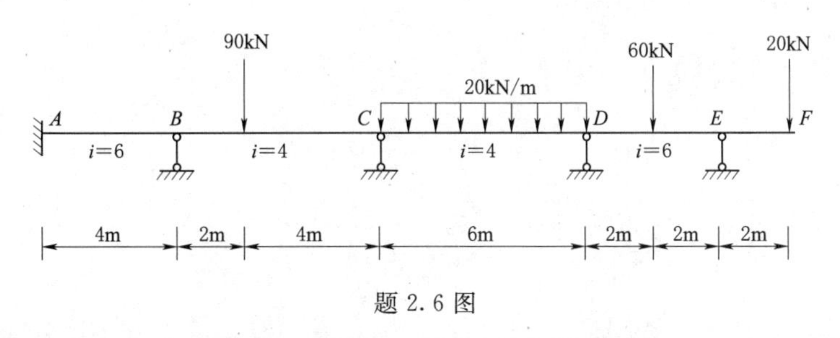

题2.6图

2.7　当连续梁既承受非节点荷载又承受节点荷载时，应对连续梁分析程序作怎样的修改。试修改连续梁分析程序，并用修改后的程序计算题2.7图所示连续梁。

2.8　对2.5～2.7题目中的非节点荷载，拟在程序中自动完成各梁段的固端弯矩计算，应对连续梁分析程序作怎样的修改？并用修改后的程序计算以上各题。

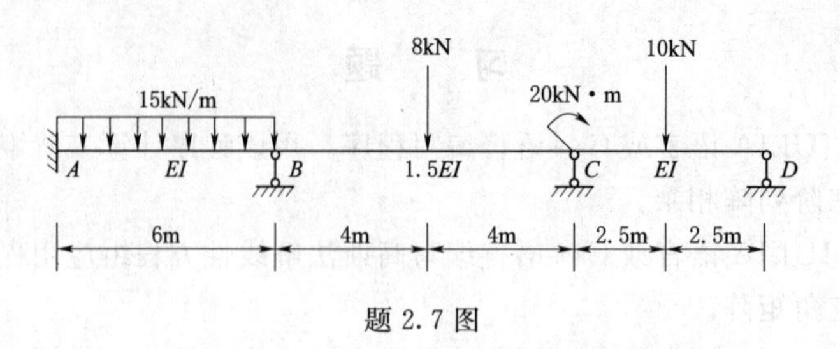

题 2.7 图

2.9　试用改进后的连续梁分析程序 CBAP3 计算题 2.9 图所示连续梁，并绘制其内力图，$E=210\text{GPa}$，$I=3.5\times10^4\text{cm}^4$。

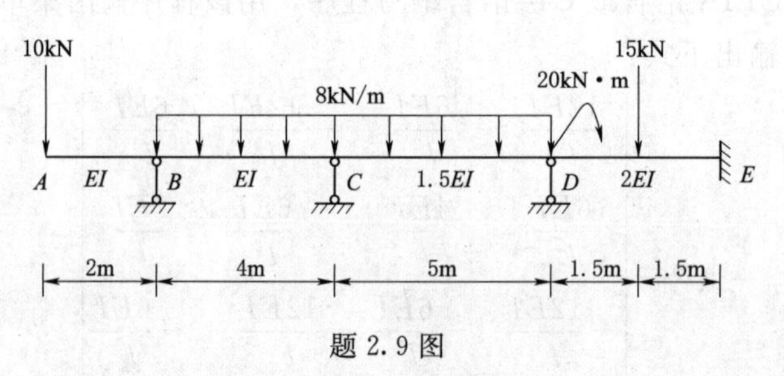

题 2.9 图

资源 2.1　习题答案

第3章 平面桁架程序设计

3.1 概 述

3.1.1 程序编制说明

(1) 本程序用于计算平面桁架在节点荷载作用下的节点位移和杆件轴力。

(2) 本程序在建立整个结构刚度矩阵时，采用直接刚度法中的“先处理法”。

(3) 各单元为等截面直杆。

(4) 当滚轴支座的支杆方向与整体坐标系的 x 轴或 y 轴方向不一致时，可将支杆视为两端铰结的单元。该单元的长度数值取普通单元长度的 1/10，抗拉压刚度 EA 的数值取普通单元的 10^4 倍左右即可。这样就造成一个人为的刚性杆件，该单元的轴力就是相应的支座反力。

(5) 当节点荷载的作用方向与整体坐标系 x 轴或 y 轴方向不一致时，可通过手算把斜荷载分解成沿 x 轴或 y 轴方向的荷载输入。

(6) 在讨论平面桁架结构的有限元位移法计算机程序设计时，所采用的原理与方法与第 1 章相同。为方便读者对照公式阅读，本章系统列出编程过程中涉及的基本公式，并赋予新的编号。

3.1.2 计算模型及计算方法

1. 计算模型及局部坐标系下单元刚度矩阵

以杆件联节点和支座节点作为计算节点，任意两节点间的杆件作为计算单元，各单元抗拉压刚度相同。局部坐标系下单元两端的杆端力、杆端位移列阵分别为

$$\overline{\boldsymbol{F}}^{ⓔ}=[\overline{X}_i \quad \overline{Y}_i \quad \overline{X}_j \quad \overline{Y}_j]^{\mathrm{T}} \tag{3.1}$$

$$\overline{\boldsymbol{\delta}}^{ⓔ}=[\overline{u}_i \quad \overline{v}_i \quad \overline{u}_j \quad \overline{v}_j]^{\mathrm{T}} \tag{3.2}$$

在局部坐标系下，单元刚度矩阵由式 (1.39) 确定，即

$$\overline{\boldsymbol{k}}^{ⓔ}=\frac{EA}{l}\begin{bmatrix} 1 & 0 & -1 & 0 \\ 0 & 0 & 0 & 0 \\ -1 & 0 & 1 & 0 \\ 0 & 0 & 0 & 0 \end{bmatrix} \tag{3.3}$$

2. 坐标变换及整体坐标系下单元刚度矩阵

杆端力和杆端位移的坐标变换是通过单元坐标变换矩阵 $\boldsymbol{T}^{ⓔ}$ 即式 (1.53) 完成的，令 $C_x=\cos\alpha$，$C_y=\sin\alpha$，则

$$
\boldsymbol{T}^{(e)}=\left[\begin{array}{cc:cc}
C_x & C_y & 0 & 0 \\
-C_y & C_x & 0 & 0 \\
\hdashline
0 & 0 & C_x & C_y \\
0 & 0 & -C_y & C_x
\end{array}\right] \tag{3.4}
$$

局部坐标系下单元杆端力、杆端位移与整体坐标系下单元杆端力、杆端位移之间的关系式分别为

$$
\overline{\boldsymbol{F}}^{(e)}=\boldsymbol{T}^{(e)}\boldsymbol{F}^{(e)} \tag{3.5}
$$

$$
\overline{\boldsymbol{\delta}}^{(e)}=\boldsymbol{T}^{(e)}\boldsymbol{\delta}^{(e)} \tag{3.6}
$$

整体坐标系下的单元刚度矩阵即式（1.54）和式（1.55）可写成

$$
\begin{aligned}
\boldsymbol{k}^{(e)} &=\boldsymbol{T}^{(e)\mathrm{T}}\overline{\boldsymbol{k}}^{(e)}\boldsymbol{T}^{(e)} \\
&=\frac{EA}{l}\left[\begin{array}{cc:cc}
C_x^2 & C_xC_y & -C_x^2 & -C_xC_y \\
C_xC_y & C_y^2 & -C_xC_y & -C_y^2 \\
\hdashline
-C_x^2 & -C_xC_y & C_x^2 & C_xC_y \\
-C_xC_y & -C_y^2 & C_xC_y & C_y^2
\end{array}\right]
\end{aligned} \tag{3.7}
$$

3.1.3　支承条件的引入及整体刚度矩阵的组集

整个结构刚度矩阵是按照整体坐标系下单元刚度矩阵元素的下标，“对号入座、同号相加”组集而成的。而整体坐标系下单元刚度矩阵的下标是按照单元定位数组 $\boldsymbol{m}^{(e)}$ 确定的。

由于在形成整体刚度矩阵之前，已经引入了支承条件，故此时的整体刚度矩阵 $\boldsymbol{K}$ 不再是奇异矩阵。刚度方程：

$$
\boldsymbol{K}_{\mathrm{F}}\boldsymbol{\Delta}_{\mathrm{F}}=\boldsymbol{P}_{\mathrm{F}} \tag{3.8}
$$

表示的是自由节点位移与自由节点力之间的关系。解式（3.8）即可直接求出自由节点位移，进而可求出整个结构各节点的总位移列阵：

$$
\boldsymbol{\Delta}=[\boldsymbol{\Delta}_{\mathrm{F}} \;\vdots\; \boldsymbol{\Delta}_{\mathrm{R}}]^{\mathrm{T}} \tag{3.9}
$$

从结构的节点位移向量 $\boldsymbol{\Delta}$ 中取出各单元两端的杆端位移分量 $\boldsymbol{\delta}^{(e)}$，进而可求出局部坐标系下的单元杆端力：

$$
\overline{\boldsymbol{F}}^{(e)}=\boldsymbol{T}^{(e)}\boldsymbol{F}^{(e)}=\boldsymbol{T}^{(e)}\boldsymbol{k}^{(e)}\boldsymbol{\delta}^{(e)} \tag{3.10}
$$

平面桁架的整体刚度矩阵一般都是对称矩阵。为了节省计算机存储空间，整体刚度矩阵采用半带存储。

3.1.4　半带存储和带消去法

在计算连续梁程序中，由于整体刚度矩阵所占计算机存储空间较小，故采用高斯消去法解刚度方程。如果方程组的系数矩阵是对称矩阵，那么可以证明在第 k 轮消元以后，由第（$k+1$）至第 n 个方程的系数所组成的子方阵仍是对称矩阵。为了减少运算次数，

在整个消元过程中，只需存储系数矩阵上三角部分的元素。为了保证在消元公式（2.4）中只出现上三角部分的元素，元素 a_{ij} 的列码 j 应大于或等于行码 i，即把 j 的取值改为 i，$i+1$，…，n，并且用上三角元素 a_{ki} 替换下三角元素 a_{ik}。于是式（2.4）就修改为

$$\left.\begin{array}{c}\text{对于}\quad k=1,\ 2,\ \cdots,\ n-1,\ \text{作}\\ \text{对于}\quad i=k+1,\ k+2,\ \cdots,\ n,\ \text{作}\\ C\Leftarrow -\dfrac{a_{ik}}{a_{kk}}\\ P_i\Leftarrow P_i+c\times P_k\\ a_{ij}\Leftarrow a_{ij}+c\times a_{kj}\quad (j=i,\ i+1,\ \cdots,\ n)\end{array}\right\}\tag{3.11}$$

向后回代仍使用式（2.5）。

以上计算方法为对称系数矩阵情况下的高斯消去法。

大型结构的刚度矩阵不仅是对称矩阵，一般情况下还是稀疏矩阵。其非零元素主要分布在主对角线附近的带形区域内。这种矩阵称为对称带形矩阵。

线性方程组消元结束以后，系数矩阵带形区域以外的元素仍然等于零。因此带形区域以外的零元素不需要存储，只存储上三角部分半带范围内的元素，如图 3.1 所示。

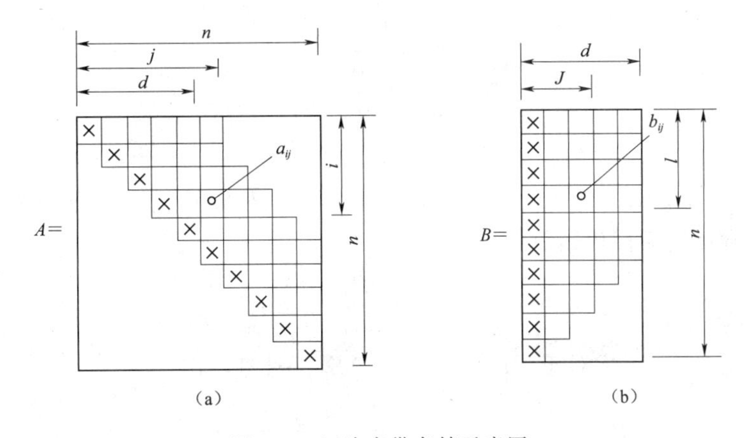

图 3.1 矩阵半带存储示意图

设图 3.1（a）所示矩阵 **A** 为 $n\times n$ 阶矩阵，半带宽为 d，为了节省存储量，可以将矩阵 **A** 上三角部分半带范围的元素存储在 $n\times d$ 阶矩阵 **B** 中，如图 3.1（b）所示。这种存储方式称为半带存储。若矩阵 **A** 中元素的行码以 i 表示、列码以 j 表示，矩阵 **B** 中元素的行码以 I 表示、列码以 J 表示，则在两矩阵中，元素的下标存在如下对应关系：

$$\left.\begin{array}{l}I=i\qquad (\text{行号})\\ J=J-i+1\qquad (\text{列号})\\ i\leqslant j\leqslant \min(i+d-1,n)\quad (\text{上半带元素条件})\end{array}\right\}\tag{3.12}$$

考察矩阵 **A** 中的任一个元素 a_{ij}，由式（3.12）第三行可知：当 $n\geqslant j>i+d-1$ 时，$a_{ij}=0$。这一条件体现在式（3.11）中应为：当 $n\geqslant i>k+d-1$ 时，$a_{ki}=0$；当 $n\geqslant j>k+d-1$ 时，$a_{kj}=0$。为排除上半带以外零元素参加运算，式（3.11）可修改为

$$
\left.\begin{aligned}
&\text{对于}\quad k=1,\ 2,\ \cdots,\ n-1,\ \text{作}\\
&\qquad i_m \Leftarrow \min(k+d-1,\ n)\\
&\text{对于}\quad i=k+1,\ k+2,\ \cdots,\ n,\ \text{作}\\
&\qquad C \Leftarrow -\frac{a_{ki}}{a_{kk}}\\
&\qquad P_i \Leftarrow P_i + c \times P_k\\
&\qquad a_{ij} \Leftarrow a_{ij} + c \times a_{kj}\quad (j=i,\ i+1,\ \cdots,\ n)
\end{aligned}\right\} \tag{3.13}
$$

式（3.13）中 $\boldsymbol{A}$ 的元素将存储在 $\boldsymbol{B}$ 中。寻找 a 对应的元素 b 时，应按式（3.12）第二行修改 a 的列码，即

a_{ki} 对应 $b_{k,i-k+1}$；a_{kk} 对应 b_{ki}；a_{ij} 对应 $b_{i,j-i+1}$；a_{kj} 对应 $b_{k,j-k+1}$。

按上面的对应关系，用 $\boldsymbol{B}$ 中的元素替换 $\boldsymbol{A}$ 的上半带元素，式（3.13）变为以下的等带向前消元运算格式。

$$
\left.\begin{aligned}
&\text{对于}\quad k=1,\ 2,\ \cdots,\ n-1,\ \text{作}\\
&\qquad i_m \Leftarrow \min(k+d-1,\ n)\\
&\text{对于}\quad i=k+1,\ k+2,\ \cdots,\ n,\ \text{作}\\
&\qquad C \Leftarrow -\frac{b_{k,i-k+1}}{b_{k1}}\\
&\qquad P_i \Leftarrow P_i + c \times P_k\\
&\qquad b_{i,j-i+1} \Leftarrow b_{i,j-i+1} + c \times b_{k,j-k+1}\quad (j=i,\ i+1,\ \cdots,\ n)
\end{aligned}\right\} \tag{3.14}
$$

在式（3.5）中，a_{nn} 对应 $b_{n,1}$，a_{ii} 对应 $b_{i,1}$，a_{ij} 对应 $b_{i,j-i+1}$；把这些关系代入后，得等带宽半带存储向后回代运算式：

$$
\left.\begin{aligned}
&P_n \Leftarrow \frac{P_n}{b_{n1}}\\
&\text{对于}\quad i=n-1,\ n-2,\ \cdots,\ 1,\ \text{作}\\
&P_i \Leftarrow \frac{\left[P_i - \sum_{j-i+1}^{\min(i+d-1,n)}\ (b_{i,j-i+1} \times P_j)\ \right]}{b_{i1}}
\end{aligned}\right\} \tag{3.15}
$$

3.2　平面桁架计算的程序设计框图、程序及应用举例（Julia）

3.2.1　平面桁架计算程序设计框图

1. 程序标识符说明

平面桁架分析程序（Plane Truss Analysis Program，PTAP）的主要标识符如下：

Title——算例标题；

Es——单元弹性模量；

As——单元截面面积；

coor——各节点的坐标；

node_disp_id——单元节点对应的位移编号；

elements——各单元对应的节点编号；
node_loads——作用于节点上的集中荷载；
node_coors——各单元的节点坐标；
disp_ids——各单元的位移编号；
els——单元参数的列向量集；
K——整体刚度矩阵；
P——总荷载列向量；
δ——节点位移列向量；
Truss——函数，生成单元数据结构；
trusses——子程序模块，生成所有单元参数的单元列向量集；
_elstiff——子程序模块，计算局部坐标系下的单元刚度矩阵；
_eltrans——子程序模块，计算单元坐标变换矩阵；
globalstiff——子程序模块，形成整体刚度矩阵；
globalforce——子程序模块，形成总荷载列向量；
truss_end_force!——子程序模块，计算单元杆端位移和杆端力；
_el_node_coor_and_dispid——子程序模块，给出各单元的节点坐标和节点位移编号；
writefile——子程序模块，按固定格式将已知条件和计算结果写入文本文件。

2. 程序设计框图

平面桁架分析程序的总框图如图 3.2 所示，图中最左侧部分为主程序程序框图，主程序通过调用子程序模块来实现各部分功能运算。

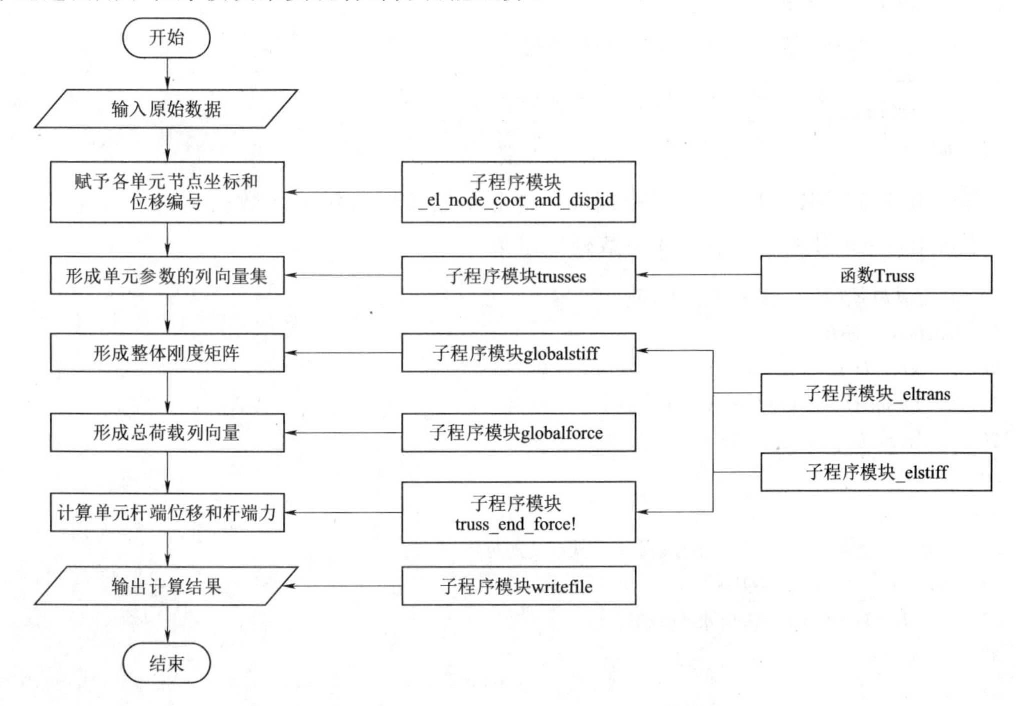

图 3.2　平面桁架分析程序（Julia）总框图

3.2.2 平面桁架计算程序

平面桁架计算程序 truss.jl 代码及具体说明如下：

```
1  using TOML, Printf
2  # 定义杆单元数据结构
3  struct Truss
4      E::Float64                         # 单元弹性模量
5      A::Float64                         # 单元截面面积
6      node_coor::NTuple{4,Float64} # 整体坐标系下的单元节点坐标(xi, yi, xj, yj),NTuple
7  ()函数用于定义一个具有指定数量元素的元组类型
8      disp_id::NTuple{4,Int} # 整体坐标系下的单元位移分量编号
9      δ::Vector{Float64} # 整体坐标系下的单元杆端节点位移[ui, vi, uj, vj]
10      F::Vector{Float64} # 局部坐标系下的单元杆端力[fxi, fxj]
11 end
12
13 #单元的构造函数
14 Truss(E,A,node_coor,disp_id)=Truss(E,A,node_coor,disp_id,zeros(4),zeros(2))
15
16 # 形成包含所有单元的单元列向量
17 function trusses(Es,As,node_coors,disp_ids)
18     elnum=length(Es) # 单元数量
19     els=Vector{Truss}(undef,elnum) # 初始化单元列向量,undef 表示数组中的元素未被定义,数组的长度
由变量 elnum 决定
20     for k in 1:elnum
21         els[k]=Truss(Es[k],As[k],node_coors[k],disp_ids[k])
22     end
23     return els
24 end
```

程序引入 TOML 和 Printf 程序模块，构造函数 Truss 对单元数据结构进行定义，子程序模块 trusses 用于生成各单元参数列向量集 els。

```
25 # 计算局部坐标系下的单元刚度矩阵
26 function _elstiff(truss)
27     x1, y1, x2, y2=truss.node_coor
28     l=sqrt((x2-x1)^2 +(y2-y1)^2)
29     truss.E * truss.A / l * [1-1;-11]
30 end
31
32 # 计算由整体坐标系到局部坐标系的单元坐标变换矩阵
33 function _eltrans(truss)
34     x1, y1, x2, y2=truss.node_coor
35     dx=x2-x1
36     dy=y2-y1
37     l=sqrt(dx^2+dy^2)
```

```
38        cos=dx/l
39        sin=dy/l
40        [cos sin 0 0;
41           0 0 cos sin]
42    end
43
44    # 形成整体刚度矩阵
45    function globalstiff(els)
46        elnum=length(els)
47        max_disp_id=0
48        for k in 1:elnum
49            max_disp_id=max(max_disp_id,els[k].disp_id...)
50        end
51        K=zeros(max_disp_id,max_disp_id)  # 为整体刚度矩阵赋初值
52        for k in 1:elnum
53            ke=_elstiff(els[k])# 形成局部坐标系下的单元刚度矩阵
54            T=_eltrans(els[k])      #形成由整体坐标系到局部坐标系的单元坐标变换矩阵
55            kg=T'*ke*T              #形成整体坐标系下的单元刚度矩阵
56            #根据单元位移分量编号构造单元定位数组
57            m=collect(els[k].disp_id)
58            #遍历单元定位数组
59            for ii in 1:4
60                for jj in 1:4
61                    i=m[ii] # 整体刚度矩阵行号
62                    j=m[jj] #整体刚度矩阵列号
63                    if min(i,j)! =0          #行号和列号都不等于0
64                        K[i,j] +=kg[ii,jj] #将整体单元刚度矩阵中的值累加到整体刚度矩阵的相应位置
65                    end
66                end
67            end
68        end
69        return K
70    end
```

在定义子程序模块_elstiff和_eltrans时，若函数结尾是一个表达式，则可以省略关键词return，返回值即为表达式计算结果。子程序模块_elstiff用于形成局部坐标系中的单元刚度矩阵，子程序模块_eltrans则用于形成单元坐标变换矩阵，最后由子程序模块globalstiff调用这二者生成整体刚度矩阵。子程序模块_elstiff和_eltrans中用于计算单元刚度矩阵和单元坐标变换矩阵的公式经过简化，与上文所述公式有所不同，但经子程序模块globalstiff整合计算后最终生成的整体刚度矩阵相同。collect() 函数用于将可迭代对象转换为数组（或其他集合类型）。

```
71    # 形成总荷载列向量
72    function globalforce(node_loads, node_disp_id)
```

```
73      max_disp_id=0
74      for ids in values(node_disp_id)
75          max_disp_id=max(max_disp_id,ids...)
76      end
77      P=zeros(max_disp_id)
78      node_loads===nothing ||for(key, val)in node_loads
79          i=node_disp_id[key]
80          for ii in 1:2 # X,Y方向的力
81              if i[ii] ! =0 #"! ="表示不等于
82                  P[i[ii]] +=val[ii]
83              end
84          end
85      end
86      return P
87  end
```

values() 函数用于遍历数组中的元素，"==="用于比较两个对象之间是否严格相等，会对比较对象的类型和值都进行比较。在使用"‖"运算符时，若第一个表达式为真，则不再计算第二个表达式；若第一个表达式为假，则计算第二个表达式。"for (key, val) in node_loads"语句会遍历 node_loads 中每个键值对，将键赋值给 key，将值赋值给 val。

```
88  #计算单元杆端位移(els.δ)和杆端力(els.F)
89  function truss_end_force! (els,δ)
90      elnum=length(els)
91      for k in 1:elnum
92          for ii in 1:4
93              i=els[k].disp_id[ii]
94              i ! =0 &&(els[k].δ[ii]=δ[i])
95          end
96          ke=__elstiff(els[k])
97          T=__eltrans(els[k])
98          els[k].F[:]=ke*T*els[k].δ
99      end
100 end
101
102 #给出单元的节点坐标和节点位移编号
103 function __el_node_coor_and_dispid(elements,coor,node_disp_id)
104     elnum=length(elements)#总单元个数
105     node_coors=Vector(undef,elnum)#按单元顺序排列的整体坐标系下各个单元的端点坐标(xi, yi, xj, yj)元组列向量
106     el_disp_ids=Vector(undef,elnum)#按单元顺序排列的单元位移分量编号(每个单元4个分量,ui, vi, uj, vj)元组列向量
```

```
107        for k in 1:elnum
108            node_i, node_j=elements["e$k"]
109            node_coors[k]=tuple(coor[node_i]...,coor[node_j]...)
110            el_disp_ids[k]=tuple(node_disp_id[node_i]...,node_disp_id[node_j]...)
111        end
112        return node_coors, el_disp_ids
113    end
114
115    # 将已知条件和计算结果写入文本文件
116    function writefile(filename,coor,node_disp_id,elements,node_loads,δ,els)
117        elnums=length(els)
118        open("$filename.txt", "w")do io #在打开输出文件时可以自定义工作路径,注意工作路径中的\要
改为/
119            @printf io "%s\n" filename
120            @printf io "\n%s\n" "节点数量:$(length(coor))"
121            @printf io "%s\n" "自由度数:$(length(δ))"
122            @printf io "%s\n" "单元数量:$(length(els))"
123            @printf io "\n%3s%15s%10s%14s\n" "节点号" "位移号(x y)" "x坐标" "y坐标"
124            for k in 1:length(coor)
125                @printf io "%3i%6i%6i%15.4f%13:4f\n" k node_disp_id["n$k"][1] node_disp_id["n$k"]
[2] coor["n$k"][1] coor["n$k"][2]
126            end
127            @printf io "\n%3s%8s%8s%13s%10s\n" "单元号" "节点i" "节点j" "弹性模量" "面积"
128            for k in 1:elnums
129                @printf io "%3i%9s%7s%12.4g%10.4g\n" k elements["e$k"][1] elements["e$k"][2] els
[k].E els[k].A
130            end
131            @printf io "\n%s\n" "节点荷载"
132            @printf io "\n%3s%12s%11s\n" "节点" "x方向" "y方向"
133            for k in sort(collect(keys(node_loads)))
134                @printf io "%5s%9.1f%12.1f\n" k node_loads[k][1] node_loads[k][2]
135            end
136            @printf io "\n%s\n" "节点位移"
137            @printf io "\n%3s%15s%16s\n" "节点号" "x方向位移" "y方向位移"
138            for k in 1:length(node_disp_id)
139                disp_x=node_disp_id["n$k"][1]
140                disp_y=node_disp_id["n$k"][2]
141        @printf io "%3i%17.4e%15.4e\n" k  (disp_x==0 ? 0 : δ[disp_x])(disp_y==0 ? 0 : δ[disp_y])
142            end
143            @printf io "\n%s\n" "杆轴力"
144            @printf io "\n\n%5s%10s%10s%10s\n" "单元号" "轴力" "单元号" "轴力"
```

```
145         for k in 1:elnums
146             @printf io "%3i%13.1f   " k els[k].F[2]
147             k % 2==0 && @printf io "\n"
148         end
149     end
150 end
```

子程序模块writefile中“%w.dg”表示输出字段的宽度为w字符，保留d位小数，g表示根据数字的大小选择一种合适的表示形式（定点、指数或浮点）。“%w.de”表示将数字以科学计数法形式输出，指定字段宽度为w个字符，保留d位小数。

```
151 data=TOML.parsefile("ex3-1.toml") # 从TOML文件中读取输入文件,双引号中输入ex3-1.toml文件的工作路径,注意工作路径中的\要改为/
152 # 按单元顺序给出的已知量
153 title=data["title"]
154 Es=data["E"] #各个单元的弹性模量
155 As=data["A"] #各个单元的截面面积
156 coor=data["nodes_coor"] #节点的坐标
157 node_disp_id=data["node_disp_id"] #单元节点所对应的位移编号
158 elements=data["elements"] #单元所对应的节点编号
159 node_loads=get(data,"node_loads",nothing) #作用在节点上的集中荷载
160 node_coors, disp_ids=__el_node_coor_and_dispid(elements,coor,node_disp_id)
161 els=trusses(Es, As, node_coors, disp_ids)
162 K=globalstiff(els)
163 P=globalforce(node_loads, node_disp_id)
164 δ=K \ P
165 truss_end_force!(els,δ)
166 writefile(title, coor, node_disp_id, elements, node_loads, δ, els) #将问题的已知条件和结果保存到文本文件
```

上述部分为平面桁架计算程序的主程序部分，将“ex3-1.toml”文件的工作路径输入程序中对应位置后即可正常运行，程序将从“ex3-1.toml”文件中读入相关数据，赋予到相应变量中，再代入程序中计算并按照格式输出计算结果。其中“ex3-1.toml”可以换成其他问题的输入文件进行计算。

3.2.3 平面桁架计算程序应用举例

例3.1 试计算图3.3（a）所示对称拱式三铰桁架的内力、支座反力和各节点的位移。各杆材料相同，$E=30\text{GPa}$，截面积$A_1=A_2=A_3=144\text{cm}^2$、$A_4=A_5=A_6=A_7=180\text{cm}^2$。结构几何尺寸及节点荷载如图3.3（a）所示。

解 （1）准备原始数据。

1）利用结构的对称性，图3.3（a）所示的结构可简化为图3.3（b）所示的半边结构进行计算。

2）确定节点、划分单元，建立整体坐标系与局部坐标系，如图3.3（b）。

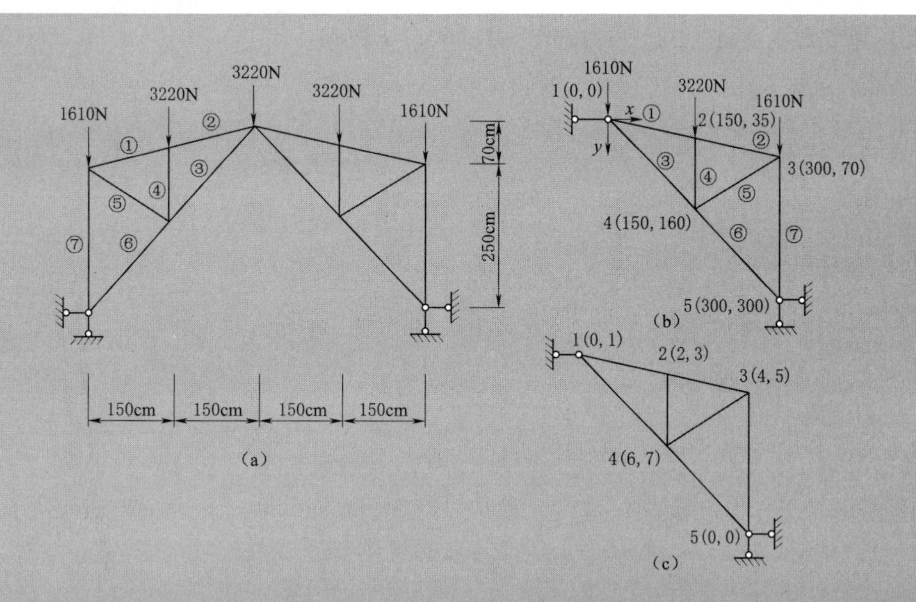

图 3.3 例 3.1 图

3）自由节点位移编码如图 3.3（c）所示。

4）设本例题标题为“例题 3-1”，将计算本题所需的数据填入表 3.1。

表 3.1　　平面桁架算例输入数据表

标题	例题 3-1									
节点数据	节点号	x 方向位移号	y 方向位移号	x 坐标	y 坐标	节点号	x 方向位移号	y 方向位移号	x 坐标	y 坐标
	1	0	1	0	0	2	2	3	150	35
	3	4	5	300	70	4	6	7	150	160
	5	0	0	300	320					
单元数据	单元号	1 端节点	2 端节点	类型	单元号	1 端节点	2 端节点	类型		
	1	1	2	1	2	2	3	1		
	3	1	4	1	4	2	4	2		
	5	3	4	2	6	4	5	2		
	7	3	5	2						
单元数据类型	类型号	弹性模量	横截面积	类型号	弹性模量	横截面积				
	1	3.00×10^6	144	2	3.00×10^6	180				
节点荷载类型	位移号	数值	位移号	数值	位移号	数值	位移号	数值		
	1	1610	3	3220	5	1610				

（2）建立数据文件“ex3 - 1. toml”并输入以下数据：

```
#例题 3 - 1 的输入文件
title="例题 3 - 1" # 求解问题的标题
E=[3.0e6,3.0e6,3.0e6,3.0e6,3.0e6,3.0e6,3.0e6] #每个单元的弹性模量,有几个单元就输入几个弹性模量
A=[144,144,144,180,180,180,180]  #每个单元的横截面积
[nodes_coor] #坐标点列表,点名=[全局 x 坐标,全局 y 坐标]
n1=[0,0]
n2=[150,35]
n3=[300,70]
n4=[150,160]
n5=[300,320]
[node_disp_id] #节点的位移编号
n1=[0,1]
n2=[2,3]
n3=[4,5]
n4=[6,7]
n5=[0,0]
[elements] #组成单元的两个节点,节点出现的顺序代表了单元的方向
e1=["n1","n2"]
e2=["n2","n3"]
e3=["n1","n4"]
e4=["n2","n4"]
e5=["n3","n4"]
e6=["n4","n5"]
e7=["n3","n5"]
[node_loads] #全局坐标系下的节点荷载 如:n1=[x 方向的力,y 方向的力,弯矩]
n1=[0,1610]
n2=[0,3220]
n3=[0,1610]
```

（3）运行程序，从文本文件“例题 3 - 1. txt”中获取如下结果：

```
例题 3 - 1
节点数量:5
自由度数:7
单元数量:7
节点号      位移号(x y)      x 坐标        y 坐标
  1           0    1         0.0000        0.0000
  2           2    3       150.0000       35.0000
  3           4    5       300.0000       70.0000
  4           6    7       150.0000      160.0000
  5           0    0       300.0000      320.0000
```

```
单元号    节点i    节点j    弹性模量    面积
  1        n1       n2      3e+06      144
  2        n2       n3      3e+06      144
  3        n1       n4      3e+06      144
  4        n2       n4      3e+06      180
  5        n3       n4      3e+06      180
  6        n4       n5      3e+06      180
  7        n3       n5      3e+06      180
节点荷载
节点    x方向    y方向
 n1     0.0     1610.0
 n2     0.0     3220.0
 n3     0.0     1610.0
节点位移
节点号     x方向位移       y方向位移
  1       0.0000e+00     3.5629e-03
  2      -8.1594e-04     3.9469e-03
  3      -9.6920e-04     1.4907e-03
  4      -7.9392e-04     3.2015e-03
  5       0.0000e+00     0.0000e+00
杆轴力
单元号     轴力     单元号     轴力
  1      -1983.9     2      -1983.9
  3      -1589.0     4      -3220.0
  5       2253.1     6      -4413.8
  7      -3220.0
```

例 3.2 试计算图 3.4（a）所示桁架各杆之轴力和各节点的位移。各杆 *EA* 相同，为已知常数。

解 （1）准备原始数据。

1）节点编码、坐标系、节点坐标如图 3.4（b）所示。

2）自由节点位移编码如图 3.4（c）所示。

3）填写数据表（略）。

（2）在数据文件“ex3-2.toml”中输入以下数据：

```
# 例题3-2的输入文件
title="例题3-2" # 求解问题的标题
E=[1,1,1,1,1,1,1,1,1,1,1,1,1,1,1,1,1,1,1,1,1,1,1,1,1,1,1,1,1,1,1] # 每个单元的弹性模量，有几个单元就输入几个弹性模量
A=[1,1,1,1,1,1,1,1,1,1,1,1,1,1,1,1,1,1,1,1,1,1,1,1,1,1,1,1,1,1,1] # 每个单元的横截面积
[nodes_coor] # 坐标点列表，点名=[全局x坐标，全局y坐标]
n1=[2,0]
n2=[4,0]
```

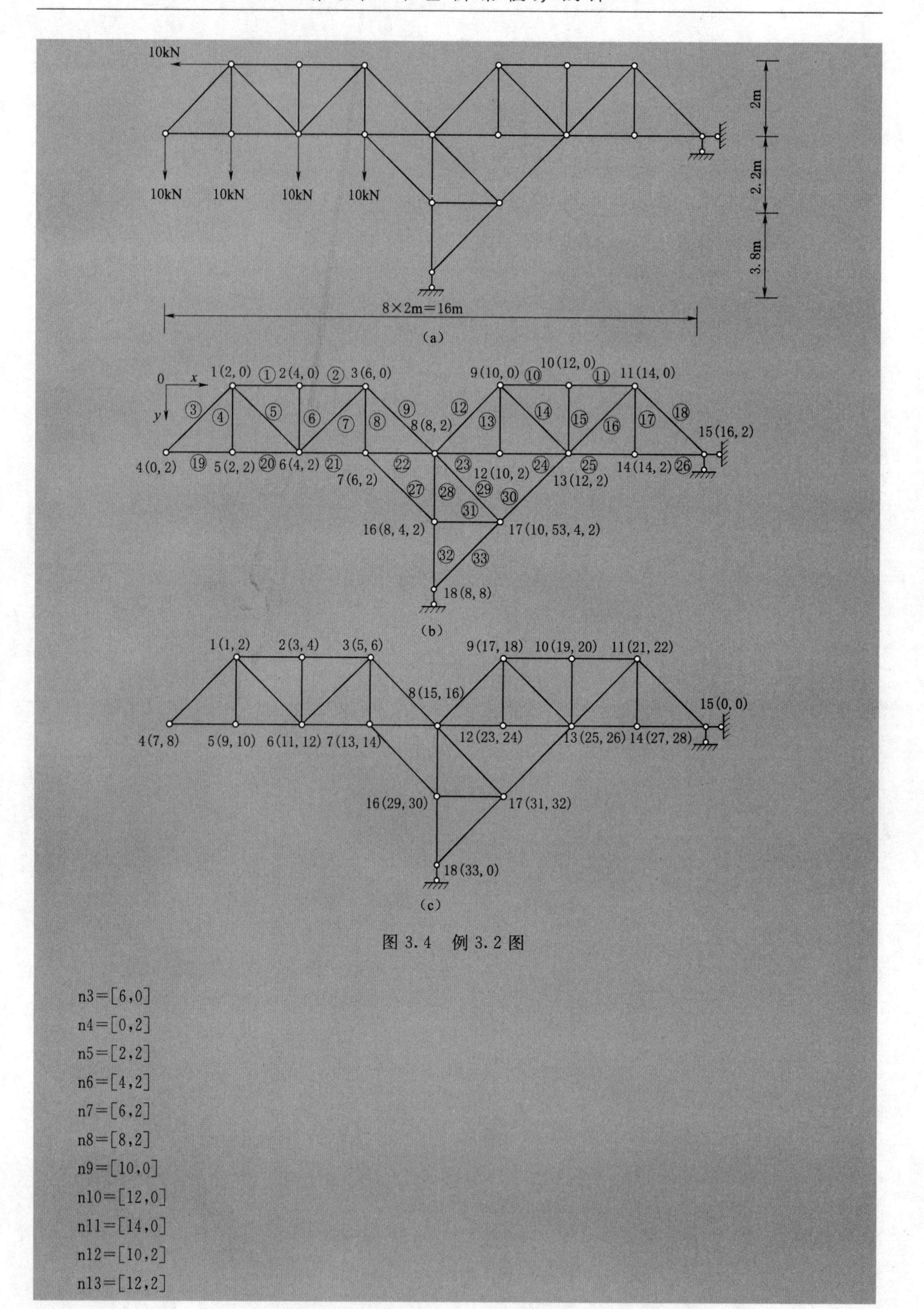

图 3.4　例 3.2 图

```
n3=[6,0]
n4=[0,2]
n5=[2,2]
n6=[4,2]
n7=[6,2]
n8=[8,2]
n9=[10,0]
n10=[12,0]
n11=[14,0]
n12=[10,2]
n13=[12,2]
```

```
n14=[14,2]
n15=[16,2]
n16=[8.0,4.2]
n17=[10.53,4.2]
n18=[8,8]
[node_disp_id] # 节点的位移编号
n1=[1,2]
n2=[3,4]
n3=[5,6]
n4=[7,8]
n5=[9,10]
n6=[11,12]
n7=[13,14]
n8=[15,16]
n9=[17,18]
n10=[19,20]
n11=[21,22]
n12=[23,24]
n13=[25,26]
n14=[27,28]
n15=[0,0]
n16=[29,30]
n17=[31,32]
n18=[33,0]
[elements] # 组成单元的两个节点，节点出现的顺序代表了单元的方向
e1=["n1","n2"]
e2=["n2","n3"]
e3=["n1","n4"]
e4=["n1","n5"]
e5=["n1","n6"]
e6=["n2","n6"]
e7=["n3","n6"]
e8=["n3","n7"]
e9=["n3","n8"]
e10=["n9","n10"]
e11=["n10","n11"]
e12=["n9","n8"]
e13=["n9","n12"]
e14=["n9","n13"]
e15=["n10","n13"]
e16=["n11","n13"]
e17=["n11","n14"]
e18=["n11","n15"]
e19=["n4","n5"]
e20=["n5","n6"]
```

```
e21=["n6","n7"]
e22=["n7","n8"]
e23=["n8","n12"]
e24=["n12","n13"]
e25=["n13","n14"]
e26=["n14","n15"]
e27=["n7","n16"]
e28=["n8","n16"]
e29=["n8","n17"]
e30=["n13","n17"]
e31=["n16","n17"]
e32=["n16","n18"]
e33=["n17","n18"]
[node_loads] # 全局坐标系下的节点荷载 如:n1=[x方向的力,y方向的力,弯矩]
n1=[-10,0]
n4=[0,10]
n5=[0,10]
n6=[0,10]
n7=[0,10]
```

(3) 运行程序。从文本文件"例题 3-2.txt"中得到各节点位移和轴力如下:

```
例题3-2
节点数量:18
自由度数:33
单元数量:33
节点号    位移号(x y)     x坐标       y坐标
  1         1   2       2.0000      0.0000
  2         3   4       4.0000      0.0000
  3         5   6       6.0000      0.0000
  4         7   8       0.0000      2.0000
  5         9  10       2.0000      2.0000
  6        11  12       4.0000      2.0000
  7        13  14       6.0000      2.0000
  8        15  16       8.0000      2.0000
  9        17  18      10.0000      0.0000
 10        19  20      12.0000      0.0000
 11        21  22      14.0000      0.0000
 12        23  24      10.0000      2.0000
 13        25  26      12.0000      2.0000
 14        27  28      14.0000      2.0000
 15         0   0      16.0000      2.0000
 16        29  30       8.0000      4.2000
 17        31  32      10.5300      4.2000
 18        33   0       8.0000      8.0000
```

```
单元号    节点i    节点j    弹性模量    面积
 1        n1       n2         1          1
 2        n2       n3         1          1
 3        n1       n4         1          1
 4        n1       n5         1          1
 5        n1       n6         1          1
 6        n2       n6         1          1
 7        n3       n6         1          1
 8        n3       n7         1          1
 9        n3       n8         1          1
10        n9       n10        1          1
11        n10      n11        1          1
12        n9       n8         1          1
13        n9       n12        1          1
14        n9       n13        1          1
15        n10      n13        1          1
16        n11      n13        1          1
17        n11      n14        1          1
18        n11      n15        1          1
19        n4       n5         1          1
20        n5       n6         1          1
21        n6       n7         1          1
22        n7       n8         1          1
23        n8       n12        1          1
24        n12      n13        1          1
25        n13      n14        1          1
26        n14      n15        1          1
27        n7       n16        1          1
28        n8       n16        1          1
29        n8       n17        1          1
30        n13      n17        1          1
31        n16      n17        1          1
32        n16      n18        1          1
33        n17      n18        1          1
节点荷载
节点     x方向     y方向
 n1     -10.0      0.0
 n4       0.0     10.0
 n5       0.0     10.0
 n6       0.0     10.0
 n7       0.0     10.0
```

```
节点位移
节点号      x方向位移      y方向位移
  1      -2.4062e+03    7.0075e+03
  2      -2.3262e+03    4.4552e+03
  3      -2.2462e+03    2.0062e+03
  4       7.3000e+01    9.5433e+03
  5       5.3000e+01    7.0275e+03
  6       3.3000e+01    4.4552e+03
  7      -8.7000e+01    1.8062e+03
  8      -7.0000e+00    1.6300e+02
  9      -1.1750e+02   -1.0306e+02
 10      -7.5000e+00   -4.4613e+02
 11       1.0250e+02   -2.5806e+02
 12       3.1500e+01   -1.0306e+02
 13       7.0000e+01   -4.4613e+02
 14       3.5000e+01   -2.5806e+02
 15       0.0000e+00    0.0000e+00
 16       9.6064e+02    2.5650e+02
 17       7.0764e+02   -2.3057e+02
 18       1.0539e+03    0.0000e+00
杆轴力
单元号    轴力    单元号    轴力
  1       40.0     2       40.0
  3       14.1     4       10.0
  5      -28.3     6        0.0
  7       42.4     8     -100.0
  9       99.0    10       55.0
 11       55.0    12       38.9
 13        0.0    14      -38.9
 15        0.0    16      -38.9
 17        0.0    18       38.9
 19      -10.0    20      -10.0
 21      -60.0    22       40.0
 23       19.2    24       19.3
 25      -17.5    26      -17.5
 27     -148.7    28       42.5
 29       83.8    30      -66.1
 31     -100.0    32      -67.5
 33        0.0
```

3.3 平面桁架计算的程序设计框图、程序及应用举例（C++）

3.3.1 平面桁架计算程序设计框图

1. 程序标识符的说明

平面桁架分析程序的主要标识符说明如下：

TL(20)——算例标题，实型数组，输入参数；

NJ——节点总数，整型变量，输入参数；

N——结构的自由度，即整体刚度矩阵阶数，整形变量，输入参数；

NNE——单元总数，整型变量，输入参数；

NMT——单元类型总数，同类型单元 E、A 相同，整型变量，输入参数；

NPJ——节点荷载总数，整型变量，输入参数；

JE(2，100)——单元两端节点号数组，整型变量，输入参数；

JN(2，100)——节点位移号数组，整型数组，输入参数；

X(100)、Y(100)——节点坐标数组，X(I)、Y(I) 分别为 I 号节点的 x 坐标、y 坐标；

JEA(100)——单元类型信息数组，JEA (1) 为第 I 单元的类型号，同类型的单元弹性模量、横截面积相同，整型数组，输入参数；

EA(2，25)——各类型单元的物理、几何性质数组，EA(1，I)、EA(2，I) 分别为第 I 号类型单元的弹性模量、横截面积，实型数组，输入参数；

JPJ(50)——节点荷载的位移号数组，JPJ(I) 为与第 I 个节点荷载相应位移分量的位移号，整型数组，输入参数；

PJ(50)——节点荷载数值数组，PJ(I) 为第 I 个节点荷载的数值，实型数组，输入参数；

M(4)——单元定位数组，即单元两端的位移号数组，整型变量，输入参数；

AK(200，100)——存结构整体刚度矩阵的上半带元素；

AKE(4，4)——存整体坐标系下单元刚度矩阵；

T(4，4)——存单元坐标变换矩阵或其转置矩阵；

P(200)——节点荷载，解方程后，存节点位移；

FE(4)——存整体坐标系下单元刚度矩阵与单元杆端位移的乘积；

F(4)——先存整体坐标系下的单元杆端位移，后存局部坐标系下单元杆端力列阵；

FF(100)——单元轴力数组；

STIFFN——子程序，计算整体坐标系下单元刚度矩阵；

TRANS——子程序，计算单元坐标变换矩阵或转置矩阵；

MULV4——子程序，做 4 阶方阵乘 4 阶列阵；

CALM——子程序，确定单元定位数组；

CSL——子程序，计算单元常数，即单元的长度及 x 轴在整体坐标系下的方向余弦；

ND——总刚度矩阵的半带宽；

SQRT——标准函数，计算非负实数的平方根。

2. 程序设计框图

平面桁架分析程序的总框图如图 3.5 所示。

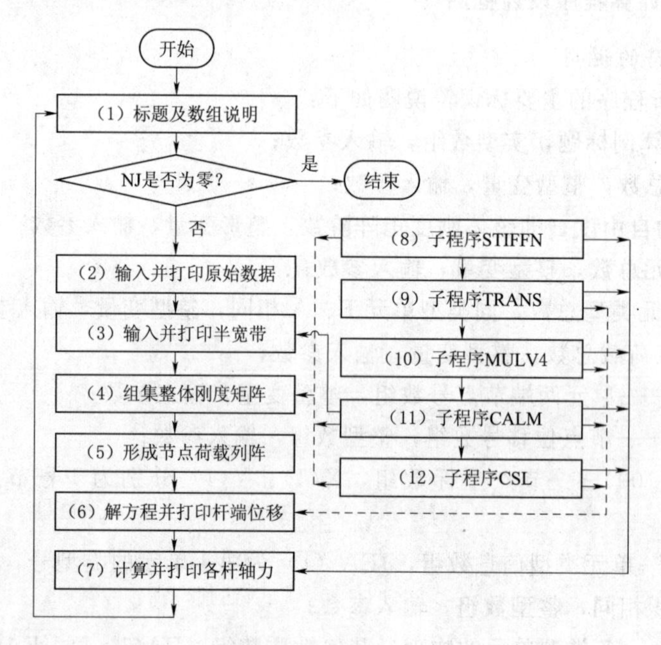

图 3.5　平面桁架分析程序（C++）总框图

3.3.2　平面桁架计算程序

平面桁架分析源程序包含 main.cpp 和 ptap.cpp 两个源文件，一个头文件 ptap.h。下面是文件的详细代码和说明。

(1) File_1：首先定义平面桁架分析头文件（ptap.h）。

```
1.  #pragma once
2.  #include<string>
3.  #include<vector>
4.  #define FOR(i, start, end)for(int i=(start); i<(end); i++)
5.  typedef std::vector<double> Vecd;
6.  typedef std::vector<int> Veci;
7.  typedef std::vector<std::vector<double>> Matd;
8.  typedef std::vector<std::vector<int>> Mati;
9.  struct PTAPParam {
10.     std::string title;                    //标题
11.     int NJ;                               //节点数
12.     int N;                                //结构自由度
13.     int NNE;                              //单元总数
14.     int NMT;                              //单元类型总数
15.     int NPJ;                              //节点荷载总数
```

```
16.   std::vector<std::vector<int>> JN;                    // 节点位移号
17.   std::vector<double> X;                               // 节点 X 坐标
18.   std::vector<double> Y;                               // 节点 Y 坐标
19.   std::vector<std::vector<int>> JE;                    // 单元两端节点号
20.   std::vector<int> JEA;                                // 单元类型信息
21.   std::vector<std::vector<double>> EA;                 // 类型单元参数
22.   std::vector<int> JPJ;                                // 节点荷载的位移号
23.   std::vector<double> PJ;                              // 节点荷载数值
24. };
25. struct PTAPResult {
26.   int ND;                                              // 半带宽
27.   Vecd disX;                                           // 节点 X 位移
28.   Vecd disY;                                           // 节点 Y 位移
29.   Vecd FF;                                             // 轴力
30. };
31. PTAPResult ptsap(const PTAPParam& p);                  //声明 ptap.cpp 文件
```

（2）File_2：定义平面桁架分析主程序源文件（main.cpp）。其是整个编码程序的主体。函数从主函数 int main() 开始编译，即 133. 行代码。

```
32. #include "ptap.h"                      //包含 ptap3.h 头文件
33. #include<iostream>
34. #include<cstdio>
35. #include<fstream>
36. std::vector<std::string> split(const std::string& s, const std::string& sub){  //读取文件辅助函数
37.   std::vector<std::string> ss;
38.   auto s1=s + sub;
39.   auto pos=s1.find(sub);
40.   while(pos ! =s1.npos){
41.     ss.push_back(s1.substr(0, pos));
42.     s1=s1.substr(pos + 1, s1.size());
43.     pos=s1.find(sub);
44.   }
45.   return ss;
46. }                                                      //返回 52. 行
47. std::vector<std::string> read_file(const std::string& file_name){
48.   std::ifstream fin(file_name);
49.   char buff[256];
50.   std::vector<std::string> input;
51.   while(fin.getline(buff, 256)){
52. 36.   auto line=split(buff, ",");                        // 调用读取文件辅助函数
53.     input.insert(input.end(), line.begin(), line.end());
54.   }
55.   return input;
56. }                                                      //返回 58. 行
```

```
57.   void load_param(const std::string& file_name, PTAPParam& p){
58.47.    auto input=read_file(file_name);                              // 调用读文件函数 read_file()
59.      int cnt=0;
60.      p.title=input[cnt++];                                          // 按序读取 title、NJ、NNE、N、NMT、NPJ
61.      p.NJ=stoi(input[cnt++]);
62.      p.N=stoi(input[cnt++]);
63.      p.NNE=stoi(input[cnt++]);
64.      p.NMT=stoi(input[cnt++]);
65.      p.NPJ=stoi(input[cnt++]);
66.      p.JN=std::vector<std::vector<int>>(3, std::vector<int>(p.NJ + 1,-1));   // 按序读取 JN、X、Y
67.      p.X={-1 };
68.      p.Y={-1 };
69.      FOR(i, 1, p.NJ + 1){
70.          FOR(j, 1, p.JN.size()){
71.              p.JN[j][i]=stoi(input[cnt++]);
72.          }
73.          p.X.push_back(stod(input[cnt++]));
74.          p.Y.push_back(stod(input[cnt++]));
75.      }
76.      p.JE=Mati(3, Veci(p.NNE + 1,-1));                              // 按序读取 JE、JEA
77.      p.JEA={-1 };
78.      FOR(i, 1, p.NNE + 1){
79.          p.JE[1][i]=stoi(input[cnt++]);
80.          p.JE[2][i]=stoi(input[cnt++]);
81.          p.JEA.push_back(stoi(input[cnt++]));
82.      }
83.      p.EA=Matd(3, Vecd(p.NMT + 1,-1.0));                            // 按序读取 EA
84.      FOR(i, 1, p.NMT + 1){
85.          p.EA[1][i]=stod(input[cnt++]);
86.          p.EA[2][i]=stod(input[cnt++]);
87.      }
88.      p.JPJ={-1 };                                                   // 按序读取 JPJ、PJ
89.      p.PJ={-1.0 };
90.      FOR(i, 1, p.NPJ + 1){
91.          p.JPJ.push_back(stoi(input[cnt++]));
92.          p.PJ.push_back(stod(input[cnt++]));
93.      }
94.   }                                                                 //读取函数结束,返回 136. 行
95.      void save_ouput(const std::string& file_name, const PTAPParam& p, const PTAPResult& res){
96.      FILE* fp=NULL;
97.      fopen_s(&fp, file_name.c_str(), "w");
98.      if(fp==NULL){
99.          printf("open file failed.\n");
100.     }
```

```
101.      fprintf(fp, "\t%s\n", p.title.c_str());
102.      fprintf(fp, "NJ=%d\tN=%d\tNNE=%d\tNMT=%d\tNPJ=%d\n", p.NJ, p.N, p.NNE, p.NMT,
p.NPJ);//打印基本数据
103.      fprintf(fp, "%5s\t%20s\t%20s\t%20s\n", "NO.N", "NO.DISP.(X.Y.)", "X-COORDINATE",
"Y-COORDINATE");
104.      FOR(i, 1, p.NJ + 1){
105.          fprintf(fp, "%5d\t%8d\t%8d\t%20.5f%20.5f\n", i, p.JN[1][i], p.JN[2][i], p.X[i], p.Y[i]);
106.      }
107.      fprintf(fp, "%8s\t%8s\t%8s\t%8s\n", "NO.E", "1(NODE)", "2(NODE)", "NO.MAT");
                                                                        //打印单元数据
108.      FOR(i, 1, p.NNE + 1){
109.          fprintf(fp, "%8d\t%8d\t%8d\t%8d\n", i, p.JE[1][i], p.JE[2][i], p.JEA[i]);
110.      }
111.      fprintf(fp, "%8s\t%20s\t%10s\n", "NO.MAT", "ELASTIC MODULUS", "AREA");
                                                                        //打印单元类型数据
112.      FOR(i, 1, p.NMT + 1){
113.          fprintf(fp, "%8d\t%20.5f\t%20.5f\n", i, p.EA[1][i], p.EA[2][i]);
114.      }
115.      fprintf(fp, "\t\t\tNODAL LOAD(NO.DISP., VALUE)\n"); //打印节点荷载数据
116.      FOR(i, 1, p.NPJ + 1){
117.          fprintf(fp, "%2d\t%10.1f\t", p.JPJ[i], p.PJ[i]);
118.      }
119.      fprintf(fp, "\n\n**************RESULT OF CALCULATION*********************** \n\n");
120.      fprintf(fp, "SEMI-BAND WIDTH=%d\n", res.ND);
121.      fprintf(fp, "%8s\t%20s\t%20s\n", "NO.N", "X-DSIPLAMENT", "Y-DISPLACEMENT");
                                                                        //打印节点位移
122.      FOR(i, 1, p.NJ + 1){
123.          fprintf(fp, "%8d\t%20.5f\t%20.5f\n", i, res.disX[i], res.disY[i]);
124.      }
125.      fprintf(fp, "%8s\t%20s\t%8s\t%20s\n", "NO.E", "AXIAL FORCE", "NO.E", "AXIAL FORCE");
                                                                        //打印轴力
126.      FOR(i, 1, p.NNE + 1){
127.          fprintf(fp, "%8d\t%20.5f\t", i, res.FF[i]);
128.          if(i % 2==0){
129.              fprintf(fp, "\n");
130.          }
131.      }
132.  }                                                                 //打印函数结束,返回 138.行
133.  int main(){                                                       //主函数开始编译.START
134.      PTAPParam p;                                                  //加载变量 p
135.57.  load_param("PTAP.IN", p);                                     //调用读取函数
136.217. auto res=ptap(p);                                             //调用计算函数,跳转到 File_3 的 217.行
137.95.  save_ouput("PTAP.OUT", p, res);                               //调用打印函数
138.      return 0;
```

```
139.  }                                                        //主函数完成编译.END
```

(3) File_3：定义平面桁架分析公式源文件（ptap.cpp）。其主要功能是定义计算过程中涉及的公式，以供主函数 int main() 调用。

```
140.  #include<cmath>
141.  #include<algorithm>
142.  #include"ptap.h"                                         //包含ptap3.h头文件
143.  template<typename T>
144.  void print_mat(std::vector<std::vector<T>>& mat){        //辅助调试的函数
145.    for(auto& v : mat){
146.        for(auto& elem : v){
147.            printf("%8.2f ", elem);
148.        }
149.        printf("\n");
150.    }
151.    printf("\n");
152.  }                                                        //返回264.行和265.行
153.  template<typename T>
154.  void print_vec(std::vector<T>& vec){
155.    for(auto& elem : vec){
156.        printf("%8.2f ", elem);
157.    }
158.    printf("\n");
159.  }                              //返回270.行、290.行、304.行、305.行、325.行
160.  #define PMAT(x)do{printf(#x##":\n");print_mat(x);}while(0)
161.  #define PVEC(x)do{printf(#x##":\n");print_vec(x);}while(0)
162.  void stiffn(Matd& AKE, int I1, double CX, double CY, double AL, const Matd &EA){ //单元刚度矩阵计算
163.    double CX2=CX * CX;                                    // cos平方
164.    double CY2=CY * CY;                                    // sin平方
165.    double B1=EA[1][I1] * EA[2][I1] / AL;                  // 线刚度
166.    AKE[1][1]=CX2 * B1;
167.    AKE[1][2]=CX * CY * B1;
168.    AKE[2][1]=AKE[1][2];
169.    AKE[2][2]=CY2 * B1;
170.    AKE[3][1]=-AKE[1][1];
171.    AKE[3][2]=-AKE[1][2];
172.    AKE[4][1]=-AKE[2][1];
173.    AKE[4][2]=-AKE[2][2];
174.    for(int i=1; i <=2; i++){
175.        for(int j=1; j <=2; j++){
176.            AKE[i + 2][j + 2]=AKE[i][j];
177.            AKE[i][j + 2]=AKE[j + 2][i];
178.        }
179.    }
```

```
180.  }                                                     //返回 252. 行、311. 行
181.  void trans(Matd &T, double CX, double CY){            // 计算单元坐标变换矩阵
182.    for(int j=1; j<=4; j++){
183.        for(int i=1; i<=4; i++){
184.            T[i][j]=0.0;
185.        }
186.    }
187.    for(int i=1; i<=3; i +=2){
188.        T[i][i]=CX;
189.        T[i][i + 1]=CY;
190.        T[i + 1][i]=-CY;
191.        T[i + 1][i + 1]=CX;
192.    }
193.  }                                                     //返回 321. 行
194.  void mulv4(Vecd &U, const Matd &A, const Vecd V){     // 四阶方阵乘列阵
195.    for(int i=1; i<=4; ++i){
196.        U[i]=0.0;
197.        for(int j=1; j<=4; ++j){
198.            U[i] +=A[i][j] * V[j];
199.        }
200.    }
201.  }                                                     //返回 320. 行、322. 行
202.  void calm(Veci &M, int IE, const std::vector<std::vector<int>> JE, const std::vector<std::vector
<int>> &JN){                                                // 单元定位数组
203.    for(int i=1; i<=2; ++i){
204.        M[i]=JN[i][int(JE[1][IE])];
205.        M[i + 2]=JN[i][int(JE[2][IE])];
206.    }
207.  }                                                     //返回 235. 行、252. 行、312. 行
208.  void csl(double& CX, double& CY, double& AL, const Mati &JE, int IE, const double X[], const double
Y[]){            // 计算单元长度及局部坐标系和整体刚度矩阵转角方向余弦
209.    int I=JE[1][IE];
210.    int J=JE[2][IE];
211.    double S1=X[J]-X[I];
212.    double S2=Y[J]-Y[I];
213.    AL=sqrt(S1 * S1 + S2 * S2);
214.    CX=S1 / AL;
215.    CY=S2 / AL;
216.  }                                                     //返回 250. 行、310. 行
217.  PTAPResult ptsap(const PTAPParam& p){                 //ptap 函数入口
218.    auto NJ=p.NJ;
219.    auto N=p.N;
220.    auto NNE=p.NNE;
221.    auto NMT=p.NMT;
```

```
222.    auto NPJ=p.NPJ;
223.    auto& JN=p.JN;
224.    auto& X=p.X;
225.    auto& Y=p.Y;
226.      auto& JE=p.JE;
227.    auto& JEA=p.JEA;
228.    auto& EA=p.EA;
229.    auto& JPJ=p.JPJ;
230.    auto& PJ=p.PJ;
231.    Veci M(5,0);
232.    int ND=0;                                   //计算半带宽,赋零
233.    for(int ie=1; ie <=NNE; ie++){              // 对每个单元进行计算,取其中位移号差
234.202.     calm(M, ie, JE, JN);                   // 调用单元定位数组
235.        int MX=0;                               //计算半带宽表示最大最小位移号 MX, MI
236.        int MI=N;
237.        for(int i=1; i <=4; i++){               // 把单元位移号最小的赋给 MI,最大的给 MX
238.            int L=M[i];
239.            if(L==0)continue;
240.            if(L > MX)MX=L;
241.            if(L < MI)MI=L;
242.        }
243.        if(ND < MX-MI)ND=MX-MI;                 // 最大位移差值
244.    }
245.    ND=ND + 1;                                  // 计算半带宽
246.    Matd AK(N + 1, Vecd(ND + 1, 0));            // 计算整体刚度矩阵
247.    double CX, CY, AL;
248.    Matd AKE(5, Vecd(5, 0));
249.    for(int ie=1; ie <=NNE; ie++){              // 循环每个单元
        //计算单元长度及局部坐标系和整体刚度矩阵转角方向正余弦
250.208.     csl(CX, CY, AL, JE, ie, X.data(), Y.data());
251.162.     stiffn(AKE, JEA[ie], CX, CY, AL, EA);  // 计算整体坐标系下的单元刚度矩阵
252.202.     calm(M, ie, JE, JN);                   // 调用单元定位数组
253.        for(int i=1; i <=4; i++){               // 在单元里寻找非固定的位置的刚度矩阵
254.            if(M[i]==0)continue;
255.            for(int j=i; j <=4; j++){
256.                if(M[j]==0)continue;            // 上三角形,I与J中大的重新定义为J,小的为I,
而在半带宽中行码的对应关系为I1=I
257.                int i1=std::min(M[i], M[j]);
258.                int j1=std::max(M[i], M[j])-i1 + 1;
259.                AK[i1][j1] +=AKE[i][j];
260.            }
261.        }
262.    }
263.144. PMAT(AKE);                                // 调用辅助调试的函数
```

```
264.144. PMAT(AK);                                    //调用辅助调试的函数
265.     auto P=Vecd(N + 1, 0);                        // 计算荷载
266.     for(int i=1; i<=NPJ; i++){
267.         P[JPJ[i]] +=PJ[i];
268.     }
269.154. PVEC(P);
270.     for(int k=1; k<=N-1; k++){                    //高斯消去法
271.         int im=std::min(k + ND-1, N);
272.         for(int i=k + 1; i<=im; i++){
273.             double cx=-AK[k][(i-k)+ 1] / AK[k][1];
274.             P[i] +=cx * P[k];
275.             for(int j=i; j<=im; j++){
276.                 int idx  =j-i + 1;
277.                 AK[i][idx] +=cx * AK[k][(j-k)+ 1];
278.             }
279.         }
280.     }
281.     P[N] /=AK[N][1];
282.     for(int i=N-1; i>=1; i--){
283.         int im=std::min(i + ND-1, N);
284.         for(int j=i + 1; j<=im; j++){
285.             P[i]=P[i]-(AK[i][(j-i)+ 1] * P[j]);
286.         }
287.         P[i] /=AK[i][1];
288.     }
289.154. PVEC(P);
290.     Vecd disX={-1 }, disY={-1};                   // 计算节点位移
291.     Vecd F(4 + 1, 0);
292.     for(int k=1; k<=NJ; k++){
293.         for(int i=1; i<=2; i++){
294.             F[i]=0.0;
295.             int idx=JN[i][k];
296.             if(idx > 0){
297.                 F[i]=P[idx];
298.             }
299.         }
300.         disX.push_back(F[1]);
301.         disY.push_back(F[2]);
302.     }
303.154. PVEC(disX);
304.154. PVEC(disY);
305.  Vecd FE(4+1, 0);                                 //计算轴力
306.     Vecd FF(NNE + 1, 0);
307.     Matd T(5, Vecd(5, 0));
```

```
308.       for(int ie=1; ie <=NNE; ie++){                    // 循环每个单元向余弦
        //计算单元长度及局部坐标系和整体刚度矩阵转角方向正余弦
309.208.        csl(CX, CY, AL, JE, ie, X.data(), Y.data());
310.162.        calm(M, ie, JE, JN);                          // 单元定位数组
311.202.        stiffn(AKE, JEA[ie], CX, CY, AL, EA);         // 计算整体坐标系下的单元刚度矩阵
312.            for(int i=1; i <=4; i++){
313.                int L=M[i];
314.                F[i]=0;
315.                if(L > 0){
316.                    F[i]=P[L];
317.                }
318.            }
319.194.        mulv4(FE, AKE, F);                            // 调用四阶方阵乘列阵(整体坐标系下的力)
320.181.        trans(T, CX, CY);                             // 调用计算单元坐标变换矩阵
321.194.        mulv4(F, T, FE);                              // 调用四阶方阵乘列阵(局部坐标系下的力)
322.            FF[ie]=-F[1];                                 // 赋予FF杆端力中的轴力
323.       }
324.154.  PVEC(FF);
325.       return { ND, disX, disY, FF };
326.   }                                                    //跳转到File_2的136.行,结束计算
```

3.3.3 平面桁架计算程序应用举例

例 3.3 试计算图 3.6（a）所示对称拱式三铰桁架的内力、支座反力和各节点的位移。各杆材料相同，$E=30\text{GPa}$，截面积 $A_1=A_2=A_3=144\text{cm}^2$、$A_4=A_5=A_6=A_7=180\text{cm}^2$，结构几何尺寸及节点荷载如图 3.6（a）所示。

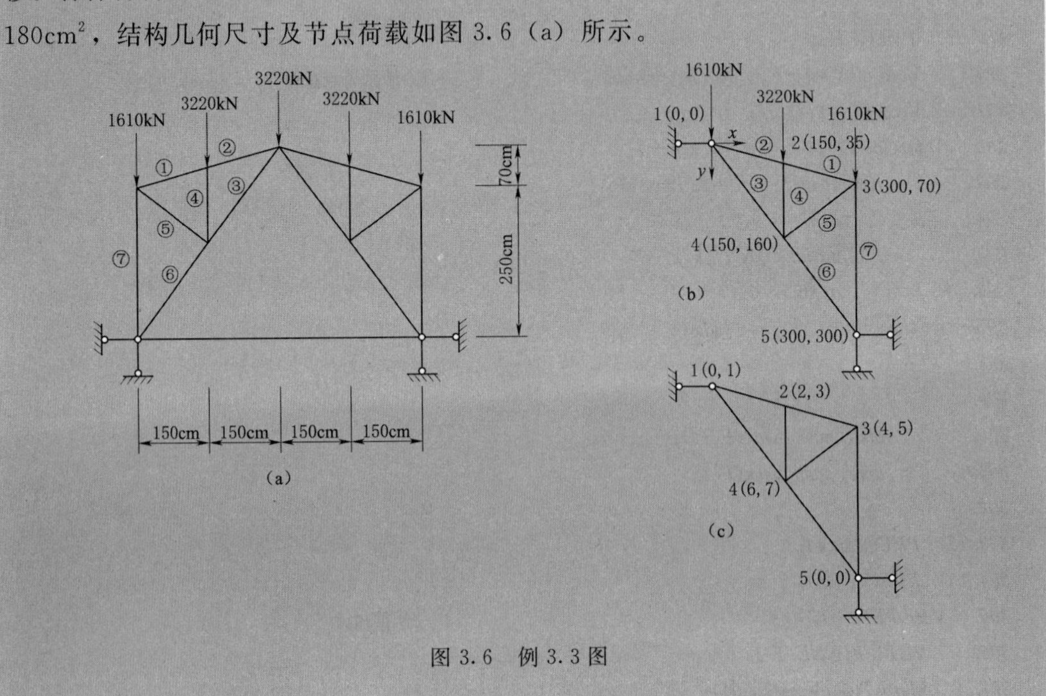

图 3.6　例 3.3 图

解 （1）准备原始数据。

1）利用结构的对称性，图 3.6（a）所示的结构可简化为图 3.6（b）所示的半边结构进行计算。

2）确定节点、划分单元，建立整体坐标系与局部坐标系，如图 3.6（b）所示。

3）自由节点位移编码如图 3.6（c）所示。

4）设本例题标题为 EXAMPLE ----(3－3)，将计算本题所需的数据填入表 3.3。

（2）建立数据文件 PTAP.IN 并输入以下数据：

```
****图.3-6****
5,7,7,2,3
0,1,0.,0.,2,3,150.,35.
4,5,300.,70.,6,7,150.,160.
0,0,300.,320.
1,2,1,2,3,1,1,4.1,2,4,2,3,4,2
4,5,2,3,5,2
3.E6,144.,3.E6,180.
1,1610.,3,3220.,5,1610
END
0
```

表 3.3　　平面桁架算例输入数据表

标题	EXAMPLE ----(3－3)									
基本数据	节点总数	5	自由度数	7	单元总数	7	单元类型数	2	节点荷载数	3
节点数据	节点号	x 方向位移号	y 方向位移号	x 坐标	y 坐标	节点号	x 方向位移号	y 方向位移号	x 坐标	y 坐标
	(1)	0	1	0.	0.	(2)	2	3	150.	35.
	(3)	4	5	300.	70.	(4)	6	7	150.	160.
	(5)	0	0	300.	320.					
单元数据	单元号	1 端节点	2 端节点	类型	单元号	1 端节点	2 端节点	类型		
	(1)	1	2	1	(2)	2	3	1		
	(3)	1	4	1	(4)	2	4	2		
	(5)	3	4	2	(6)	4	5	2		
	(7)	3	5	2						
单元类型数据	类型号	弹性模量	横截面积	类型号	弹性模量	横截面积				
	1	3×10^6	144.	2	3×10^6	180.				
节点荷载数据	位移号	数值	位移号	数值	位移号	数值	位移号	数值		
	1	1610.	3	3220.	5	1610.				

（3）运行程序 main.cpp，从文件 PTAP.OUT 中得到各节点的位移和各杆轴力。输出结果如下：

```
        ****FIG.3-6****
NJ=5 N=7 NNE=7 NMT=2 NPJ=3
  NO.N       NO.DISP.(X.Y.)         X-COORDINATE          Y-COORDINATE
    1          0      1                 0.00000                0.00000
    2          2      3               150.00000               35.00000
    3          4      5               300.00000               70.00000
    4          6      7               150.00000              160.00000
    5          0      0               300.00000              320.00000
  NO.E  1(NODE)  2(NODE)  NO.MAT
    1       1        2        1
    2       2        3        1
    3       1        4        1
    4       2        4        2
    5       3        4        2
    6       4        5        2
    7       3        5        2
  NO.MAT    ELASTIC MODULUS     AREA
    1         3000000.00000       144.00000
    2         3000000.00000       180.00000
        NODAL LOAD(NO.DISP., VALUE)
1    1610.0    3    3220.0    5   1610.0

**************RESULT OF CALCULATION**********************

SEMI-BAND WIDTH=7
    NO.N       X-DSIPLAMENT        Y-DISPLACEMENT
      1           0.00000              0.00356
      2          -0.00082              0.00395
      3          -0.00097              0.00149
      4          -0.00079              0.00320
      5           0.00000              0.00000
    NO.E       AXIAL FORCE        NO.E       AXIAL FORCE
      1        -1983.89633          2        -1983.89633
      3        -1588.95255          4        -3220.00000
      5         2253.07981          6        -4413.75708
      7        -3220.00000
```

习　　题

3.1　试计算题3.1图所示桁架各杆之轴力。设各杆 EA=常数。

3.2　试计算题3.2图所示桁架各杆之轴力及点 D 的水平位移。各杆材料相同，截面积亦相同，$A=150\text{cm}^2$，$E=25\text{GPa}$。

3.3　试计算题3.3图所示结构各杆之轴力及点 C 的竖向位移。各杆材料相同，截面积相同。$A=0.025\text{m}^2$，$E=30\text{GPa}$。

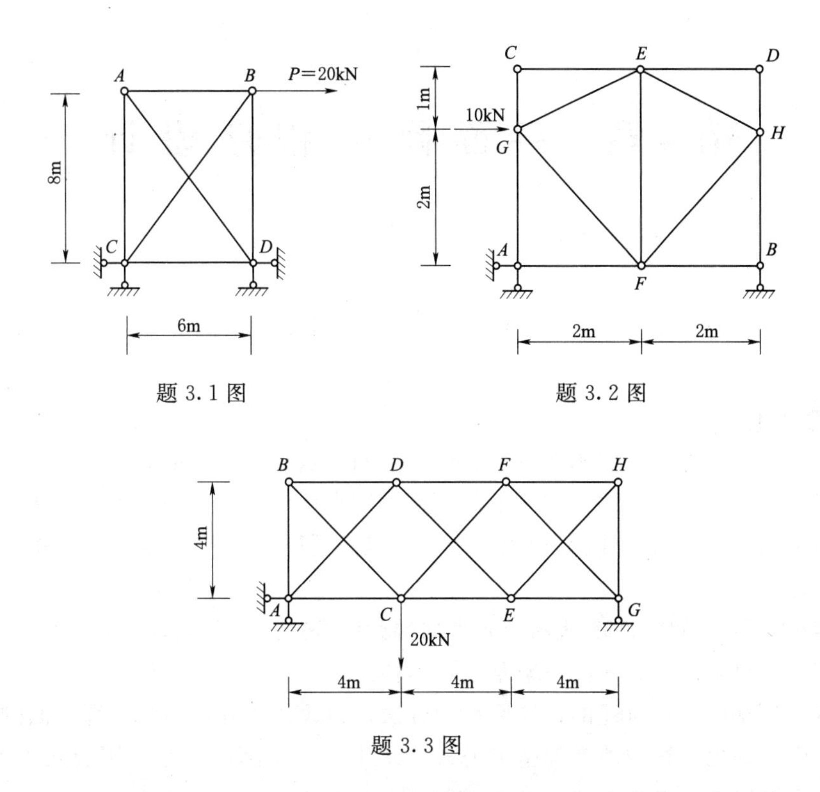

题 3.1 图

题 3.2 图

题 3.3 图

3.4　试用 Julia 语言和 C++语言编写平面桁架内力、位移计算程序，并用编写的程序计算以上各题。

资源 3.1　习题答案

第4章　平面刚架程序设计

4.1　概　　述

4.1.1　程序编制说明

（1）本程序用于计算平面刚架在荷载作用下的节点位移和杆端力。

（2）本程序在建立整个结构刚度矩阵时，采用直接刚度法中的“先处理法”。

（3）各单元为等截面直杆。当两节点间的梁自然段抗弯刚度不等时，可将截面突变点作为节点处理。

（4）本程序能计算图2.21所示的6种固端梁的等效节点荷载。

（5）本程序也可以计算平面桁架及组合结构。

（6）本章根据第1章所述的计算原理和方法，讨论用矩阵位移法计算平面刚架结构的程序设计。由于编程过程中涉及的基本公式与第1章完全相同，除个别公式重点给出外，其余公式不再列出。

4.1.2　计算模型及计算方法

1. 计算模型

以杆件连接点、支座节点、截面突变点和外伸杆件端点作为计算节点，任意两节点间的杆件作为计算单元。在局部坐标系下，单元两端的杆端力、杆端位移列阵如式（1.29）、式（1.30）所示，即

$$\overline{\boldsymbol{F}}^{ⓔ}=[\overline{X}_i \quad \overline{Y}_i \quad \overline{M}_i \vdots \overline{X}_j \quad \overline{Y}_j \quad \overline{M}_j]^{\mathrm{T}}$$

$$\overline{\boldsymbol{\delta}}^{ⓔ}=[\overline{u}_i \quad \overline{v}_i \quad \overline{\theta}_i \vdots \overline{u}_j \quad \overline{v}_j \quad \overline{\theta}_j]^{\mathrm{T}}$$

在局部坐标系下，单元刚度矩阵如式（1.35）所示，即

$$\overline{\boldsymbol{k}}^{ⓔ}=\left[\begin{array}{ccc:ccc}
\frac{EA}{l} & 0 & 0 & -\frac{EA}{l} & 0 & 0 \\
0 & \frac{12El}{l^3} & \frac{6EI}{l^2} & 0 & -\frac{12EI}{l^3} & \frac{6EI}{l^2} \\
0 & \frac{6EI}{l^2} & \frac{2EI}{l} & 0 & -\frac{6EI}{l^2} & \frac{2EI}{l} \\
\hdashline
-\frac{EI}{l} & 0 & 0 & \frac{EI}{l} & 0 & 0 \\
0 & -\frac{12EI}{l^3} & -\frac{6EI}{l^2} & 0 & \frac{12EI}{l^3} & -\frac{6EI}{l^2} \\
0 & \frac{6EI}{l^2} & \frac{2EI}{l} & 0 & -\frac{6EI}{l^2} & \frac{2EI}{l}
\end{array}\right]$$

2. 坐标变换

杆端力和杆端位移的坐标变换是通过式（1.45）所示的单元坐标变换矩阵 $\boldsymbol{T}^{\textcircled{e}}$ 完成的。

$$\boldsymbol{T}^{\textcircled{e}}=\left[\begin{array}{ccc|ccc}\cos\alpha & \sin\alpha & 0 & 0 & 0 & 0\\ -\sin\alpha & \cos\alpha & 0 & 0 & 0 & 0\\ 0 & 0 & 1 & 0 & 0 & 0\\ \hline 0 & 0 & 0 & \cos\alpha & \sin\alpha & 0\\ 0 & 0 & 0 & -\sin\alpha & \cos\alpha & 0\\ 0 & 0 & 0 & 0 & 0 & 1\end{array}\right]$$

局部坐标下单元杆端力、杆端位移与整体坐标系下单元杆端力、杆端位移之间的关系分别为式（1.44）和式（1.47），即

$$\overline{\boldsymbol{F}}^{\textcircled{e}}=\boldsymbol{T}^{\textcircled{e}}\boldsymbol{F}^{\textcircled{e}}$$

$$\overline{\boldsymbol{\delta}}^{\textcircled{e}}=\boldsymbol{T}^{\textcircled{e}}\boldsymbol{\delta}^{\textcircled{e}}$$

整体坐标系下的单元刚度矩阵为

$$\boldsymbol{k}^{\textcircled{e}}=\boldsymbol{T}^{\textcircled{e}\mathrm{T}}\overline{\boldsymbol{k}}^{\textcircled{e}}\boldsymbol{T}^{\textcircled{e}}$$

式中，$\overline{\boldsymbol{k}}^{\textcircled{e}}$ 为式（1.35）所示的 6 阶方阵。

3. 支承条件的引入及整体刚度矩阵的组集

整体刚度矩阵的组集采用“直接刚度法”。整体坐标系下单元刚度矩阵各元素的下标由单元定位数组确定，即在组集整体刚度矩阵之前已引入了支承条件，这里不再赘述。

确定单元定位数组时应注意以下两个问题。

（1）支座节点的未知位移分量编号。若单元的某一端与支座相联，则该单元支座节点的未知位移分量信息应按表 4.1 输入。

表 4.1　　支座节点未知位移分量信息

支座名称		简　　图	未知位移分量编号（u，v，θ）	节点编号
固定支座			0，0，0	1
铰支座		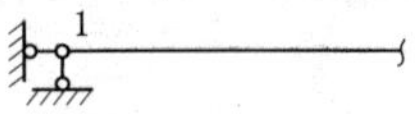	0，0，1	1
滚轴支座	1		1，0，2	1
	2		0，1，2	1
滑动支座	1	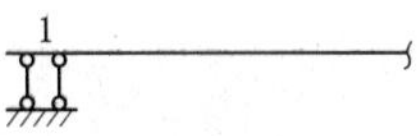	1，0，0	1
	2		0，1，0	1
自由端			1，2，3	1

(2) 杆件连接点未知位移分量编号。若单元的某一端与其他杆件相连，则应首先根据连接情况确定节点编码，而后再确定与节点相应的单元未知位移分量编码。现将常遇到的几种情况列于表 4.2 中。

表 4.2　　杆件连接点未知位移分量信息

节点名称	节点简图	节点编号	未知位移分量编号
组合节点	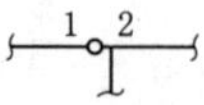	1	1，2，3
		2	1，2，4
铰节点	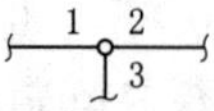	1	1，2，3
		2	1，2，4
		3	1，2，5
链杆连接节点		1	1，2，3
		2	1，4，5
	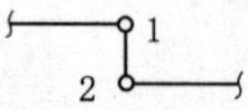	1	1，2，3
		2	4，2，5
滑动支座节点	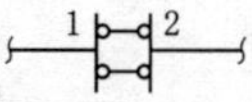	1	1，2，3
		2	1，4，3
	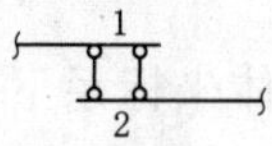	1	1，2.3
		2	4，2，3
刚节点	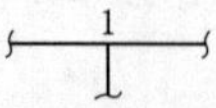	1	1，2，3

4.2　平面刚架计算的程序设计框图、程序及应用举例 (Julia)

4.2.1　平面刚架计算程序设计框图

1. 程序标识符的说明

平面刚架分析程序 (Plane Frame Analysis Program) 的主要标识符说明如下：

title——算例标题；

Es——各单元的弹性模量；

As——各单元截面面积；

Is——各单元的截面惯性矩；

nfes——非节点荷载作用下的单元编号；

types——非节点荷载类型；

acs——非节点荷载参数；

coor——节点坐标；

node_disp_id——单元节点所对应的位移编号；

elements——单元所对应的节点编号；

node_loads——作用在节点上的集中荷载；
node_coors——各单元的节点坐标；
disp_ids——各单元的节点位移编号；
els——单元参数的列向量集；
K——整体刚度矩阵；
P——总荷载列向量；
δ——节点位移列向量；
rigidframe——函数，生成单元数据结构；
__el_node_coor_and_dispid——子程序模块，赋予各单元节点坐标和节点位移编号；
__fixed_force——子程序模块，计算非节点荷载作用下的固端力；
rigidframes——子程序模块，形成包含所有单元参数的单元列向量集；
__elstiff——子程序模块，计算局部坐标系下的单元刚度矩阵；
__eltrans——子程序模块，计算由整体坐标系到局部坐标系的单元坐标变换矩阵；
globalstiff——子程序模块，形成整体刚度矩阵；
globalforce——子程序模块，形成总荷载列向量；
rigidframe_end_force!——子程序模块，计算单元杆端位移和杆端力；
writefile——子程序模块，将已知条件和计算结果按固定格式写入文本文件。

2. 程序设计框图

平面刚架计算程序总框图如图4.1所示，图中最左侧部分为主程序的程序框图，主程序通过对各个子程序模块进行调用来实现最终结果的运算，主程序和子程序模块之间的调用关系如图所示。

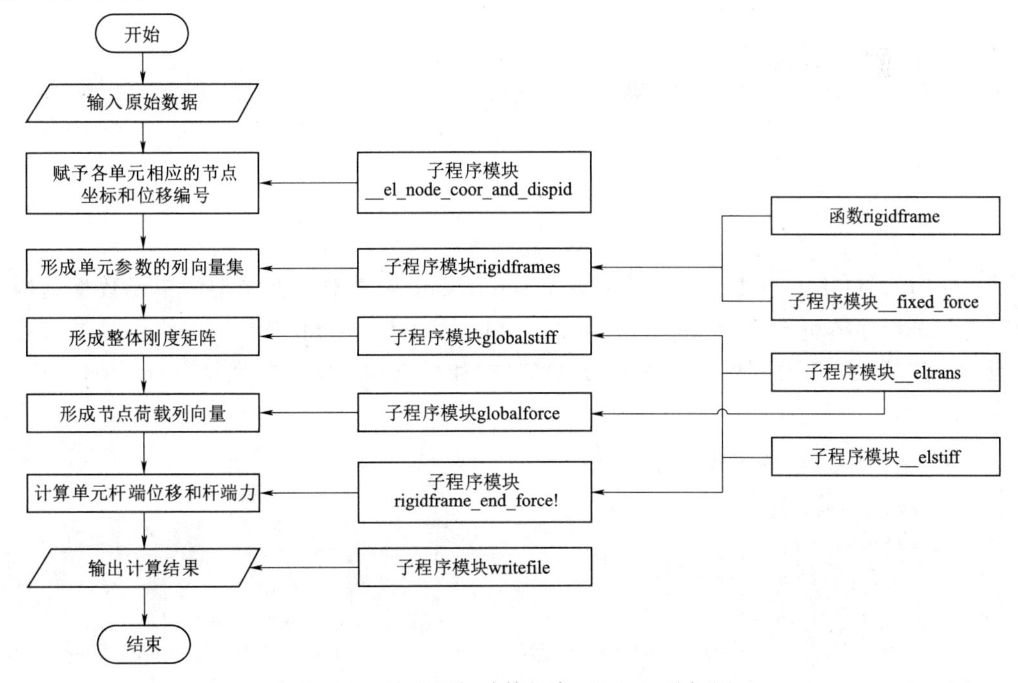

图4.1 平面刚架计算程序（Julia）总框图

4.2.2　平面刚架计算程序

平面刚架计算程序 rigidframe.jl 代码及具体说明如下：

```
1  using TOML,Printf
2  #定义平面刚架的单元数据结构
3  struct rigidframe
4      E::Float64                          #单元弹性模量
5      A::Float64                          #单元截面面积
6      I::Float64                          #截面惯性矩
7      node_coor::NTuple{4,Float64}        #整体坐标系下的单元节点坐标(xi, yi, xj, yj)
8      disp_id::NTuple{6,Int}              #整体坐标系下的单元位移分量编号
9      Ff::Vector{Float64}                 #非节点荷载产生的固端力
10     δ::Vector{Float64}                  #整体坐标系下的单元杆端节点位移[ui, vi, θi,uj, vj,θj]
11     F::Vector{Float64}                  #局部坐标系下的单元杆端力
12 end
13 # 单元的构造函数
14 rigidframe(E,A,I,node_coor,disp_id)=rigidframe(E,A,I,node_coor,disp_id,zeros(6),zeros(6),zeros(6))
15 # 给出单元的节点坐标和节点位移编号
16 function __el_node_coor_and_dispid(elements,coor,node_disp_id)
17     elnum=length(elements)#总单元个数
18     node_coors=Vector(undef,elnum)#按单元顺序排列的整体坐标系下各个单元的端点坐标(xi, yi, xj, yj)元组列向量
19     el_disp_ids=Vector(undef,elnum)#按单元顺序排列的单元位移分量编号(每个单元 6 个分量,ui, vi, θi, uj, vj,θj)元组列向量
20     for k in 1:elnum
21         node_i, node_j=elements["e$k"]
22         node_coors[k]=tuple(coor[node_i]...,coor[node_j]...)
23         el_disp_ids[k]=tuple(node_disp_id[node_i]...,node_disp_id[node_j]...)
24     end
25     return node_coors, el_disp_ids
26 end
```

程序引入 TOML 和 Printf 程序模块，rigidframe 函数对平面刚架的单元数据结构进行定义。子程序模块__el_node_coor_and_dispid 将节点坐标和节点位移编号赋予到对应单元中，按单元顺序分别形成包含单元节点坐标和节点位移编号的数组 node_coors 和 el_disp_ids。

```
27 # 计算非节点荷载作用下的固端力
28 function __fixed_force(ac,type,node_coor)
29     a,c=ac
30     x1,y1,x2,y2=node_coor
31     l=sqrt((x2-x1)^2+(y2-y1)^2)
32     type=="1" &&(return l*[0,(7a+3c)/20,(a/20+c/30)*l,0,(3a+7c)/20,-(a/30+c/20)*l])#线性分布荷载
```

```
33        type=="2" &&(return [0,a*c-a*c^3/(2l^3)*(2l-c), a*c^2/(12l^2)*(6l^2-8c*l+3c^2),0,a*c^
3/(2l^3)*(2l-c),-a*c^3/(12l^2)*(4l-3c)])# 均匀分布荷载
34        type=="3" &&(return [0,a-a*c^2*(3l-2c)/l^3,a*c*(l-c)^2/l^2,0, a*c^2*(3l-2c)/l^3,-a*c
^2*(l-c)/l^2])#竖向集中荷载
35        type=="4" &&(return [0,-6*a*c*(l-c)*l^3,a*(l-c)*(l-3c)/l^2,0,6*a*c*(l-c)/l^3,a*c
*(3c-2l)/l^2])# 集中弯矩
36        type=="5" &&(return [a*(1-c/l),0,0,a*c/l,0,0])#轴向集中力
37        type=="6" &&(return [a*l/l,0,0,a*l/l,0,0])#轴向分布力
38    end
```

子程序模块__ fixed_force 根据单元坐标来计算杆长 l，并通过输入的非节点荷载类型和参数 a、c 来代入对应的计算公式，计算相应非节点荷载作用下的固端力。

```
39  # 形成包含所有单元的单元列向量
40  function_rigidframes(Es,As,Is,node_coors,disp_ids,nonnode_force_els,types,acs)
41      elnum=length(Es)#获取单元数量
42      els=Vector{rigidframe}(undef,elnum)#初始化单元列向量
43      #先不考虑固端力,生成单元列向量
44      for k in 1:elnum
45          els[k]=rigidframe(Es[k],As[k],Is[k],node_coors[k],disp_ids[k])
46      end
47      #形成局部坐标系下的单元等效节点荷载
48      for(i,k)in enumerate(nonnode_force_els)
49          els[k]. Ff. += __fixed_force(acs[2i-1:2i],types[i],node_coors[k])
50      end
51      return els
52  end
```

子程序模块 rigidframes 通过循环语句将各单元的弹性模量、截面面积、截面惯性矩、单元节点坐标和位移分量编号等信息汇集形成单元参数向量集 els，接着引用子程序模块__ fixed_force 计算各单元的等效节点荷载，并汇总到向量集 els 中。

```
53  # 计算局部坐标系下的单元刚度矩阵
54  function __elstiff(rigidframe)
55      x1, y1, x2, y2=rigidframe. node_coor
56      l=sqrt((x2-x1)^2 +(y2-y1)^2)
57      a=rigidframe. E * rigidframe. A / l
58      b=12 * rigidframe. E * rigidframe. I/l^3
59      c=6 * rigidframe. E * rigidframe. I/l^2
60      d=2 * rigidframe. E * rigidframe. I/l
61      [a 0 0-a 0 0;
62      0 b c 0-b c;
63      0 c 2d 0-c d;
64      -a 0 0 a 0 0;
65      0-b-c 0 b-c;
```

```
66        0 c d 0－c 2d]
67    end
68    # 计算由整体坐标系到局部坐标系的单元坐标变换矩阵
69    function __eltrans(rigidframe)
70        x1, y1, x2, y2=rigidframe.node_coor
71        dx=x2－x1
72        dy=y2－y1
73        l=sqrt(dx^2＋dy^2)
74        cos=dx/l
75        sin=dy/l
76        t=[cos sin 0;
77        －sin cos 0;
78        0 0 1]
79        [t zeros(size(t));
80        zeros(size(t))t] # zeros(size(t))表示按照前面的 t 矩阵形成同样行和列的零矩阵
81    end
82    # 形成整体刚度矩阵
83    function globalstiff(els)
84        elnum=length(els)
85        max_disp_id=0
86        #遍历各单元获取最大节点位移编号
87        for k in 1:elnum
88            max_disp_id=max(max_disp_id,els[k].disp_id...)
89        end
90        K=zeros(max_disp_id,max_disp_id)  #为整体刚度矩阵赋初值
91        for k in 1:elnum
92            ke=__elstiff(els[k])# 形成局部坐标系下的单元刚度矩阵
93            T=__eltrans(els[k])      #形成由整体坐标系到局部坐标系的单元坐标变换矩阵
94            kg=T'*ke*T               #形成整体坐标系下的单元刚度矩阵
95            # 根据单元位移分量编号构造单元定位数组
96            m=collect(els[k].disp_id)#collect()函数用于将迭代对象转换为一个数组、向量或其他集合类型
97            # 遍历单元定位数组
98            for ii in 1:6
99                for jj in 1:6
100                   i=m[ii] #整体刚度矩阵行号
101                   j=m[jj] #整体刚度矩阵列号
102                   if min(i,j)! =0            #行号和列号都不等于 0
103                       K[i,j] +=kg[ii,jj] #将整体单元刚度矩阵中的值累加到整体刚度矩阵的相应位置
104                   end
105               end
106           end
```

```
107         end
108         return K
109     end
```

子程序模块__elstiff用于形成局部坐标系下的单元刚度矩阵 $\overline{\boldsymbol{k}}^{ⓔ}$，子程序模块__eltrans用于形成单元坐标变换矩阵。而子程序模块globalstiff会调用前两个子程序模块，按照公式 $\boldsymbol{k}^{ⓔ}=\boldsymbol{T}'\overline{\boldsymbol{k}}^{ⓔ}\boldsymbol{T}$ 计算整体坐标系下的单元刚度矩阵，其中 $\boldsymbol{T}'$ 表示矩阵 $\boldsymbol{T}$ 的转置矩阵。然后依据单元位移分量编号依次将各单元刚度矩阵组装到整体刚度矩阵 $\boldsymbol{K}$ 中。

```
110     # 形成总荷载列向量
111     function globalforce(node_loads, node_disp_id, els)
112         elnum=length(els)
113         max_disp_id=0
114         for ids in values(node_disp_id) # values()用于返回后方的数组里的所有值
115             max_disp_id=max(max_disp_id,ids...)
116         end
117         P=zeros(max_disp_id)# 为总荷载列向量赋零
118         # 按节点位移编号将节点荷载赋予到总荷载列向量中
119             node_loads===nothing || for(key, val)in node_loads
120             i=node_disp_id[key]
121             for ii in 1:3 # X,Y, θ方向的力
122                 if i[ii] ! =0
123                     P[i[ii]] +=val[ii]
124                 end
125             end
126         end
127         # 按节点位移编号将非节点荷载赋予到总荷载列向量中
128         elnum=length(els)
129         for k in 1:elnum
130             T=__eltrans(els[k])# 形成单元坐标变换矩阵
131             Ff=-T'*els[k].Ff # 将局部坐标系下的节点等效荷载转化成整体坐标系下的节点等效荷载
132             j=els[k].disp_id
133             for jj in 1:6
134                 if j[jj] ! =0
135                     P[j[jj]] +=Ff[jj]
136                 end
137             end
138         end
139         return P
140     end
```

子程序模块 globalforce 用于形成总荷载列向量，首先将总荷载列向量初始化赋零，接着按照单元对应的节点位移编号，将节点荷载和经过坐标转换后的非节点荷载等效荷载赋予到总荷载列阵 P 中。

```
141  # 计算单元杆端位移(els.δ)和杆端力(els.F)
142  function rigidframe_end_force!(els,δ)
143      elnum=length(els)#获取单元数量
144      for k in 1:elnum
145          # 将节点位移分配到各单元中
146          for ii in 1:6
147              i=els[k].disp_id[ii]
148              i!=0 &&(els[k].δ[ii]=δ[i])
149          end
150          # 计算各单元杆端力
151          ke=_elstiff(els[k])
152          T=_eltrans(els[k])
153          els[k].F[:]=ke*T*els[k].δ+els[k].Ff
154      end
155  end
156  # 将已知条件和计算结果写入文本文件
157  function writefile(filename,coor,node_disp_id,elements,node_loads,δ,els,acs,nfes,types)
158      elnums=length(els)
159      open("$filename.txt","w")do io
160          @printf io "%s\n" filename
161          @printf io "\n%s\n" "节点数量:$(length(coor))"
162          @printf io "%s\n" "自由度数:$(length(δ))"
163          @printf io "%s\n" "单元数量:$(length(els))"
164          @printf io "\n%3s%15s%10s%14s\n" "节点号" "位移号(x y z)" "x坐标" "y坐标"
165          for k in 1:length(coor)
166              @printf io "%3i%6i%6i%6i%15.4f%13.4f\n" k node_disp_id["n$k"][1] node_disp_id["n
$k"][2] node_disp_id["n$k"][3] coor["n$k"][1] coor["n$k"][2]
167          end
168          @printf io "\n%3s%8s%8s%13s%10s%13s\n" "单元号" "节点i" "节点j" "弹性模量" "面积" "截
面惯性矩"
169          for k in 1:elnums
170              @printf io "%3i%9s%7s%12.4g%10.4g%10.4g\n" k elements["e$k"][1] elements["e
$k"][2] els[k].E els[k].A els[k].I
171          end
172          @printf io "\n%s\n" "节点荷载"
173          @printf io "\n%3s%12s%11s%11s\n" "节点" "x方向" "y方向" "弯矩"
174          for k in sort(collect(keys(node_loads)))
```

```
175            @printf io "%3s%9.1f%12.1f%11.1f\n" k node_loads[k][1] node_loads[k][2] node_loads
[k][3]
176         end
177         @printf io "\n\n%s\n" "非节点荷载"
178         @printf io "\n%3s%15s%15s%15s\n" "单元号" "荷载类型" "参数a" "参数c"
179         for k in 1:length(acs)÷2
180            @printf io "%3i%17s%15.3f%15.3f\n" nfes[k](types[k]=="1" ? "线性分布" : types
[k]=="2" ? "均匀分布" : types[k]=="3" ? "集中力 " : types[k]=="4" ? "集中弯矩" : types[k]=="5" ? "轴向
集中力 " : types[k]=="6" ? "轴向分布力" : "其他类型")acs[2k-1] acs[2k]
181         end
182         @printf io "\n%s\n" "节点位移"
183         @printf io "\n%3s%15s%16s%16s\n" "节点号" "x方向位移" "y方向位移" "节点转角"
184         for k in 1:length(node_disp_id)
185            disp_x=node_disp_id["n$k"][1]
186            disp_y=node_disp_id["n$k"][2]
187            disp_z=node_disp_id["n$k"][3]
188            @printf io "%3i%17.4e%15.4e%15.4e\n" k  (disp_x==0 ? 0 : δ[disp_x])(disp_y==0 ? 0
: δ[disp_y])(disp_z==0 ? 0 : δ[disp_z])
189         end
190         @printf io "\n%s\n" "内力"
191         @printf io "\n\n%5s%9s%9s%9s%9s%9s%9s\n" "单元号" "N(1)" "Q(1)" "M(1)" "N(2)" "
Q(2)" "M(2)"
192         for k in 1:elnums
193            @printf io "%3i%10.4f%10.4f%10.4f%10.4f%10.4f%10.4f\n" k els[k].F[1] els[k].F[2]
els[k].F[3] els[k].F[4] els[k].F[5] els[k].F[6]
194         end
195      end
196   end
```

子程序模块 rigidframe_end_force! 首先将计算得出的节点位移按照单元节点位移编号分配到各单元中，形成单元杆端位移列阵，再根据公式引用子程序模块__ elstiff 和子程序模块__ eltrans 计算各单元杆端力。子程序模块 writefile 利用@printf 宏按照一定的格式将已知条件和计算结果写入文本文件。

```
197 data=TOML.parsefile("ex4-1.toml")#从 TOML 文件中读取输入文件,双引号中输入 ex4-1.toml 文件
的工作路径
198 #按单元顺序给出已知量
199 title=data["title"]
200 Es=data["E"] # 各个单元的弹性模量
201 As=data["A"] # 各个单元的截面面积
202 Is=data["I"] # 各个单元的截面惯性矩
203 nfes=data["nonnode_force_els"] # 获取非节点荷载作用下的单元编号
```

```
204 types=data["types"] # 获取非节点荷载类型
205 acs=data["acs"] # 获取非节点荷载参数
206 coor=data["nodes_coor"] # 节点的坐标
207 node_disp_id=data["node_disp_id"] # 单元节点所对应的位移编号
208 elements=data["elements"] # 单元所对应的节点编号
209 node_loads=get(data,"node_loads",nothing)# 作用在节点上的集中荷载
210 node_coors, disp_ids= __el_node_coor_and_dispid(elements,coor,node_disp_id) # 各单元的节点坐标和节点位移编号
211 els=rigidframes(Es, As, Is, node_coors, disp_ids,nfes,types,acs)# 单元参数列向量
212 K=globalstiff(els)# 整体刚度矩阵
213 P=globalforce(node_loads, node_disp_id, els)#总荷载列阵
214 δ=K \ P# 节点位移列阵
215 rigidframe_end_force! (els,δ)
216 writefile(title, coor, node_disp_id, elements, node_loads, δ, els, acs, nfes, types)#将问题的已知条件和结果保存到文本文件
```

以上部分程序为平面刚架分析程序的主程序部分，将“ex4-1.toml”文件的工作路径输入程序中对应位置即可运行，程序将读入输入文件，将对应数值分别赋予相应变量中，再代入程序中进行计算即可按照格式要求输出计算结果，其中“ex4-1.toml”可以换成其他问题的输入文件进行计算。

4.2.3 平面刚架计算程序应用举例

例 4.1 试计算图 4.2（a）所示刚架的内力及支座反力。各杆 $E=200\text{GPa}$，$A=10^2\text{cm}^4$，$I=10^4\text{cm}^4$。

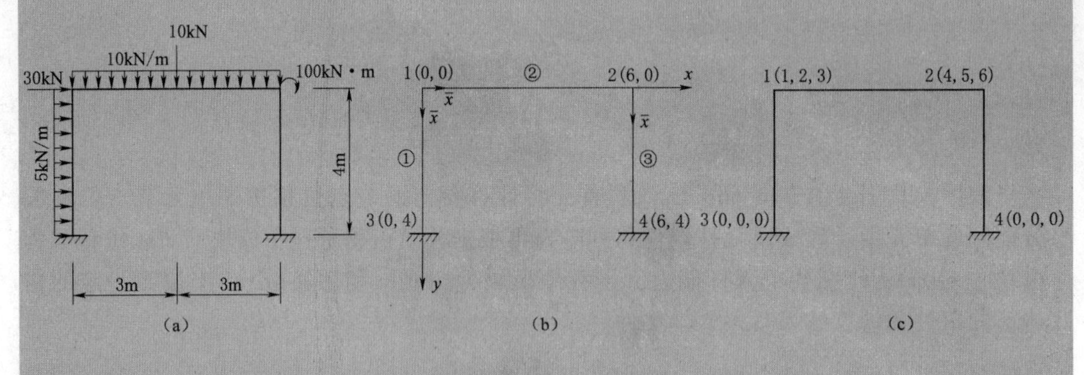

图 4.2 例 4.1 图

解 （1）准备原始数据。

1）确定节点，划分单元，建立整体坐标系与局部坐标系，如图 4.2（b）所示。

2）自由节点位移编号如图 4.2（c）所示。

3）设本例题标题为“例题 4-1”，整理计算本题所需的数据，如表 4.3 所示。

表 4.3　　　　平面刚架的输入数据

标题	例题 4－1										
节点数据	起止号	节点位移号			节点坐标		节点位移号			节点坐标	
		u	v	θ	x	y	u	v	θ	x	y
	1～2	1	2	3	0	0	4	5	6	6	0
	3～4	0	0	0	0	4	0	0	0	6	4
单元数据	起止单元	1端节点号	2端节点号	单元类型号	1端节点号	2端节点号	单元类型号	1端节点号	2端节点号	单元类型号	
	1～3	1	3	1	1	2	1	2	4	1	
单元类型数据	类型号		弹性模量		横截面积		惯性矩				
	1		2.00×10^{8}		0.01		1.00×10^{-4}				
节点荷载数据	位移号	数值	位移号	数值	位移号	数值					
	1	30	6	100							
非节点荷载	单元号	类型	参数 a	参数 c	单元号	类型	参数 a	参数 c			
	2	1	10	10	2	3	10	3			
	1	1	－5	－5							

（2）建立数据文件“ex4－1.toml”，按表 4.3 输入有关数据如下：

```
#例题 4-1 的输入文件
title="例题 4-1"
E=[2.0e8,2.0e8,2.0e8]
A=[0.01,0.01,0.01]
I=[1.0e-4,1.0e-4,1.0e-4]
#非节点荷载作用下的单元编号
nonnode_force_els=[1,2,2]
#非节点荷载类型
types=["1","1","3"]
#非节点荷载参数
acs=[-5,-5,10,10,10,3]
[nodes_coor] #坐标点列表,点名=[全局 x 坐标,全局 y 坐标]
n1=[0,0]
n2=[6,0]
n3=[0,4]
n4=[6,4]
[node_disp_id] #节点的位移编号
n1=[1,2,3]
n2=[4,5,6]
n3=[0,0,0]
n4=[0,0,0]
[elements] #组成单元的两个节点,节点出现的顺序代表了单元的方向
```

```
 e1=["n1","n3"]
e2=["n1","n2"]
e3=["n2","n4"]
[node_loads] # 全局坐标系下的节点荷载 如:n1=[x方向的力,y方向的力,弯矩]
n1=[30,0,0]
n2=[0,0,100]
```

（3）运行程序，从输出文本文件“例题 4-1.txt”中得到如下结果：

```
例题4-1
节点数量:4
自由度数:6
单元数量:3
节点号    位移号(x y z)     x坐标        y坐标
  1        1   2   3      0.0000       0.0000
  2        4   5   6      6.0000       0.0000
  3        0   0   0      0.0000       4.0000
  4        0   0   0      6.0000       4.0000
单元号    节点i    节点j    弹性模量    面积    截面惯性矩
  1        n1       n3      2e+08     0.01     0.0001
  2        n1       n2      2e+08     0.01     0.0001
  3        n2       n4      2e+08     0.01     0.0001
节点荷载
节点      x方向      y方向      弯矩
 n1       30.0       0.0        0.0
 n2        0.0       0.0      100.0
非节点荷载
单元号      荷载类型          参数a          参数c
  1         线性分布         -5.000         -5.000
  2         线性分布         10.000         10.000
  2         集中力           10.000          3.000
节点位移
节点号      x方向位移        y方向位移          节点转角
  1        1.2315e-02      2.3819e-05       2.8918e-03
  2        1.2268e-02      1.1618e-04       4.0662e-03
  3        0.0000e+00      0.0000e+00       0.0000e+00
  4        0.0000e+00      0.0000e+00       0.0000e+00
内力
单元号    N(1)       Q(1)       M(1)       N(2)       Q(2)       M(2)
  1      11.9094   -14.4913   -27.8570   -11.9094    34.4913   -70.1081
  2      15.5087   -11.9094    27.8570   -15.5087   -58.0906   110.6865
  3      58.0906   -15.5087   -10.6865   -58.0906    15.5087   -51.3484
```

（4）依输出数据，绘制结构内力图，如图 4.3 所示。

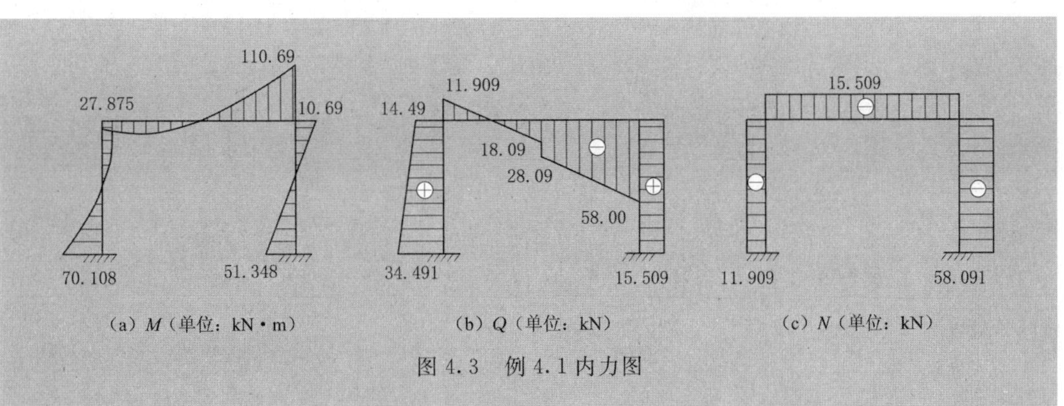

（a）M（单位：kN·m）　（b）Q（单位：kN）　（c）N（单位：kN）

图 4.3　例 4.1 内力图

例 4.2　试利用本章介绍的程序，计算例 3.1 中的桁架。

解　（1）利用平面刚架程序计算平面桁架时，应假设所有杆件的惯性矩 $I=0$，并且所有节点处转角 θ 方向为刚性支承，即在数据文件"ex4-2.toml"中输入以下数据：

```
#例题 4-2 的输入文件
title="例题 4-2"
E=[3.0e6,3.0e6,3.0e6,3.0e6,3.0e6,3.0e6,3.0e6]
A=[144,144,144,180,180,180,180]
I=[0,0,0,0,0,0,0]
# 非节点荷载作用下的单元编号
nonnode_force_els=[1]
# 非节点荷载类型
types=["1"]
# 非节点荷载参数,桁架中无非节点荷载,设置一定参数使其计算为零
acs=[0,0]
[nodes_coor] # 坐标点列表,点名=[全局 x 坐标,全局 y 坐标]
n1=[0,0]
n2=[150,35]
n3=[300,70]
n4=[150,160]
n5=[300,320]
[node_disp_id] # 节点的位移编号
n1=[0,1,0]
n2=[2,3,0]
n3=[4,5,0]
n4=[6,7,0]
n5=[0,0,0]
[elements] # 组成单元的两个节点,节点出现的顺序代表了单元的方向
e1=["n1","n2"]
e2=["n2","n3"]
e3=["n1","n4"]
e4=["n2","n4"]
e5=["n3","n4"]
```

```
e6=["n4","n5"]
e7=["n3","n5"]
[node_loads] # 全局坐标系下的节点荷载 如:n1=[x方向的力,y方向的力,弯矩]
n1=[0,1610,0]
n2=[0,3220,0]
n3=[0,1610,0]
```

（2）运行程序可得以下结果：

```
例题 4-2
节点数量:5
自由度数:7
单元数量:7
节点号    位移号(x y z)      x坐标        y坐标
  1        0   1   0        0.0000       0.0000
  2        2   3   0      150.0000      35.0000
  3        4   5   0      300.0000      70.0000
  4        6   7   0      150.0000     160.0000
  5        0   0   0      300.0000     320.0000
单元号  节点i  节点j  弹性模量   面积   截面惯性矩
  1     n1     n2     3e+06     144       0
  2     n2     n3     3e+06     144       0
  3     n1     n4     3e+06     144       0
  4     n2     n4     3e+06     180       0
  5     n3     n4     3e+06     180       0
  6     n4     n5     3e+06     180       0
  7     n3     n5     3e+06     180       0
节点荷载
节点     x方向     y方向     弯矩
 n1      0.0      1610.0     0.0
 n2      0.0      3220.0     0.0
 n3      0.0      1610.0     0.0
非节点荷载
单元号     荷载类型        参数a        参数c
  1        线性分布        0.000        0.000
节点位移
节点号     x方向位移      y方向位移      节点转角
  1       0.0000e+00     3.5629e-03     0.0000e+00
  2      -8.1594e-04     3.9469e-03     0.0000e+00
  3      -9.6920e-04     1.4907e-03     0.0000e+00
  4      -7.9392e-04     3.2015e-03     0.0000e+00
  5       0.0000e+00     0.0000e+00     0.0000e+00
```

```
内力
单元号    N(1)      Q(1)    M(1)     N(2)      Q(2)    M(2)
  1      1983.9     0.0     0.0   -1983.9     0.0     0.0
  2      1983.9     0.0     0.0   -1983.9     0.0     0.0
  3      1589.0     0.0     0.0   -1589.0     0.0     0.0
  4      3220.0     0.0     0.0   -3220.0     0.0     0.0
  5     -2253.1     0.0     0.0    2253.1     0.0     0.0
  6      4413.8     0.0     0.0   -4413.8     0.0     0.0
  7      3220.0     0.0     0.0   -3220.0     0.0     0.0
```

例 4.3 试分析图 4.4（a）所示的组合结构，求各杆的内力及 A、B、C、D、E 节点的位移。已知 $E=210\text{GPa}$，$A_1=40\text{cm}^2$，$I_1=3600\text{cm}^4$，$A_2=12\text{cm}^2$，$I_2=1200\text{cm}^4$。

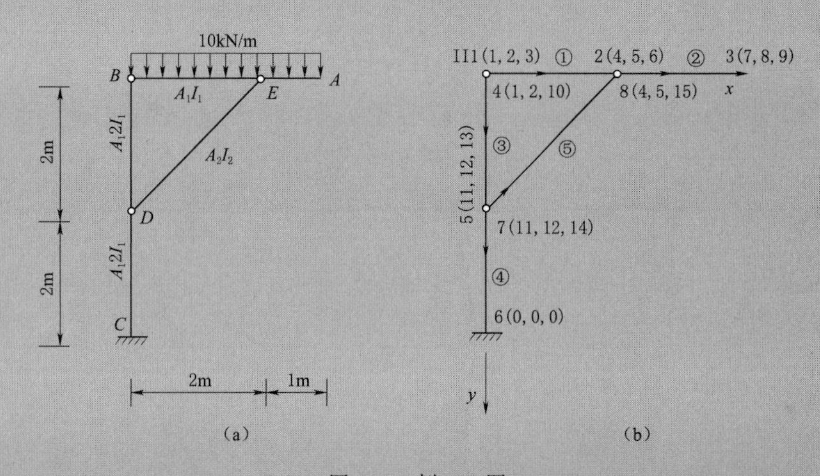

图 4.4 例 4.3 图

解 （1）确定节点，划分单元，建立整体坐标系与局部坐标系，如图 4.4（b）所示。各节点位移编号亦标在图中。

（2）在“ex4-3.toml”文件中输入以下数据：

```
#例题 4-3 的输入文件
title="例题 4-3"
E=[2.1e8,2.1e8,2.1e8,2.1e8,2.1e8]
A=[4.0e-3,4.0e-3,4.0e-3,4.0e-3,1.2e-3]
I=[3.6e-5,3.6e-5,7.2e-5,7.2e-5,1.2e-5]
# 非节点荷载作用下的单元编号
nonnode_force_els=[1,2]
# 非节点荷载类型
types=["1","1"]
# 非节点荷载参数
acs=[10,10,10,10]
```

```
[nodes_coor] # 坐标点列表,点名=[全局 x 坐标,全局 y 坐标]
n1=[0,0]
n2=[2,0]
n3=[3,0]
n4=[0,0]
n5=[0,2]
n6=[0,4]
n7=[0,2]
n8=[2,0]
[node_disp_id] # 节点的位移编号
n1=[1,2,3]
n2=[4,5,6]
n3=[7,8,9]
n4=[1,2,10]
n5=[11,12,13]
n6=[0,0,0]
n7=[11,12,14]
n8=[4,5,15]
[elements] # 组成单元的两个节点,节点出现的顺序代表了单元的方向
e1=["n1","n2"]
e2=["n2","n3"]
e3=["n4","n5"]
e4=["n5","n6"]
e5=["n7","n8"]
[node_loads] # 全局坐标系下的节点荷载 如:n1=[x 方向的力,y 方向的力,弯矩]
n1=[0,0,0]#无节点荷载,赋予一定参数使其为零
```

（3）运行程序，从文本文件“例题 4 - 3”中读取结果如下：

```
例题 4 - 3
节点数量:8
自由度数:15
单元数量:5
节点号  位移号(x y z)        x 坐标        y 坐标
  1      1    2    3        0.0000        0.0000
  2      4    5    6        2.0000        0.0000
  3      7    8    9        3.0000        0.0000
  4      1    2   10        0.0000        0.0000
  5     11   12   13        0.0000        2.0000
  6      0    0    0        0.0000        4.0000
  7     11   12   14        0.0000        2.0000
  8      4    5   15        2.0000        0.0000
```

单元号	节点i	节点j	弹性模量	面积	截面惯性矩
1	n1	n2	2.1e+08	0.004	3.6e−05
2	n2	n3	2.1e+08	0.004	3.6e−05
3	n4	n5	2.1e+08	0.004	7.2e−05
4	n5	n6	2.1e+08	0.004	7.2e−05
5	n7	n8	2.1e+08	0.0012	1.2e−05

节点荷载

节点	x方向	y方向	弯矩
n1	0.0	0.0	0.0

非节点荷载

单元号	荷载类型	参数a	参数c
1	线性分布	10.000	10.000
2	线性分布	10.000	10.000

节点位移

节点号	x方向位移	y方向位移	节点转角
1	2.1825e−02	8.9286e−05	8.4274e−03
2	2.1879e−02	1.6503e−02	8.2069e−03
3	2.1879e−02	2.4875e−02	8.4274e−03
4	2.1825e−02	8.9286e−05	8.9286e−03
5	5.9524e−03	7.1429e−05	5.9524e−03
6	0.0000e+00	0.0000e+00	0.0000e+00
7	5.9524e−03	7.1429e−05	8.0896e−03
8	2.1879e−02	1.6503e−02	8.0896e−03

内力

单元号	N(1)	Q(1)	M(1)	N(2)	Q(2)	M(2)
1	−22.5000	−7.5000	0.0000	22.5000	−12.5000	5.0000
2	0.0000	−10.0000	−5.0000	−0.0000	−0.0000	0.0000
3	7.5000	−22.5000	−0.0000	−7.5000	22.5000	−45.0000
4	30.0000	−0.0000	45.0000	−30.0000	0.0000	−45.0000
5	31.8198	−0.0000	0.0000	−31.8198	0.0000	−0.0000

4.3 平面刚架计算的程序设计框图、程序及应用举例（C++）

4.3.1 平面刚架计算程序设计框图

1. 程序标识符的说明

平面刚架分析程序的主要标识符说明如下：

TITLE(20)——算例标题，实型数组，输入参数；

NJ——节点总数，整型变量，输入参数；

N——结构的自由度，即整体刚度矩阵的阶数，整型变量，输入参数；

NE——单元总数，整型变量，输入参数；

NM——单元类型总数，同类型单元的E、A、I相同，整型变量，输入参数；

NPJ——节点荷载总数，整型变量，输入参数；

NPF——非节点荷载总数，整型变量，输入参数；

JN(3，100)——节点位移号数组，整型数组，输入参数；

X(100)，Y(100)——节点坐标数组，X(I)、Y(I) 分别为第I个节点的 x 坐标、y 坐标，实型数组，输入参数；

JE(2，100)——单元两端节点号数组，整型数组，输入参数；

JEAI(100)——单元类型信息数组，JEAI(e) 为e单元的类型号，同类型的单元弹性模量、横截面积及惯性矩均相同，整型数组，输入参数；

EAI(3，100)——各类型单元的物理、几何性质数组，EAI(1，e)、EAI(2，e)、EAI(3，e) 分别为第e号类型单元的弹性模量、横截面积、惯性矩。实型数组，输入参数；

JPJ(100)——节点荷载的位移号数组，JPJ(I) 为与第I个节点荷载相应位移分量的位移号。整型数组，输入参数；

PJ(100)——节点荷载数值组。PJ(I) 为第I个节点荷载的数值。实型数组，输入参数；

JPF(2，100)——非节点荷载作用的单元号及类型数组。JPF(1，e) 为第e个非节点荷载作用的单元号。JPF(2，e) 为第e个非节点荷载的类型，其取值为1～6，对应图2.21的6种情况。整型数组，输入参数；

PF(2，100)——非节点荷载参数数组。PF(1，e)、PF(2，e) 分别为第e个非节点荷载参数 a、c。实型数组，输入参数；

M(6)——单元定位数组，整型数组；

K(200，200)——结构刚度矩阵数组。实型数组；

KE(6，6)——局部坐标系下单元刚度矩阵数组。实型数组；

AKE(6，6)——整体坐标系下单元刚度矩阵数组。实型数组；

AL(100)——单元长度数组。实型数组；

R(6，6)——单元坐标变换矩阵。实型数组；

RT(6，6)——单元坐标变换矩阵的转置矩阵。实型数组；

P(100)——综合节点荷载数组。实型数组；

FF(6)——局部坐标系下单元杆端力数组。实型数组；

FE(6)——局部坐标系下单元等效荷载数组。实型数组；

AFE(6)——整体坐标系下单元等效荷载数组。实型数组；

D(50)——整体坐标系下自由节点位移数组。实型数组；

DE(6)——局部坐标系下单元杆端位移数组。实型数组；

ADE(6)——整体坐标系下单元杆端位移数组。实型数组；

F(3)——整体坐标系下节点位移数组。实型数组；

NO——计算题目的序号，整型变量，输入参数；

SQRT——标准函数，计算非负实数的平方根；

READ——子程序，输入原始数据；

MKE——子程序，计算局部坐标系下单元刚度矩阵；

MR——子程序，计算单元坐标变换矩阵；
MAKE——子程序，计算整体坐标系下的单元刚度矩阵；
CALM——子程序，计算单元定位数组；
MK——子程序，计算整个结构的刚度矩阵；
PE——子程序，计算局部坐标系下单元等效节点荷载；
MULV6——子程序，计算 6 阶矩阵与 6 元素列阵相乘；
MF——子程序，计算整体坐标系下荷载列阵；
SLOV——子程序，解方程求自由节点位移；
MADE——子程序，计算整体坐标系下单元杆端位移；
TRAN——子程序，计算单元坐标变换矩阵的转置矩阵；
MULV——子程序，计算 6 阶矩阵与 6 阶矩阵相乘。

2. 程序设计框图

平面刚架计算程序总框图如图 4.5 所示。

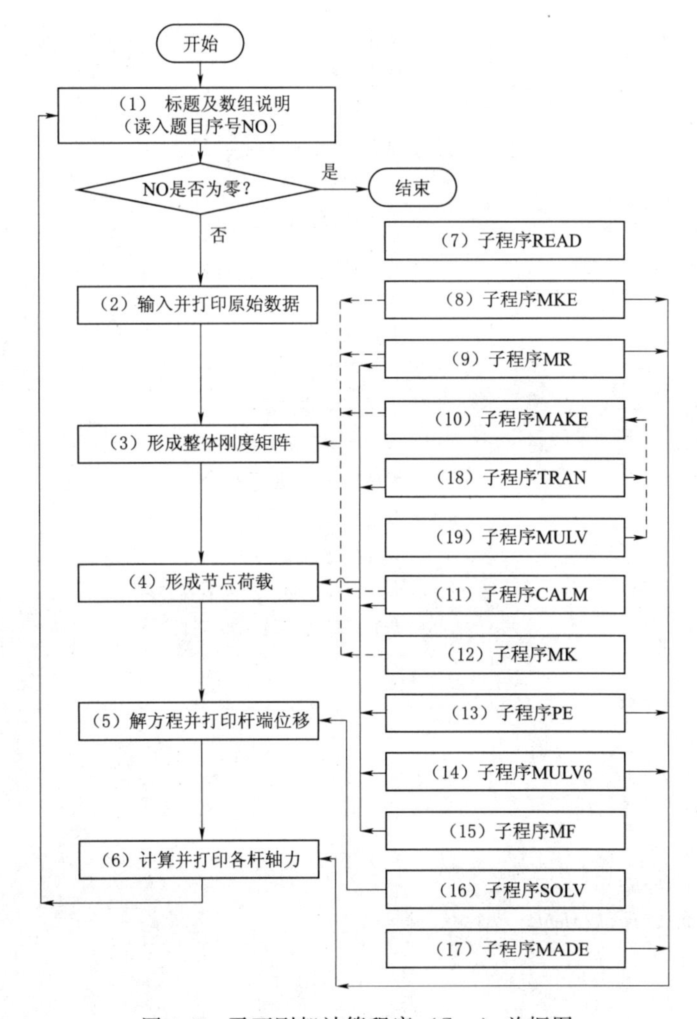

图 4.5 平面刚架计算程序（C++）总框图

4.3.2　平面刚架计算程序

平面刚架分析源程序包含 main. cpp 和 pfsap. cpp 两个源文件，一个头文件 pfsap. h。下面是文件的详细代码和说明。

(1) File_1：首先定义平面刚架分析头文件 (pfsap. h)。

```
1.  #pagma once
2.  #include<string>
3.  #include<vector>
4.  #define FOR(i, start, end)for(int i=(start); i<(end); i++)
5.  typedef std::vector<std::vector<double>> Matd;
6.  typedef std::vector<std::vector<int>> Mati;
7.  typedef std::vector<int> Veci;
8.  typedef std::vector<double> Vecd;
9.  struct PFSAPParam {
10.     int NO;                           // 题号
11.     std::string title;                // 标题
12.     int NJ;                           // 节点总数
13.     int N;                            // 自由度
14.     int NE;                           // 单元总数
15.     int NM;                           // 单元类型总数
16.     int NPJ;                          // 节点荷载总数
17.     int NPF;                          // 非节点荷载总数
18.     Mati JN;                          // 节点位移号
19.     Vecd X;                           // 节点 X 坐标
20.     Vecd Y;                           // 节点 Y 坐标
21.     Mati JE;                          // 单元两端节点号
22.     Veci JEAI;                        // 单元类型信息数组
23.     Matd EAI;                         // 弹性模量、横截面积、惯性矩
24.     Veci JPJ;                         // 节点荷载位移号
25.     Vecd PJ;                          // 节点荷载
26.     Mati JPF;                         // 节点荷载作用的单元号及类型
27.     Matd PF;                          // 非节点荷载参数 a,c
28. };
29. struct DisplaceMent {
30.     double disX;
31.     double disY;
32.     double rot;
33. };
34. struct PFSAPResult {
35.     std::vector<DisplaceMent> dis;
36.     Matd FFs;
37. };
38. PFSAPResult pfsap(const PFSAPParam& p);
```

（2）File_2：定义平面刚架分析主程序源文件（main.cpp）。其是整个编码程序的主体。函数是从主函数 int main() 开始编译，即第 157. 行代码。

```
39.  #include"pfsap.h"                                              //包含 pfsap3.h 头文件
40.  #include<iostream>
41.  #include<cstdio>
42.  #include<fstream>
43.  std::vector<std::string> split(const std::string& s, const std::string& sub){  //读取文件辅助函数
44.    std::vector<std::string> ss;
45.    auto s1=s + sub;
46.    auto pos=s1.find(sub);
47.    while(pos !=s1.npos){
48.        ss.push_back(s1.substr(0, pos));
49.        s1=s1.substr(pos + 1, s1.size());
50.      pos=s1.find(sub);
51.    }
52.    return ss;
53.  }                                                              //返回 52. 行
54.  std::vector<std::string> read_file(const std::string& file_name){
55.    std::ifstream fin(file_name);
56.    if(! fin.is_open()){
57.        std::cout << "open file failded." << std::endl;
58.    }
59.    char buff[256];
60.    std::vector<std::string> input;
61.    while(fin.getline(buff, 256)){
62.        auto line=split(buff, ",");                                // 调用读取文件辅助函数
63.        input.insert(input.end(), line.begin(), line.end());
64.    }
65.    return input;
66.  }                                                              //返回 52. 行
67.  void load_param(const std::string& file_name, PFSAPParam& p){
68.    auto input=read_file(file_name);                               // 调用读文件函数 read_file()
69.    int cnt=0;
70.    p.NO=stoi(input[cnt++]);
71.    p.title=input[cnt++];                                          // 按序读取 title、NJ、N、NE、NM、NPJ、NPF
72.    p.NJ=stoi(input[cnt++]);
73.    p.N=stoi(input[cnt++]);
74.    p.NE=stoi(input[cnt++]);
75.    p.NM=stoi(input[cnt++]);
76.    p.NPJ=stoi(input[cnt++]);
77.    p.NPF=stoi(input[cnt++]);
78.    p.JN=Mati(4, Veci(p.NJ + 1, 0));                               // 按序读取 JN、X、Y
79.    p.X={-1 };
```

```
80.     p.Y={-1};
81.     FOR(i, 1, p.NJ + 1){
82.         FOR(j, 1, p.JN.size()){
83.             p.JN[j][i]=stoi(input[cnt++]);
84.         }
85.         p.X.push_back(stod(input[cnt++]));
86.         p.Y.push_back(stod(input[cnt++]));
87.     }
88.     p.JE=Mati(3, Veci(p.NE + 1,-1));                       //按序读取 JE、JEA
89.     p.JEAI={-1};
90.     FOR(i, 1, p.NE + 1){
91.         p.JE[1][i]=stoi(input[cnt++]);
92.         p.JE[2][i]=stoi(input[cnt++]);
93.         p.JEAI.push_back(stoi(input[cnt++]));
94.     }
95.     p.EAI=Matd(4, Vecd(p.NM + 1,-1));                      //按序读取 EAI
96.     FOR(i, 1, p.NM + 1){
97.         FOR(j, 1, p.EAI.size()){
98.             p.EAI[j][i]=stod(input[cnt++]);
99.         }
100.    }
101.    p.JPJ={-1};                                             //按序读取 JPJ、PJ
102.    p.PJ={-1};
103.    FOR(i, 1, p.NPJ + 1){
104.        p.JPJ.push_back(stoi(input[cnt++]));
105.        p.PJ.push_back(stod(input[cnt++]));
106.    }
107.    p.JPF=Mati(3, Veci(p.NPF + 1,-1));                     //按序读取 JPF、PF
108.    p.PF=Matd(3, Vecd(p.NPF + 1,-1));
109.    FOR(i, 1, p.NPF + 1){
110.        p.JPF[1][i]=stoi(input[cnt++]);
111.        p.JPF[2][i]=stoi(input[cnt++]);
112.        p.PF[1][i]=stod(input[cnt++]);
113.        p.PF[2][i]=stod(input[cnt++]);
114.    }
115. }                                                          //读取函数结束,返回 160. 行
116.    void save_output(const std::string& file_name, const PFSAPParam& p, const PFSAPResult& res){
117.    FILE* fp=NULL;
118.    fopen_s(&fp, file_name.c_str(), "w");
119.    if(fp==NULL){
120.        printf("open file failed.\n");
121.    }
122.    fprintf(fp, "(NO.=%d)\n", p.NO);
123.    fprintf(fp, "\t%s\n", p.title.c_str());
```

```
124.    fprintf(fp, "NJ=%d\tN=%d\tNE=%d\tNM=%d\tNPJ=%d\tNPF=%d\n", p.NJ, p.N, p.NE,
p.NM, p.NPJ, p.NPF);
125.    fprintf(fp, "%5s\t%5s\t%5s\t%5s\t%12s\t%12s\n", "NO.", "(1)", "(2)", "(3)", "X", "Y");
                                                                            //打印节点
126.    FOR(i, 1, p.NJ + 1){
127.        fprintf(fp, "%5d\t%5d\t%5d\t%5d\t%12.6f\t%12.6f\n", i, p.JN[1][i], p.JN[2][i], p.JN[3]
[i], p.X[i], p.Y[i]);
128.    }
129.    fprintf(fp, "\n%15s\t%15s\t%15s\t%15s\n", "ELEMENT NO.", "NODE-1", "NODE-2", "MA-
TERIALS");                                                                  //打印单元
130.    FOR(i, 1, p.NE + 1){
131.        fprintf(fp, "%15d\t%15d\t%15d\t%15d\n", i, p.JE[1][i], p.JE[2][i], p.JEAI[i]);
132.    }
133.    fprintf(fp, "%15s\t%20s\t%15s\t%25s\n", "NO.MAT", "ELASTIC MODULUS", "AREA", "MON-
EMNT OF INERTLA");                                                          //打印单元类型
134.    FOR(i, 1, p.NM + 1){
135.        fprintf(fp, "%15d\t%20.6f\t%15.6f\t%25.5f\n", i, p.EAI[1][i], p.EAI[2][i], p.EAI[3][i]);
136.    }
137.    fprintf(fp, "\n\t\t\tNODAL LOADS\n");
138.    fprintf(fp, "%15s\t%15s\n", "NO.DISP.", "VALUE");                    //打印节点荷载
139.    FOR(i, 1, p.NPJ + 1){
140.        fprintf(fp, "%15d\t%15.5f\n", p.JPJ[i], p.PJ[i]);
141.    }
142.    fprintf(fp, "\n\t\t\tNON-NODAL LOADS\n");
143.    fprintf(fp, "%15s\t%15s\t%15s\t%15s\n", "NO.E", "NO.LOAD.MODULE", "A", "C");
                                                                            //打印非节点荷载
144.    FOR(i, 1, p.NPF + 1){
145.        fprintf(fp, "%15d\t%15d%15.5f\t%15.5f\n", p.JPF[1][i], p.JPF[2][i], p.PF[1][i], p.PF[2]
[i]);
146.    }
147.    fprintf(fp, "\n\n**************RESULT OF CALCULATION*********************
*\n\n");
148.    fprintf(fp, "\n%15s\t%25s\t%25s\t%25s\n", "NO.N", "X-DISPLACEMENT", "Y-DISPLACE-
MENT", "ANG.ROT(RAD)");                         //打印节点位移,旋转角
149.    FOR(i, 1, res.dis.size()){
150.        fprintf(fp, "%15d\t%25.8f\t%25.8f\t%25.8f\n", i, res.dis[i].disX, res.dis[i].disY, res.dis[i].
rot);
151.    }
152.    fprintf(fp, "\n%10s\t%10s\t%10s\t%10s%10s\t%10s\t%10s\n", "NO.E", "N(1)", "Q(1)", "
M(1)", "N(2)", "Q(2)", "M(2)");                                   //打印内力
153.    FOR(i, 1, res.FFs.size()){
154.        fprintf(fp, "%10d\t%10.3f\t%10.3f\t%10.3f%10.3f\t%10.3f\t%10.3f\n", i, res.FFs[i][1],
res.FFs[i][2], res.FFs[i][3], res.FFs[i][4], res.FFs[i][5], res.FFs[i][6]);
155.    }
```

```
156.      }                                          //打印函数结束,返回162.行
157.      int main(){                                //主函数开始编译.START
158.          PFSAPParam p;                          //加载变量p
159.67.      load_param("PFSAP.IN", p);             //调用读取函数
160.364.     auto res=pfsap(p);                     //调用计算函数,跳转到File_3的364.行
161.116.     save_output("PFSAP.OUT", p, res);      //调用打印函数
162.        return 0;
163.      }                                          //主函数完成编译.END
```

(3) File_3：定义平面刚架分析公式源文件（pfsap.cpp）。其主要功能是定义计算过程中涉及的公式，以供主函数 int main() 调用。

```
164.      #include"pfsap.h"                          //包含pfsap3.h头文件
165.      #include<cmath>
166.      void mke(
167.         Matd& KE,
168.         int ie,
169.         const Mati& JE,
170.         const Veci& JEAI,
171.         const Matd& EAI,
172.         const Vecd& X,
173.         const Vecd& Y,
174.         Vecd& AL){
175.         auto ii=JE[1][ie];
176.         auto jj=JE[2][ie];
177.         auto mt=JEAI[ie];
178.         auto l=std::sqrt((X[jj]-X[ii])*(X[jj]-X[ii])+(Y[jj]-Y[ii])*(Y[jj]-Y[ii]));
179.         AL[ie]=l;
180.         auto a1=EAI[1][mt] * EAI[2][mt] / l;
181.         auto a2=EAI[1][mt] * EAI[3][mt] /(l * l * l);
182.         auto a3=EAI[1][mt] * EAI[3][mt] /(l * l);
183.         auto a4=EAI[1][mt] * EAI[3][mt] / l;
184.         KE[1][1]=a1;
185.         KE[1][4]=-a1;
186.         KE[2][2]=12.0 * a2;
187.         KE[2][3]=6.0 * a3;
188.         KE[2][5]=-12.0 * a2;
189.         KE[2][6]=6.0 * a3;
190.         KE[3][3]=4.0 * a4;
191.         KE[3][5]=-6 * a3;
192.         KE[3][6]=2 * a4;
193.         KE[4][4]=a1;
194.         KE[5][5]=12.0 * a2;
195.         KE[5][6]=-6.0 * a3;
196.         KE[6][6]=4.0 * a4;
```

```
197.    for(int i=1; i<=6; i++){
198.        for(int k=i; k<=6; k++){
199.            KE[k][i]=KE[i][k];
200.        }
201.    }
202. }                                                    //返回 390. 行、432. 行
203. void mr(Matd& R, int ie, const Mati& JE, const Vecd& X, const Vecd& Y){
204.    double L, CX, CY;
205.    auto I=JE[1][ie];
206.    auto J=JE[2][ie];
207.    L=std::sqrt((X[J]-X[I]) * (X[J]-X[I])+(Y[J]-Y[I]) * (Y[J]-Y[I]));
208.    CX=(X[J]-X[I])/ L;
209.    CY=(Y[J]-Y[I])/ L;
210.    R=Matd(6 + 1, Vecd(6 + 1, 0));
211.    for(int i=1; i<=4; i +=3){
212.        R[i][i]=CX;
213.        R[i][i + 1]=CY;
214.        R[i + 1][i]=-CY;
215.        R[i + 1][i + 1]=CX;
216.        R[i + 2][i + 2]=1;
217.    }
218. }                                                    //返回 391. 行、400. 行、433. 行
219. void calm(Veci& M, int ie, const Mati& JN, const Mati& JE){
220.    for(int i=1; i<=3; i++){
221.        M[i]=JN[i][JE[1][ie]];
222.        M[i + 3]=JN[i][JE[2][ie]];
223.    }
224. }                                                    //返回 393. 行、404. 行
225. void mk(Matd& K, const Matd& AKE, const Veci& M){
226.    for(int i=1; i<=6; i++){
227.        for(int j=1; j<=6; j++){
228.            if(M[i] ! =0 && M[j] ! =0){
229.                K[M[i]][M[j]] +=AKE[i][j];
230.            }
231.        }
232.    }
233. }                                                    //返回 394. 行
234. void pe(Vecd& FE, int ip, const Mati& JPF, const Matd& PF, const Vecd& AL){
235.    auto A=PF[1][ip];
236.    auto C=PF[2][ip];
237.    auto L=AL[JPF[1][ip]];
238.    auto IND=JPF[2][ip];
239.    FE=Vecd(6 + 1, 0.0);
240.    if(IND==1){
```

```
241.        FE[2]=(7 * A / 20.0 + 3 * C / 20) * L;
242.        FE[3]=(A / 20. + C / 30.) * L * L;
243.        FE[5]=(3. * A / 20. + 7. * C / 20.) * L;
244.        FE[6]=-(A / 30. + C / 20.) * L * L;
245.    }
246.    else if(IND==2){
247.        FE[5]=A * C * C * C *(2 * L-C)/(2 * L * L * L);
248.        FE[2]=A * C-FE[5];
249.        FE[3]=A * C * C *(6. * L * L-8. * C * L + 3. * C * C)/(12. * L * L);
250.        FE[6]=-A * C * C * C *(4. * L-3. * C)/(12. * L * L);
251.    }
252.    else if(IND==3){
253.        FE[2]=A *(L-C) *(L-C) *(L + 2. * C)/(L * L * L);
254.        FE[3]=A * C *(L-C) *(L-C)/(L * L);
255.        FE[5]=A-FE[2];
256.        FE[6]=-A * C * C *(L-C)/(L * L);
257.    }
258.    else if(IND==4){
259.        FE[2]=-6. * A * C *(L-C)/(L * L * L);
260.        FE[3]=A *(L-C) *(L-3. * C)/(L * L);
261.        FE[5]=-FE[2];
262.        FE[6]=A * C *(3. * C-2. * L)/(L * L);
263.    }
264.    else if(IND==5){
265.        FE[1]=A *(1-C / L);
266.        FE[4]=A * C / L;
267.    }
268.    else if(IND==6){
269.        FE[1]=C * L / 2;
270.        FE[4]=FE[1];
271.    }
272. }                                                   //返回402.行、440.行
273. void mulv6(const Matd& A, const Vecd& B, Vecd& C){
274.    for(int i=1; i <=6; i++){
275.        C[i]=0;
276.        for(int j=1; j <=6; j++){
277.            C[i] +=A[i][j] * B[j];
278.        }
279.    }
280. }                                                   //返回403.行、434.行、405.行
281. void mf(Vecd& P, const Vecd& AFE, const Veci& M){
282.    for(int i=1; i <=6; i++){
283.        if(M[i] ! =0){
284.            P[M[i]] +=AFE[i];
```

```
285.          }
286.      }
287.  }                                                    //返回 405. 行
288.  void solv(Matd& AK, const Vecd& P, Vecd& D, int N){
289.      for(int i=1; i<=N; i++){                         // TODO 100
290.          D[i]=P[i];
291.      }
292.      for(int k=1; k<=N-1; k++){
293.          for(int i=k + 1; i<=N; i++){
294.              auto C=-AK[k][i] / AK[k][k];
295.              for(int j=i; j<=N; j++){
296.                  AK[i][j] +=C * AK[k][j];
297.              }
298.              D[i] +=C * D[k];
299.          }
300.      }
301.      D[N]=D[N] / AK[N][N];
302.      for(int i=N-1; i>=1; i--){
303.          for(int j=i + 1; j<=N; j++){
304.              D[i]=D[i]-AK[i][j] * D[j];
305.          }
306.          D[i]=D[i] / AK[i][i];
307.      }
308.  }                                                    //返回 411. 行
309.  void made(int ie, const Mati& JN, const Mati& JE, const Vecd& D, Vecd& ADE){
310.      ADE=Vecd(6 + 1, 0);
311.      for(int i=1; i<=3; i++){
312.          if(JN[i][JE[1][ie]] ! =0){
313.              ADE[i]=D[JN[i][JE[1][ie]]];
314.          }
315.          if(JN[i][JE[2][ie]] ! =0){
316.              ADE[i + 3]=D[JN[i][JE[2][ie]]];
317.          }
318.      }
319.  }                                                    //返回 431. 行
320.  void tran(const Matd& R, Matd& RT){
321.      for(int i=1; i<=6; i++){
322.          for(int j=1; j<=6; j++){
323.              RT[i][j]=R[j][i];
324.          }
325.      }
326.  }                                                    //返回 342. 行、401. 行
327.  void mulv(const Matd& A, const Matd& B, Matd& C){
328.      for(int i=1; i<=6; i++){
```

```
329.            for(int j=1; j <=6; j++){
330.                C[i][j]=0;
331.                for(int k=1; k <=6; k++){
332.                    C[i][j] +=A[i][k] * B[k][j];
333.                }
334.            }
335.        }
336.    }                                                          //返回 343. 行、344. 行
337.    void make(const Matd& KE, const Matd& R, Matd& AKE){       // AKE=R^t * KE * R
338.        Matd RT(6 + 1, Vecd(6 + 1, 0));
339.        Matd TMP(6 + 1, Vecd(6 + 1, 0));
340. 320.   tran(R, RT);                                           // RT=R^t
341. 327.   mulv(RT, KE, TMP);                                     // TMP=RT * KE
342. 327.   mulv(TMP, R, AKE);                                     // AKE=TMP * R
343.    }                                                          //返回 392. 行
344.    template<typename T>
345.    void print_mat(std::vector<std::vector<T>>& mat){          // 辅助调试的函数
346.        for(auto& v : mat){
347.            for(auto& elem : v){
348.                printf("%15.7f ", elem);
349.            }
350.            printf("\n");
351.        }
352.        printf("\n");
353.    }                                                          //返回 52. 行
354.    template<typename T>
355.    void print_vec(std::vector<T>& vec){
356.        for(auto& elem : vec){
357.            printf("%15.7f ", elem);
358.        }
359.        printf("\n");
360.    }                                                          //返回 437. 行、447. 行、448. 行
361.    #define PMAT(x)do{printf(#x##":\n");print_mat(x);}while(0)
362.    #define PVEC(x)do{printf(#x##":\n");print_vec(x);}while(0)
363.    PFSAPResult pfsap(const PFSAPParam& p){                    //pfsap 函数入口
364.        auto NJ=p.NJ;
365.        auto N=p.N;
366.        auto NE=p.NE;
367.        auto NM=p.NM;
368.        auto NPJ=p.NPJ;
369.        auto NPF=p.NPF;
370.        auto& JN=p.JN;
371.        auto& X=p.X;
372.        auto& Y=p.Y;
```

```
373.      auto& JE=p.JE;
374.      auto& JEAI=p.JEAI;
375.      auto& EAI=p.EAI;
376.      auto& JPJ=p.JPJ;
377.      auto& PJ=p.PJ;
378.      auto& JPF=p.JPF;
379.      auto& PF=p.PF;
380.      Vecd P(N + 1, 0);
381.      Matd K(N + 1, Vecd(N + 1, 0));
382.      Vecd AL(N + 1, 0);
383.      Matd KE(6 + 1, Vecd(6 + 1, 0));
384.      Matd R(6 + 1, Vecd(6 + 1, 0));
385.      Matd AKE(6 + 1, Vecd(6 + 1, 0));
386.      Veci M(6 + 1, 0);
387.      for(int i=1; i<=NE; i++){                          //计算结构刚度矩阵
388.166.       mke(KE, i, JE, JEAI, EAI, X, Y, AL);
389.203.       mr(R, i, JE, X, Y);
390.337.       make(KE, R, AKE);
391.219.       calm(M, i, JN, JE);
392.225.       mk(K, AKE, M);
393.      }
394.      Matd RT(6 + 1, Vecd(6 + 1, 0));
395.      Vecd FE(6 + 1, 0);
396.      Vecd AFE(6 + 1, 0);
397.      for(int i=1; i<=NPF; i++){                         //计算综合节点荷载
398.203.       mr(R, JPF[1][i], JE, X, Y);
399.320.       tran(R, RT);
400.234.       pe(FE, i, JPF, PF, AL);
401.273.       mulv6(RT, FE, AFE);
402.219.       calm(M, JPF[1][i], JN, JE);
403.281.       mf(P, AFE, M);
404.      }
405.      for(int i=1; i<=NPJ; i++){
406.           P[JPJ[i]] +=PJ[i];
407.      }
408.      Vecd D(N + 1, 0);                                  //计算位移
409.288.    solv(K, P, D, N);                                //解方程
410.      Vecd F(6 + 1, 0);
411.      std::vector<DisplaceMent> dis;
412.      dis.push_back({});
413.      for(int kk=1; kk<=NJ; kk++){
414.           for(int ii=1; ii<=3; ii++){
415.                F[ii]=0;
416.                auto i1=JN[ii][kk];
```

```
417.            if(i1 > 0){
418.                F[ii]=D[i1];
419.            }
420.        }
421.        dis.push_back({ F[1], F[2], F[3] });
422.    }
423.    Vecd ADE(6 + 1, 0);
424.    Vecd DE(6 + 1, 0);
425.    Vecd FF(6 + 1, 0);
426.    Matd FFs;
427.    FFs.push_back({});
428.    for(int ie=1; ie <=NE; ie++){                              // 计算内力
429.309.   made(ie, JN, JE, D, ADE);
430.166.   mke(KE, ie, JE, JEAI, EAI, X, Y, AL);
431.203.   mr(R, ie, JE, X, Y);        // 整体坐标系转为局部坐标系,FE=KE*(R*ADE)
432.273.   mulv6(R, ADE, DE);                                     // DE=R*ADE
433.273.   mulv6(KE, DE, FF);                                     // FF=KE*DE
434.        printf("before fe\n");
435.355.   PVEC(FE);
436.        for(int ip=1; ip <=NPF; ip++){
437.            if(JPF[1][ip]==ie){
438.234.           pe(FE, ip, JPF, PF, AL);
439.                for(int i=1; i <=6; i++){
440.                    FF[i]=FF[i]-FE[i];
441.                }
442.            }
443.        }
444.      printf("after fe\n");
445.355. PVEC(FE);
446.355. PVEC(FF);
447.      FFs.push_back(FF);
448.    }
449.    return { dis, FFs };
450. }                                              //跳转到 File_2 的 161. 行,结束计算
```

4.3.3 平面刚架计算程序应用举例

例 4.4 试计算图 4.6(a)所示刚架的内力及支座反力,绘内力图。各杆 $E=200\text{GPa}$,$A=10^2\text{cm}^2$,$I=10^4\text{cm}^4$。

解 (1)准备原始数据。

1)确定节点,划分单元,建立整体坐标系与局部坐标系,如图 4.6(b)所示。

2)自由节点位移编号如图 4.6(c)所示。

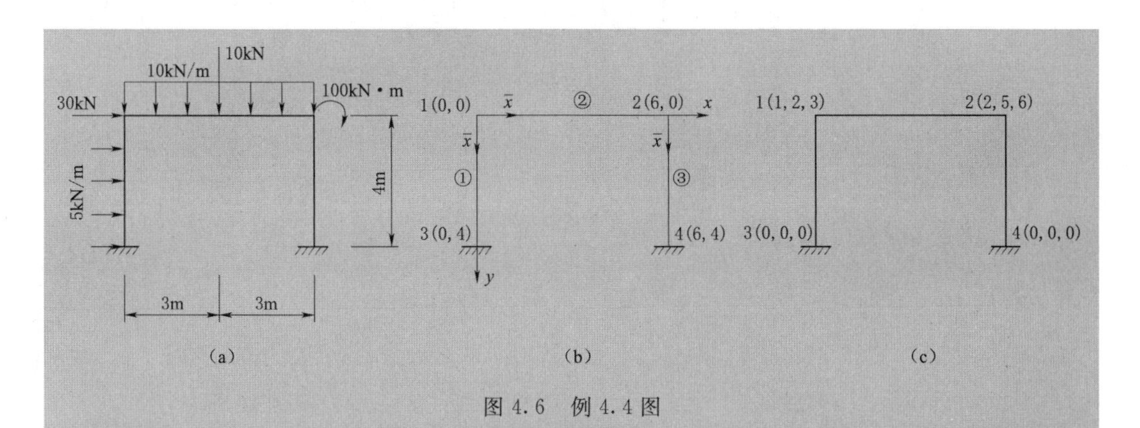

图 4.6 例 4.4 图

3）设本例题标题为 EXAMPLE----(4-4)，整理计算本题所需的数据，见表 4.4。

表 4.4 **平面刚架的输入数据**

题号	1					
标题	EXAMPLE----(4-4)					
基本数据	节点总数	自由度	单元总数	单元类型	节点荷载	非节点荷载
	4	6	3	1	2	3

节点数据	起止号	节点位移号			节点坐标		节点位移号			节点坐标	
		u	v	θ	x	y	u	v	θ	x	y
	1～2	1	2	3	0.	0.	4	5	6	6.	0.
	3～4	0	0	0	0.	4.	0	0	0	6.	4.

单元数据	起止单元	1端节点号	2端节点号	单元类型号	1端节点号	2端节点号	单元类型号	1端节点号	2端节点号	单元类型号	1端节点号	2端节点号	单元类型号	1端节点号	2端节点号	单元类型号
	①～⑤	1	3	1	1	2	1	2	4	1						

单元类型数据	类型号	弹性模量	横截面积	惯性矩
	1	2×10^{8}	0.01	1×10^{-4}

节点荷载数据	起止序号	位移号	数值	位移号	数值	位移号	数值	位移号	数值	位移号	数值
	1～5	1	30.	6	100.						

非节点荷载	起止号	单元号	类型	参数 a	参数 c	单元号	类型	参数 a	参数 c
	1～2	2	1	10.	10.	2	3	10.	3.
	3～4	1	1	−5.	−5.				

（2）建立数据文件 PFSAP.IN，按表 4.4 输入有关数据。一个问题的数据结束后，可连续输入下一个问题的数据。当输入最后一个问题的数据后，可输入 0，则程序会正常结束。对本题，输入数据如下：

```
1
example 4-4 fig 4-6
4,6,3,1,2,3
1,2,3,0.,0.,4,5,6,6.,0.
0,0,0,0.,4.,0,0,0,6.,4.
1,3,1,1,2,1,2,4,1
2.e8,10.e-2,10.e-4
1,30.,6,100.
2,1,10.,10.,2,3,10.,3.
1,1,-5.,-5.
0
```

（3）运行程序 PFSAP。从文件 PFSAP. OUT 中得到如下结果：

```
(NO.=1)
     example 4-4 fig 4-6
  NJ=4      N=6      NE=3      NM=1      NPJ=2        NPF=3
  NO.       (1)      (2)       (3)          X            Y
   1         1        2         3       0.000000     0.000000
   2         4        5         6       6.000000     0.000000
   3         0        0         0       0.000000     4.000000
   4         0        0         0       6.000000     4.000000

  ELEMENT NO.           NODE-1           NODE-2        MATERIALS
     1                     1                3              1
     2                     1                2              1
     3                     2                4              1
  NO. MAT     ELASTIC MODULUS               AREA       MONEMNT OF INERTLA
     1          200000000.000000          0.100000            0.00100

       NODAL LOADS
  NO. DISP.            VALUE
     1               30.00000
     6              100.00000

       NON-NODAL LOADS
  NO. E       NO. LOAD. MODULE            A             C
   2                1                 10.00000      10.00000
   2                3                 10.00000       3.00000
   1                1                 -5.00000      -5.00000

**************RESULT OF CALCULATION**********************

  NO. N        X-DISPLACEMENT           Y-DISPLACEMENT           ANG. ROT(RAD)
   1             0.00123146               0.00000238               0.00028918
   2             0.00122680               0.00001162               0.00040662
   3             0.00000000               0.00000000               0.00000000
   4             0.00000000               0.00000000               0.00000000
```

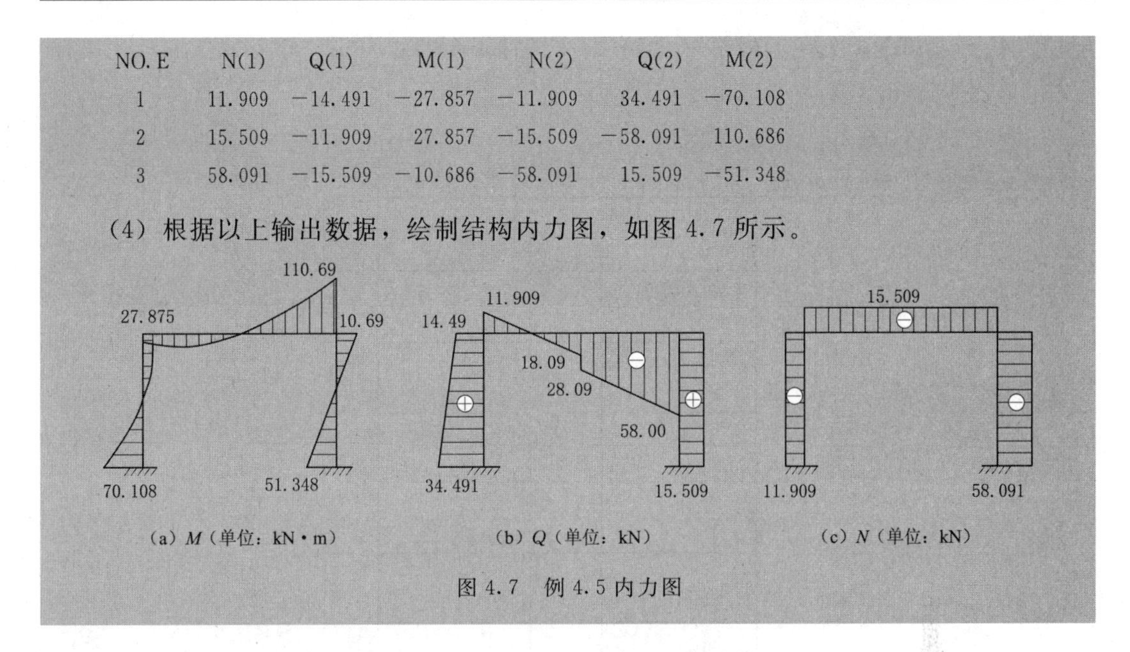

NO. E	N(1)	Q(1)	M(1)	N(2)	Q(2)	M(2)
1	11.909	−14.491	−27.857	−11.909	34.491	−70.108
2	15.509	−11.909	27.857	−15.509	−58.091	110.686
3	58.091	−15.509	−10.686	−58.091	15.509	−51.348

(4) 根据以上输出数据，绘制结构内力图，如图 4.7 所示。

图 4.7　例 4.5 内力图

习　　题

4.1　试计算题 4.1 图所示刚架各杆的内力并绘出内力图。已知各杆几何尺寸相同，$l=5\text{m}$，$A=0.5\text{m}^2$，$I=1/24\text{m}^2$，$E=300\text{GPa}$，$q=4.8\text{kN/m}$。

4.2　试用本章介绍的刚架程序计算题 3.2 图中的桁架。

4.3　试分析题 4.3 图所示组合结构，计算各杆内力。已知横梁 $E=20\text{GPa}$，$A=0.5\times10^3\text{cm}^2$，$I=5\times10^6\text{cm}^4$，拉杆 $E_1=200\text{GPa}$，$A_1=40\text{cm}^2$。

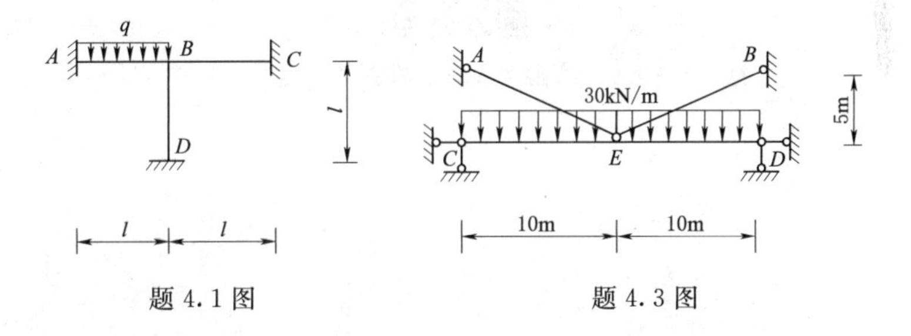

题 4.1 图　　　　题 4.3 图

4.4　试用平面刚架内力分析程序 PFSAP，计算题 4.4 图所示刚架的内力及点 D、点 F 的水平位移。已知，$E=210\text{GPa}$，$I=2\times10^4\text{cm}^4$，$A=50\text{m}^2$，$P=80\text{kN}$。

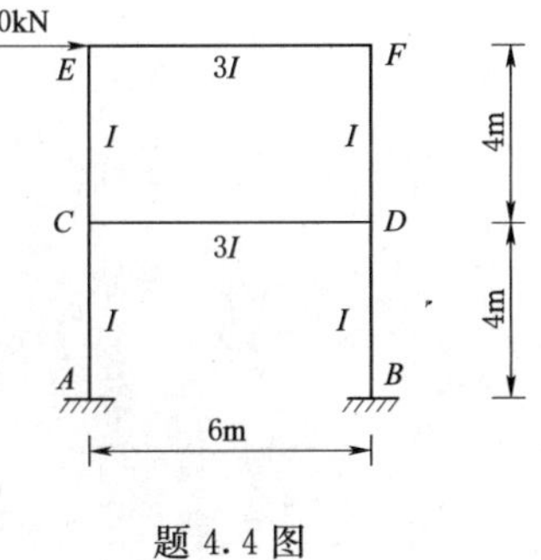

题 4.4 图

4.5　试计算题 4.5 图所示多层多跨对称刚架的内力和变形。已知：$E=28\text{GPa}$；边跨 1～7 层梁，$A_1=0.21\text{m}^2$，$I_1=0.5\text{m}^4$；中跨 1～7 层梁，$A_2=0.15\text{m}^2$，$I_2=0.4\text{m}^4$；边跨 5～7 层柱，$A_3=0.24\text{m}^2$，$I_3=0.56\text{m}^4$；边跨 2～4 层柱，$A_4=0.30\text{m}^2$，$I_4=0.65\text{m}^4$；边跨首层柱，$A_5=0.36\text{m}^2$，$I_5=0.70\text{m}^4$；中跨 5～7

层柱，$A_6=0.32\text{m}^2$，$I_6=0.68\text{m}^4$；中跨 2～4 层柱，$A_7=0.36\text{m}^2$，$I_7=0.80\text{m}^4$；中跨首层柱，$A_8=0.38\text{m}^2$，$I_8=1.00\text{m}^4$。

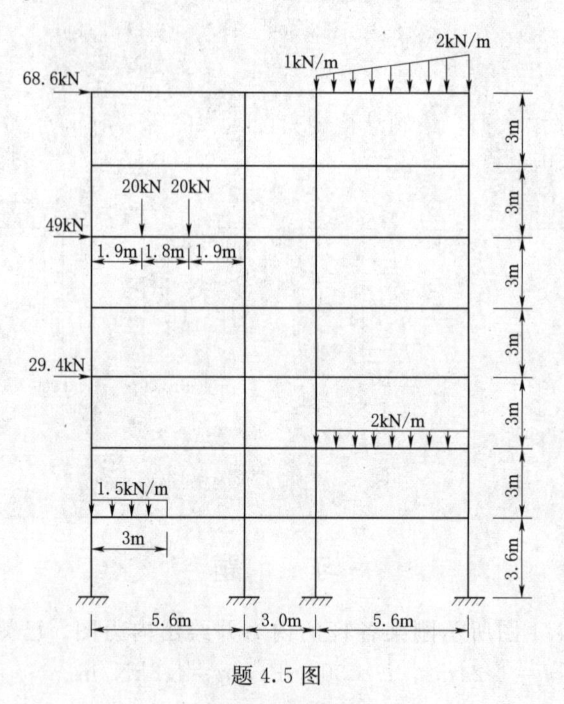

题 4.5 图

资源 4.1　习题答案

第 5 章　弹性力学平面问题的基本理论

5.1　概　　述

弹性力学即弹性体力学的简称，又称为弹性理论，是固体力学的一个分支，其研究弹性体由于受外力作用、边界约束或温度改变等原因而发生的应力、应变和位移。

对工科各专业来说，弹性力学的任务和材料力学、结构力学的任务一样，是研究各种结构物或构件在弹性阶段的应力和位移，校核它们是否具有所需的强度和刚度，并寻求或改进它们的计算方法。然而，这三门学科在研究对象上有所分工，在研究方法上也有区别。

从研究对象上来看，材料力学基本上只研究所谓杆状构件，也就是长度远大于高度和宽度的构件，如柱体、梁和轴。这种构件在拉压、剪切、弯曲、扭转作用下的应力和位移是材料力学的主要研究内容。结构力学主要是在材料力学的基础上研究杆状构件所组成的结构，也就是所谓的杆件系统，如桁架、刚架等。至于非杆状的结构，如板和壳，以及挡土墙、堤坝、地基等实体结构，则在弹性力学中加以研究。对于杆状构件作进一步的、较精确的分析，也需用到弹性力学。

从研究方法上来看，弹性力学和材料力学，既有相似之处，又有一定的区别。在材料力学里研究杆状构件，除了静力学、几何学、物理学三方面进行分析以外，大都还引用一些关于杆件的形变状态或应力分布的假定，这就大大简化了数学推演，但是得出的解答往往只是近似的。在弹性力学里研究杆状构件，一般不必引用那些假定，因而得出的结果比较精确，并且可以用来校核材料力学得出的近似解答。

例如，在材料力学中研究直梁在横向荷载作用下的弯曲，就引用了平面截面的假定，得出的结果是：横截面上的正应力（弯应力）按直线分布。在弹性力学里研究同一问题，就无须引入平面截面的假定。相反地，还可以用弹性力学的分析结果来校核这个假定是否正确，并且由此判明：如果梁的深度并不远小于梁的跨度，而是同等大小的，那么横截面上的正应力并不按直线分布，而是按曲线变化的。并且，材料力学里给出的最大正应力将具有很大的误差。

从数学上来看，弹性力学问题归纳为在边界条件下求解微分方程组，属于微分方程的边值问题。在弹性力学中已经得出了许多解答，但是对于实际的工程问题，由于边界形状和受力状况等的复杂性，往往难以求得理论的解答。20 世纪 50 年代发展起来的有限单元法，是把连续的弹性体划分为许多有限大小的单元，并在节点上连接起来，构成“离散化结构”，然后用虚功原理或变分解法并应用电子计算机进行求解。现在，有限单元法已经发展和应用到弹性力学、固结力学、流体力学等学科，成为解决微分方程边值问题的有力手段，并且由于应用了电子计算机进行计算，其结果可以达到足够的精度。因此，用有限单元法解决工程上的弹性力学和其他固体力学等问题，已经没有什么困难了。

弹性力学是固体力学的一个分支，实际上它也是各门固体力学的基础。因为弹性力学在区域内和边界上所考虑的一些条件，也是其他固体力学必须考虑的基本条件。弹性力学中的许多基本解答也常常供其他固体力学应用或参考。

弹性力学在土木、水利、机械、交通、航空等工程学科中占有重要的地位。这是因为许多工程结构是非杆状的，需要用弹性力学方法进行分析，并且由于近代经济和技术的高速发展，许多大型、复杂的工程结构大量涌现，这些结构的安全性和经济性的矛盾十分突出，既要保证结构的安全运行，又要尽可能地节省投资，因此必须对结构进行严格而精确的分析，这就需要应用弹性力学、其他固体力学的理论及相应的有限单元法。由此可见，对工科学生而言，弹性力学及其有限单元法是进行工程结构分析的非常重要的一门学科。

5.1.1　弹性力学中的几个基本概念

弹性力学中经常用到的基本概念有外力、应力、应变和位移。以下说明这些物理量的定义、符号、量纲、正方向及其正负号的规定，以及与材料力学正负号规定的异同。

1. 外力

外力是指其他物体对研究对象（弹性体）的作用力。外力可以分为体积力和表面力，两者也分别简称为体力和面力。

（1）体力是分布在物体内的力，例如重力和惯性力。物体内各点受体力的情况，一般是不相同的。为了表示该物体在某一点 P 所受体力的大小与方向，在这一点取物体的一小部分，它包含着点 P 而它的体积为 ΔV，如图 5.1（a）所示。设作用于 ΔV 的体力为 $\Delta \boldsymbol{F}$，则体力的平均集度为 $\Delta \boldsymbol{F}/\Delta V$。若把所取的那一小部分物体不断减小，即 ΔV 不断减小，则 $\Delta \boldsymbol{F}$ 和 $\Delta \boldsymbol{F}/\Delta V$ 都将不断地改变大小、方向和作用点。现在，命 ΔV 无限减小而趋于点 P，假定体力为连续分布，则 $\Delta \boldsymbol{F}/\Delta V$ 将趋于一定的极限 $\boldsymbol{f}$，即

$$\lim_{\Delta V \to 0} \frac{\Delta \boldsymbol{F}}{\Delta V} = \boldsymbol{f}$$

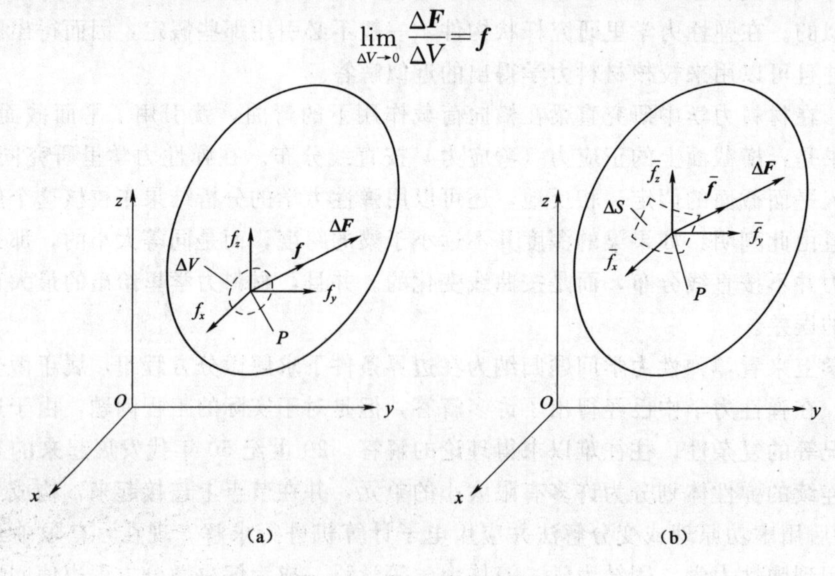

图 5.1　点 P 受力示意图

这个极限矢量 $\boldsymbol{f}$ 就是该物体在点 P 所受体力的集度。因为 ΔV 是标量，所以 $\boldsymbol{f}$ 的方向就是 $\Delta\boldsymbol{F}$ 的极限方向。矢量 $\boldsymbol{f}$ 在坐标轴 x、y、z 上的投影 f_x、f_y、f_z，称为该物体在点 P 的体力分量，以沿坐标轴正方向为正，沿坐标轴负方向为负。它们的量纲是 $\mathrm{L}^{-2}\mathrm{MT}^{-2}$。

(2) 面力是分布在物体表面上的力，例如流体压力和接触力。物体在其表面上各点受面力的情况上一般也是不相同的。为了表示该物体在表面上某一点 P 所受面力的大小与方向，在这一点取该物体表面的一小部分，它包含着点 P 而它的面积为 ΔS，如图 5.1 (b) 所示。设作用于 ΔS 的面力为 $\Delta\boldsymbol{F}$，则面力的平均集度为 $\dfrac{\Delta\boldsymbol{F}}{\Delta S}$。与上相似，命 ΔS 无限减小而趋于点 P，假定面力为连续分布，则 $\dfrac{\Delta\boldsymbol{F}}{\Delta S}$ 将趋于一定的极限 $\overline{\boldsymbol{f}}$，即

$$\lim_{\Delta S\to 0}\frac{\Delta\boldsymbol{F}}{\Delta S}=\overline{\boldsymbol{f}}$$

这个极限矢量 $\overline{\boldsymbol{f}}$ 就是该物体在点 P 所受面力的集度。因为 ΔS 是标量，所以 $\overline{\boldsymbol{f}}$ 的方向就是 $\Delta\boldsymbol{F}$ 的极限方向。矢量 $\overline{\boldsymbol{f}}$ 在坐标轴 x、y、z 上的投影 $\overline{f}_x$、$\overline{f}_y$、$\overline{f}_z$ 称为该物体在点 P 的面力分量，以沿坐标轴正方向为正，沿坐标轴负方向为负。它们的量纲是 $\mathrm{L}^{-1}\mathrm{MT}^{-2}$。

2. *应力*

物体受外力作用以后，其内部将产生内力，即物体本身不同部分之间相互作用的力。为了研究物体在某一点 P 处的内力，假想用经过点 P 的一个截面 mn 将该物体分为Ⅰ和Ⅱ两部分，而将Ⅱ部分撇开，如图 5.2 所示，撇开的部分Ⅱ将在截面 mn 上对留下的部分Ⅰ作用一定的内力。

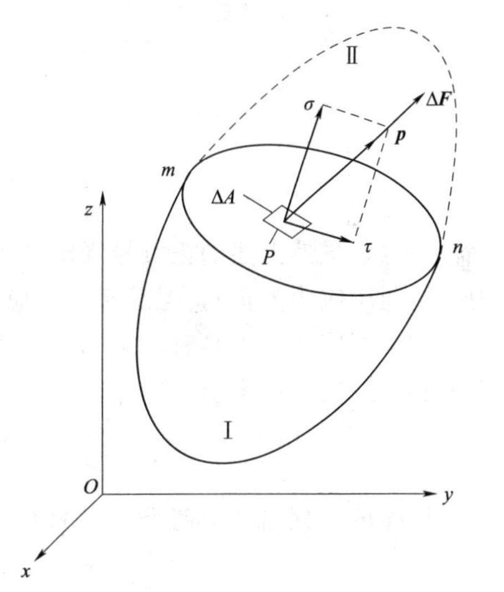

图 5.2 内力图示

取这一截面的一小部分，它包含着点 P 且面积为 ΔA。设作用于 ΔA 上的内力为 $\Delta\boldsymbol{F}$，则内力的平均集度，即平均应力为 $\dfrac{\Delta\boldsymbol{F}}{\Delta A}$。现在命 ΔA 无限减小而趋于点 P，假定内力连续分布，则 $\dfrac{\Delta\boldsymbol{F}}{\Delta A}$ 将趋于一定的极限 $\boldsymbol{p}$，即

$$\lim_{\Delta A\to 0}\frac{\Delta\boldsymbol{F}}{\Delta A}=\boldsymbol{p}$$

这个极限矢量 $\boldsymbol{p}$ 就是物体在截面 mn 上点 P 的应力。因为 ΔA 是标量，所以应力 $\boldsymbol{p}$ 的方向就是 $\Delta\boldsymbol{F}$ 的极限方向。

任一截面上的全应力 $\boldsymbol{p}$，可以分解为沿坐标轴方向的分量 p_x、p_y、p_z；也可以分解为沿截面的法线方向及切线方向的分量，也就是正应力 σ 和切应力（也称剪应力）τ，如图 5.2 所示。后者是与物体的变形和材料的强度直接相关的。应力及其分量的量纲是 $\mathrm{L}^{-1}\mathrm{MT}^{-2}$。

在物体内的同一点 P，不同截面上的应力是不同的。为了分析这一点的应力状态，首先来表示通过这一点的各直角坐标面上的应力分量。为此，在这一点从物体内取出一个微

小的正平行六面体，它的棱边分别平行于三个坐标轴，长度分别为 $PA=\Delta x$，$PB=\Delta y$，$PC=\Delta z$，如图 5.3 所示，它的六个面都是“坐标面”，即其外法线都是沿坐标轴方向的。将每个面上的应力分解为一个正应力和两个切应力，分别与三个坐标轴平行。正应力用 σ 表示，切应力用 τ 表示。σ_x 表示作用在垂直于 x 轴的面上且沿 x 轴方向的正应力，余类推；τ_{xy} 表示作用在垂直 x 轴的面上且沿 y 轴方向的切应力，余类推。

由于应力和内力都是成对出现的，因此在弹性力学中应力的正负号是这样规定的：凡作用在正坐标面上的各应力，以沿坐标轴正方向为正；凡作用在负坐标面上的各应力，以沿坐标轴负方向为正；反之都为负。图 5.3 所示的应力分量均为正号。

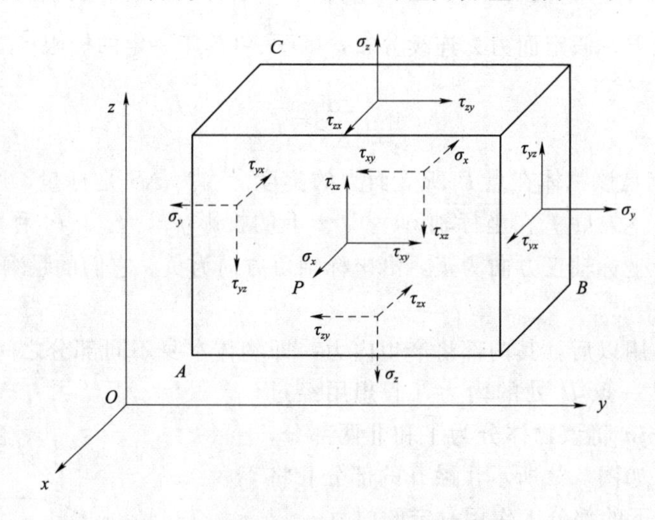

图 5.3　正平行六面体应力图示

注意，虽然上述的正负号规定对于正应力来说，结果和材料力学中的规定相同（拉应力为正而压应力为负），但是对于切应力来说，结果却和材料力学中的规定不完全相同。

六个切应力之间具有一定的互等关系。例如，以连接六面体前后两面中心的直线 ab 为矩轴，列出力矩平衡方程，得

$$2\tau_{yz}\Delta z\Delta x\frac{\Delta y}{2}-2\tau_{zy}\Delta y\Delta x\frac{\Delta z}{2}=0$$

同样可以列出其余两个相似的方程，简化以后，得出

$$\tau_{yz}=\tau_{zy},\ \tau_{zx}=\tau_{xz},\ \tau_{xy}=\tau_{yx}\tag{5.1}$$

这就证明了切应力互等性：作用在两个互相垂直的面上并且垂直于该两面交线的切应力是互等的（大小相等，正负号也相同）。因此切应力符号的两个下标字母可以对调，且这 6 个切应力分量可以只作为 3 个独立的未知函数。

在这里，没有考虑应力由于位置不同而有的变化，也就是把六面体中的应力当作均匀应力，而且也没有考虑体力的作用。以后可见，即使考虑到应力的变化和体力的作用，仍然可以推导出切应力的互等性。

附带指出，若采用材料力学中的正负号规定（在平面上以顺时针转动方向的切应力为正），则切应力的互等性将表示成为 $\tau_{yz}=-\tau_{zy}$，$\tau_{zx}=-\tau_{xz}$，$\tau_{xy}=-\tau_{yx}$，显然不如采用上述规定时来得简单。但也应当指出，在利用莫尔圆（应力圆）时，就必须采用材料力学

中的规定。

可以证明，在物体的任意一点，如果已知 σ_x、σ_y、σ_z、τ_{yz}、τ_{zx}、τ_{xy} 这 6 个直角坐标面上的应力分量，就可以求得经过该点的任意截面上的正应力和切应力。因此上述 6 个应力分量可以完全确定该点的应力状态。

3. 应变

应变就是形状的改变。物体的形状总可以用它各部分的长度和角度来表示，因此，物体的形变可以归结为物体各部分线段的长度改变和两线段夹角的改变。

为了分析在物体某一点 P 的应变状态，在这一点沿着坐标轴 x、y、z 的正方向取 3 个微小的线段 PA、PB、PC（见图 5.3)。物体变形以后，这 3 个线段的长度以及它们之间的直角一般都将有所改变。各线段的每单位长度的伸缩，即单位伸缩或相对伸缩，称为线应变，亦称正应变；各线段之间的直角的改变量，用弧度表示，称为切应变。线应变用字母 ε 表示：ε_x 表示 x 轴方向的线段 PA 的线应变，余类推。线应变以伸长时为正，缩短时为负，与正应力的正负号规定相适应。切应变用字母 γ 表示：γ_{yz} 表示 y 轴与 z 轴正方向的线段（即 PB 与 PC）之间的直角的改变量，余类推。切应变以直角变小时为正，变大时为负，与切应力的正负号规定相适应。例如，图 5.3 中的切应力 τ_{xy} 和 τ_{yx} 均为正号，由此产生的切应变 γ_{xy} 将使直角$\angle APB$ 减小，因此切应变 γ_{xy} 也为正号。线应变和切应变都是量纲为一的量。

可以证明，在物体的任意一点，如果已知 ε_x、ε_y、ε_z、γ_{yz}、γ_{zx}、γ_{xy} 这 6 个直角坐标方向线段的应变分量，就可以求得经过该点的任一线段的线应变，也可以求得经过该点的任意两个线段之间的角度的改变量。因此，这 6 个应变分量，可以完全确定该点的应变状态。

4. 位移

位移就是位置移动的量。物体内任意一点的位移，用它在 x、y、z 三轴上的投影 u、v、w 来表示，以沿坐标轴正方向为正，沿坐标轴负方向为负。这 3 个投影称为该点的位移分量。位移及其分量的量纲是 L。

一般而论，弹性体内任意一点的体力分量、面力分量、应力分量、应变分量和位移分量都是随着该点的位置而变的，因而都是位置坐标的函数。

5.1.2 弹性力学中的基本假定

在弹性力学的问题里，通常是已知物体的形状和大小（即已知物体的边界)、物体的弹性常数、物体所受的体力、物体边界上所受的约束情况或面力。而应力分量、应变分量和位移分量则是需要求解的未知量。

如何由这些已知量求出未知量，弹性力学的研究方法是：在弹性体区域内部，考虑静力学、几何学和物理学三方面条件，分别建立三套方程。即根据微分体的平衡条件，建立平衡微分方程；根据微分线段上应变与位移之间的几何关系，建立几何方程；根据应力与应变之间的物理关系，建立物理方程。此外，在弹性体的边界上，还要建立边界条件。即在给定面力的边界上，根据边界上的微分体的平衡条件，建立应力边界条件；在给定约束的边界上，根据边界上的约束与位移的关系，建立位移边界条件。求解弹性力学问题，即在边界条件下从平衡微分方程、几何方程、物理方程求解应力分量、应变分量和位移分量。

在导出方程时，若精确考虑所有各方面的因素，则导出的方程将非常复杂，实际上不可能求解。因此必须按照所研究的物体的性质，以及求解问题的范围，作出若干基本假定，略去那些影响很小的因素，使得方程的求解成为可能。在弹性力学问题中，通过对主要影响因素的分析，归结为以下的几个弹性力学基本假定。首先是对物体的材料性质作如下的四个基本假设：

(1) 连续性——假定物体是连续的，也就是假定整个物体的体积都被组成这个物体的介质所填满，不留下任何空隙。这样物体内的一些物理量，例如应力、应变、位移等才可能是连续的，因而才可能用坐标的连续函数来表示它们变化规律。实际上一切物体都是由微粒组成的，严格来说都不符合上述假定。但是可以想见，只要微粒的尺寸以及相邻微粒之间的距离都比物体的尺寸小很多，那么关于物体连续性的假定就不会引起显著的误差。

(2) 完全弹性——假定物体是完全弹性的。所谓完全弹性，指的是“物体在引起变形的外力被除去以后，能完全恢复原形而没有任何剩余变形”。这样的物体在任一瞬时的变形就完全取决于它在这一瞬间所受的外力，与它过去的受力情况无关。由材料力学已知：塑性材料的物体，在应力未达到屈服极限以前，是近似的完全弹性体；脆性材料的物体，在应力未超过比例极限以前，也是近似的完全弹性体。在一般的弹性力学中，完全弹性的这一假定，还包含应变与引起应变的应力成正比的涵义，亦即两者之间是成线性关系的。因此这种线性的完全弹性体中应力和应变之间服从胡克定律，其弹性常数不随应力或应变的大小而变。

(3) 均匀性——假定物体是均匀的，即整个物体是由同一材料组成的。这样整个物体的所有各部分才具有相同的弹性，因而物体的弹性才不随位置坐标而变。如果物体是由两种或两种以上的材料组成的，例如混凝土，那么也只要每一种材料的颗粒远远小于物体而且在物体内均匀分布，这个物体就可以当作是均匀的。

(4) 各向同性——假定物体是各向同性的，即物体的弹性在各个方向都相同。这样物体的弹性常数才不随方向而变。显然由木材和竹材做成的构件都不能当作各向同性体。至于由钢材做成的构件，虽然它含有各向异性的晶体，但由于晶体很微小，而且是随机排列的，因此钢材构件的弹性（包含无数多微小晶体随机排列时的统观弹性），大致是各向相同的。

凡是符合以上四个假定的物体，就称为理想弹性体。

此外，还对物体的变形状态作如下的小变形假定：假定位移和应变是微小的。这就是说，假定物体受力以后，整个物体所有各点的位移都远远小于物体原来的尺寸，而且应变和转角都远小于1。这样，在建立物体变形以后的平衡方程时，就可以方便地用变形以前的尺寸来代替变形以后的尺寸，而不致引起显著的误差；并且在考察物体的应变与位移的关系时，转角和应变的二次和更高次幂或乘积相对于其本身都可以略去不计。例如，对于微小的转角 α，有 $\cos\alpha=1-\frac{1}{2}\alpha^2+\cdots\approx1$，$\sin\alpha=\alpha-\frac{1}{3!}\alpha^3+\cdots\approx\alpha$，$\tan\alpha=\alpha+\frac{1}{3}\alpha^3+\cdots\approx\alpha$；对于微小的线应变 ε_x，有 $\frac{1}{1+\varepsilon_x}=1-\varepsilon_x+\varepsilon_x^2-\varepsilon_x^3+\cdots\approx1-\varepsilon_x$；等等。这样弹性力学里的几何方程和平衡微分方程都简化为线性方程。在上述这些假定下，弹性力学问题都化为线性问题，从而可以应用叠加原理。

本书中所讨论的问题都是理想弹性体的小变形问题。

5.1.3 弹性力学的发展简史

人类从很早时就已经知道利用物体的弹性性质了，比如古代弓箭就是利用物体弹性的例子。当时人们还是不自觉地运用弹性原理，而人们对弹性力学进行系统、定量的研究，是从 17 世纪开始的。

与其他任何学科一样，从弹性力学的发展史中，可以看出人类认识自然是不断深化的过程：从简单到复杂，从粗糙到精确，从错误到正确。许多数学家、力学家和实验工作者致力于弹性力学的理论研究和探索，使弹性力学理论得以建立，并且不断地深化和发展。

(1) 发展初期（约 1660—1820 年）。该时期主要是通过实验探索物体的受力与变形之间的关系。1678 年，胡克（Hooke）通过实验，揭示了弹性体的变形与受力之间成比例的规律，被称为胡克定律。1680 年，马略特（Mariotte）也独立提出了这个规律。1687 年，牛顿（Newton）的经典著作《自然哲学的数学原理》得以出版，确立了运动三大定律，加之这个时期数学的迅速发展，共同为弹性力学数学物理方法的建立奠定了基础。1807 年，杨做了大量的实验，提出和测定了材料的弹性模量。18 世纪中期，伯努利和欧拉研究了梁的弯曲理论，建立了受压柱体的微分方程及其失稳的临界值公式。诸多力学家开始对杆件等进行研究分析。

(2) 理论基础的建立（约 1821—1854 年）。该时期建立了线性弹性力学的基本理论，并对材料性质进行了深入的研究。1821 年，纳维（Navier）从分子结构理论出发，建立了各向同性弹性体的方程，但其中只含一个弹性常数。1821—1822 年，柯西（Cauchy）从连续统模型出发，给出了应力和应变的严格定义，建立了弹性力学的平衡（运动）微分方程、几何方程和各向同性的广义胡克定律。1838 年，格林（Green）应用能量守恒定律、指出各向异性体只有 21 个独立的弹性常数，稍后，汤姆逊（Thomson）由热力学定理证明了同样的结论，并再次肯定了各向同性体只有两个独立的弹性常数。由此，奠定了弹性力学的理论基础，将弹性力学问题转化为在给定边界条件下求解微分方程的边值问题。

(3) 线性弹性力学的发展时期（约 1855—1906 年）。该时期，数学家和力学家利用已建立的线性弹性理论，广泛用于解决工程实际问题，并得到了一些经典解答，同时在理论方面建立了许多重要的定理或原理，并提出了有效的求解方法。1850 年及以后，基尔霍夫（Kirchhoff）解决了平板的平衡和振动问题。1855 年，圣维南发表了关于柱体扭转和弯曲的论文，并提出了局部效应原理（即圣维南原理）和半逆解法。1863 年，艾里（Airy）提出了应力函数，以求解平面问题。1881 年，赫兹求解了两弹性体局部接触问题。1898 年，基尔斯（Kirsch）在计算小圆孔附近的应力分布时发现了应力集中，并提出了应力集中问题的求解方法。爱隆（Eirond）针对薄壳结构做了一系列的研究工作。弹性力学在这段时期得到了飞跃式的发展。

(4) 弹性力学更深入的发展时期（1907 年至今）。1907 年以后，非线性弹性力学迅速地发展起来。1907 年，卡门（Kármán）提出了薄板的大挠度问题。1939 年，卡门和钱学森提出了薄壳的非线性稳定问题。1937—1939 年，莫纳汉（Murnaghan）和毕奥（Biot）提出了大应变问题。1948—1957 年，钱伟长用摄动法求解薄板的大挠度问题。力学工作者还提出材料非线性问题（如塑性力学）。同时，线性弹性力学也得到进一步发展，出现了许多分支学科，如薄壁构件力学、薄壳力学、热弹性力学、黏弹性力学、各向异性和非均匀体的弹性力学等。

随着弹性力学理论体系的建立，弹性力学的解法也在不断地发展。首先是变分法（能量法）及其应用的迅速发展。在建立了弹性力学的方程后不久，就建立了弹性体的虚功原理和最小势能原理。1872 年，贝蒂（Betti）建立了功的互等定理。1873—1879 年，卡斯蒂利亚诺（Castigliano）建立了最小余能原理。瑞利（Rayleigh）于 1877 年，里茨（Ritz）于 1908 年从弹性体的虚功原理和最小势能原理出发，提出了著名的瑞利-里茨法。1915 年，伽辽金（Galerkin）提出了弹性力学问题的近似计算方法（伽辽金法）。此外，赫林格（Hellinger）于 1914 年，瑞斯纳（Reissner）于 1950 年提出了两类变量的广义变分原理，胡海昌于 1954 年、鹫津久一郎于 1955 年提出了三类变量的广义变分原理。

这个时期，数值解法也广泛地应用于弹性力学问题。1932 年，马克斯（Max）提出了微分方程的差分解法，并得到广泛应用。在 20 世纪 30 年代及以后，开始用复变函数的实部和虚部分别表示弹性力学的物理量，并用复变函数理论求解弹性力学问题，古尔萨（Goursat）和穆斯赫利什维利（Muskhelishvili）做了大量的研究工作，解决了诸多孔口应力集中等问题。1956 年之后，有限单元法出现，并且得到迅速的发展和应用，成为现在解决工程结构分析的强有力的工具。

随着弹性力学及有关力学分支的发展，为解决现代复杂工程结构的分析创造了条件，必将会对现代工业技术和自然科学的发展发挥更大的作用。

5.1.4　平面应力问题与平面应变问题

任何一个弹性体都是空间物体，一般的外力都是空间力系。因此，严格说来，任何一个实际的弹性力学问题都是空间问题。但是，如果所考察的弹性体具有某种特殊的形状，并且受到某些特殊的外力和约束，就可以把空间问题简化为近似的平面问题。这样处理，分析和计算的工作量将大为减少，而所得的结果仍然可以满足工程上对精度的要求。

1. 平面应力问题

设有很薄的等厚度薄板（见图 5.4），只在板边上受平行于板面并且不沿厚度变化的面力或约束（在板面上没有受到任何面力和约束）。同时体力也平行于板面并且不沿厚度变化。例如图 5.4 中所示的深梁，以及平板坝的平板支墩就属于此类问题。

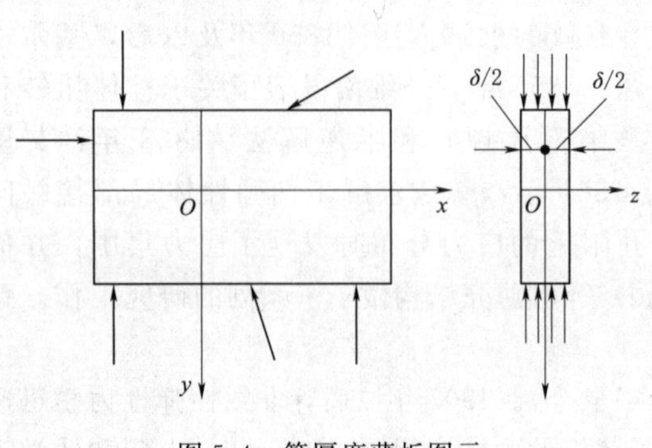

图 5.4　等厚度薄板图示

设薄板的厚度为 δ，以薄板的中面为 xOy 面，以垂直于中面的任一直线为 z 轴。因为板面上 $\left(z=\pm\dfrac{\delta}{2}\right)$ 不受力，所以有

$$(\sigma_z)_{z=\pm\frac{\delta}{2}}=0,\ (\tau_{zx})_{z=\pm\frac{\delta}{2}}=0,\ (\tau_{zy})_{z=\pm\frac{\delta}{2}}=0$$

由于板很薄，外力又不沿厚度变化，应力沿着板的厚度又是连续分布的，因此，可以认为在整个薄板内部的所有各点都有

$$\sigma_z=0,\ \tau_{zx}=0,\ \tau_{zy}=0$$

注意到切应力的互等性，又可见 $\tau_{xz}=0$，$\tau_{yz}=0$。这样只剩下平行于 xOy 面的三个平面应力分量，即 σ_x、σ_y、$\tau_{xy}=\tau_{yx}$，所以这种问题称为平面应力问题。同时，也因为板很薄，作用于板上的外力和约束都不沿厚度变化，这三个应力分量以及相应的应变分量，都可以认为是不沿厚度变化的。这就是说它们只是 x 和 y 的函数，不随 z 而变化。

归纳起来讲，平面应力问题，就是只有平面应力分量（σ_x、σ_y 和 τ_{xy}）存在，且仅为 x、y 的函数的弹性力学问题。进而可认为，凡是符合这两点的问题，也都属于平面应力问题。

2. 平面应变问题

设有很长的柱形体，它的横截面不沿长度变化，如图 5.5 所示，在柱面上受平行于横截面且不沿长度变化的面力或约束，同时，体力也平行于横截面且不沿长度变化（内在因素和外来作用都不沿长度变化）。

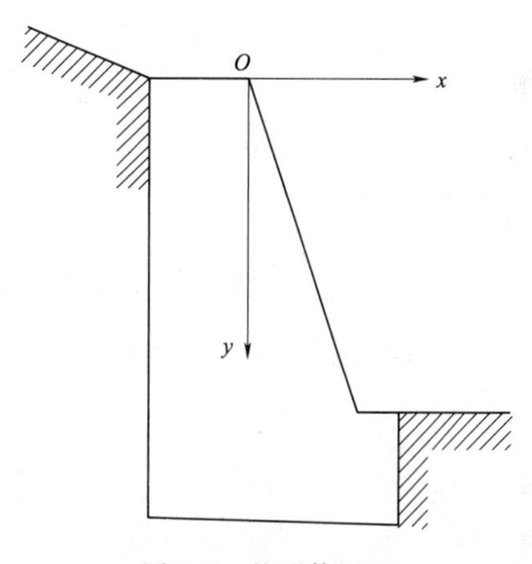

图 5.5　柱形体图示

假想该柱形体为无限长，以任一横截面为 xOy 面，任一纵线为 z 轴，则所有一切应力分量、应变分量和位移分量都不沿 z 轴方向变化，而只是 x 和 y 的函数。此外在这种情况下，由于对称（任一横截面都可以看作是对称面），所有各点都只会沿 x 轴和 y 轴方向移动，即只有 u 和 v，而不会有 z 轴方向的位移，也就是 $w=0$。因为所有各点的位移矢量都平行于 xOy 面，所以这种问题称为平面位移问题。又由对称条件可知，$\tau_{zx}=0$，$\tau_{zy}=0$。根据切应力的互等性，又可以断定 $\tau_{xz}=0$，$\tau_{yz}=0$。由胡克定律，相应的切应变 $\gamma_{zx}=\gamma_{zy}=0$。又由于 z 轴方向的位移 w 处处均为零，就有 $\varepsilon_z=0$，因此只剩下平行于 xOy 面的三个平面应变分量，即 ε_x、ε_y、γ_{xy}，所以这种问题在习惯上称为平面应变问题。由于 z 方向的伸缩被阻止，因此 σ_z 一般并不等于零。

由此可见，所谓平面应变问题就是只有平面应变分量（ε_x、ε_y、γ_{xy}）存在，且仅为 x、y 的函数的弹性力学问题。进而可认为，凡符合这两点的问题，也都属于平面应变问题。

有些问题，例如挡土墙和很长的管道、隧洞问题等，是很接近于平面应变问题的。虽然由于这些结构不是无限长的，而且在两端面上的条件也与中间截面的情况不同，并不符合无限长柱形体的条件，但是实践证明，对于离开两端较远之处，按平面应变问题进行分析计算，得出的结果是工程上可用的。

5.2 平衡微分方程

5.2.1 平衡微分方程简介

在弹性力学中分析问题，要考虑静力学、几何学和物理学三方面的条件，分别建立三套方程。现在，考虑平面问题的静力学条件，在弹性体内任一点取出一个微分体，根据平衡条件来导出应力分量与体力分量之间的关系式，也就是平面问题的平衡微分方程。

从图 5.4 所示的薄板，或图 5.5 所示的柱形体中，取出一个微小的正平行六面体，它在 x 轴和 y 轴方向的尺寸分别为 $\mathrm{d}x$ 和 $\mathrm{d}y$，如图 5.6 所示。为了计算简便，它在 z 轴方向的尺寸取为一个单位长度。

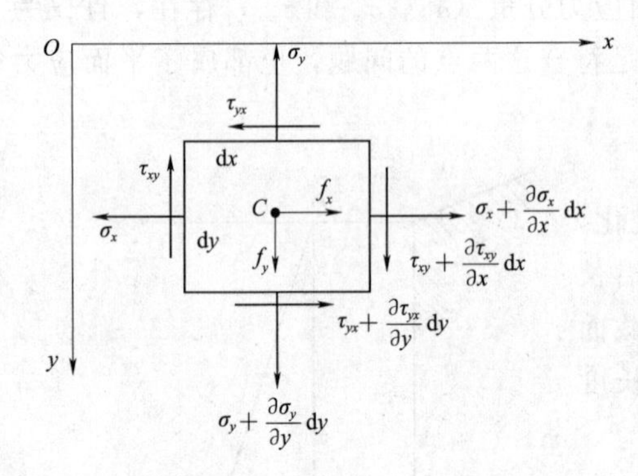

图 5.6　正平行六面体受力图示

一般而论，应力分量是位置坐标 x 和 y 的函数，因此，作用于左右两对面或上下两对面的应力分量不完全相同，而具有微小的差量。例如，设作用于左面的正应力是 $\sigma_x(x)$；则作用于右面的正应力，由于 x 坐标改变为 $x+\mathrm{d}x$，按照连续性的基本假定，将 $\sigma_x(x+\mathrm{d}x)$ 用泰勒级数表示为

$$\sigma_x+\frac{\partial\sigma_x}{\partial x}\mathrm{d}x+\frac{1}{2}\frac{\partial^2\sigma_x}{\partial x^2}\mathrm{d}x^2+\cdots$$

在略去二阶以及更高阶以上的微量以后简化为

$$\sigma_x+\frac{\partial\sigma_x}{\partial x}\mathrm{d}x$$

设 σ_x 为常量，则 $\frac{\partial\sigma_x}{\partial x}=0$，而左右两面的正应力将都是 σ_x，这就是所说的均匀应力的情况。同样，设左面的切应力是 τ_{xy}，则右面的切应力将是 $\tau_{xy}+\frac{\partial\tau_{xy}}{\partial x}\mathrm{d}x$；设上面的正应力及切应力分别为 σ_y 及 τ_{yx}，则下面的正应力及切应力分别为 $\sigma_y+\frac{\partial\sigma_y}{\partial y}\mathrm{d}y$ 及 $\tau_{yx}+\frac{\partial\tau_{yx}}{\partial y}\mathrm{d}y$。因为六面体是微小的，所以它在各面上所受的应力可以认为是均匀分布的，其合力作用在对应面的中心。同理，六面体所受的体力，也可以认为是均匀分布的，其合力作用在它的体积的中心。

首先以通过中心 C 并平行于 z 轴的直线为矩轴，列出力矩的平衡方程 $\sum M_C=0$：

$$\left(\tau_{xy}+\frac{\partial\tau_{xy}}{\partial x}\mathrm{d}x\right)\mathrm{d}y\times1\times\frac{\mathrm{d}x}{2}+\tau_{xy}\mathrm{d}y\times1\times\frac{\mathrm{d}x}{2}-$$
$$\left(\tau_{yx}+\frac{\partial\tau_{yx}}{\partial y}\mathrm{d}y\right)\mathrm{d}x\times1\times\frac{\mathrm{d}y}{2}-\tau_{yx}\mathrm{d}x\times1\times\frac{\mathrm{d}y}{2}=0$$

在建立这一方程时，按照小变形假定，用了微分体变形以前的尺寸，而没有用平衡状态下变形以后的尺寸。在以后建立任何平衡方程时，都进行同样的处理，不再加以说明。将上式两边除以 $\mathrm{d}x\mathrm{d}y$，并合并相同的项，得到

$$\tau_{xy}+\frac{1}{2}\frac{\partial\tau_{xy}}{\partial x}\mathrm{d}x=\tau_{yx}+\frac{1}{2}\frac{\partial\tau_{yx}}{\partial y}\mathrm{d}y$$

略去微量不计（亦即命 $\mathrm{d}x$、$\mathrm{d}y$ 都趋于零），则各面上的平均切应力都趋于在角点的切应力，得出

$$\tau_{xy}=\tau_{yx} \tag{5.2}$$

这不过是再一次证明了切应力的互等性。

其次，以 x 轴为投影轴，列出力的平衡方程 $\sum F_x=0$：

$$\left(\sigma_x+\frac{\partial\sigma_x}{\partial x}\mathrm{d}x\right)\mathrm{d}y\times1-\sigma_x\mathrm{d}y\times1+$$

$$\left(\tau_{yx}+\frac{\partial\tau_{yx}}{\partial y}\mathrm{d}y\right)\mathrm{d}x\times1-\tau_{yx}\mathrm{d}x\times1+f_x\mathrm{d}x\mathrm{d}y\times1=0$$

约简以后，两边除以 $\mathrm{d}x\mathrm{d}y$，得

$$\frac{\partial\sigma_x}{\partial x}+\frac{\partial\tau_{yx}}{\partial y}+f_x=0$$

同样，由平衡方程 $\sum F_y=0$ 可得一个相似的微分方程。于是，得出平面问题中应力分量与体力分量之间的关系式，即平面问题中的平衡微分方程：

$$\left.\begin{aligned}\frac{\partial\sigma_x}{\partial x}+\frac{\partial\tau_{yx}}{\partial y}+f_x=0\\\frac{\partial\sigma_y}{\partial y}+\frac{\partial\tau_{xy}}{\partial x}+f_y=0\end{aligned}\right\} \tag{5.3}$$

这两个微分方程中包含着3个未知量 σ_x、σ_y、$\tau_{xy}=\tau_{yx}$，因此，决定应力分量的问题是超静定的，还必须考虑几何学和物理学方面的条件，才能解决问题。

对于平面应变问题来说，在图5.6所示的六面体上，一般还有作用于前后两面的正应力 σ_z，但它们完全不影响式（5.2）及式（5.3）的建立，所以上述方程对于两种平面问题都同样适用。

5.2.2 平面问题中一点的应力状态

下面分析一点的应力状态。若已知任一点 P 处各直角坐标面上的应力分量 σ_x、σ_y、$\tau_{xy}=\tau_{yx}$，如图5.7（a）所示，试求出经过该点的、平行于 z 轴而倾斜于 x 轴和 y 轴的任何斜面上的应力。为此，在点 P 附近取一个平面 AB，它平行于上述斜面，并与经过点 P 的平面 PB 和平面 PA 划出一个微小的三角板或三棱柱 PAB，如图5.7（b）所示。当平面 AB 无限减小而趋于点 P 时，平面 AB 上的应力就成为上述斜面上的应力。

首先来求出平面 AB 上的全应力 p 在 x 轴及 y 轴上的投影分量 p_x 及 p_y。用 n 代表平面 AB 的外法线方向，其方向余弦为

$$\cos(n,x)=l,\cos(n,y)=m$$

设平面 AB 的长度为 $\mathrm{d}s$，则平面 PB 及平面 PA 的长度分别为 $l\mathrm{d}s$ 及 $m\mathrm{d}s$，而 PAB 的面积为 $l\mathrm{d}sm\mathrm{d}s/2$。垂直于图平面的 z 轴方向的尺寸仍然取为一个单位长度。于是由平

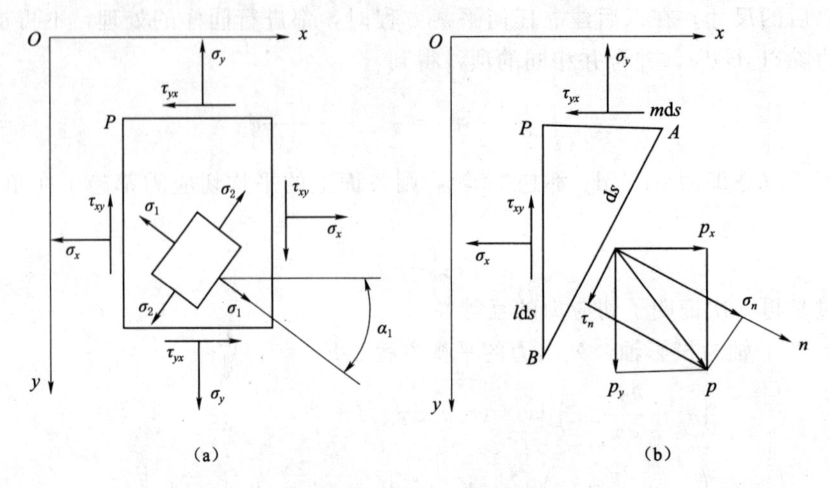

图 5.7 一点的应力状态

衡条件$\sum F_x=0$得

$$p_x\mathrm{d}s-\sigma_x l\mathrm{d}s-\tau_{xy}m\mathrm{d}s+f_x\frac{l\mathrm{d}sm\mathrm{d}s}{2}=0$$

式中，f_x 为 x 轴方向的体力分量。将上式除以 ds，并命 ds 趋于零（相当于平面 AB 趋于点 P），即得

$$p_x=l\sigma_x+m\tau_{xy} \tag{5.4}$$

同样可以由$\sum F_y=0$，得出

$$p_y=m\sigma_y+l\tau_{xy} \tag{5.5}$$

其次来求出斜面上的正应力和切应力。命平面 AB 上的正应力为σ_n，并规定其沿外法线 n 的正方向为正，反之为负，则由 p_x 及 p_y 的投影可得

$$\sigma_n=lp_x+mp_y$$

将式（5.4）及式（5.5）代入上式，即得

$$\sigma_n=l^2\sigma_x+m^2\sigma_y+2lm\tau_{xy} \tag{5.6}$$

命平面 AB 上的切应力为τ_n，则由投影得

$$\tau_n=lp_y-mp_x$$

将式（5.4））及式（5.5）代入上式，即得

$$\tau_n=lm(\sigma_y-\sigma_x)+(l^2-m^2)\tau_{xy} \tag{5.7}$$

由式（5.6）及式（5.7）知，如果已知点 P 处的应力分量，就可以求得经过点 P 的任一平面上的正应力及切应力。

若经过点 P 的某一平面上的切应力等于零。则该平面上的正应力称为在点 P 的一个主应力，而该平面称为在点 P 的一个应力主面，该平面的法线方向（即主应力的方向）称为在点 P 的一个应力主向。

然后，考虑如何由点 P 的应力分量求出点 P 的主应力及主应力主向。

在应力主面上，由于切应力等于零，全应力就等于该面上的正应力，也就等于主应力 σ，如图 5.7（a）所示，因此该面上的全应力在坐标轴上的投影为

$$p_x = l\sigma,\ p_y = m\sigma$$

将式（5.4）及式（5.5）代入上式，即得

$$l\sigma_x + m\tau_{xy} = l\sigma,\ m\sigma_y + l\tau_{xy} = m\sigma$$

由两式分别解出比值 m/l，得到

$$\frac{m}{l} = \frac{\sigma - \sigma_x}{\tau_{xy}}, \frac{m}{l} = \frac{\tau_{xy}}{\sigma - \sigma_y} \tag{5.8}$$

由于式（5.8）的等号左边都是$\frac{m}{l}$，因而它们的等号右边也应相等，于是可得 σ 的二次方程：

$$\sigma^2 - (\sigma_x + \sigma_y)\sigma + (\sigma_x\sigma_y - \tau_{xy}^2) = 0$$

从而求得两个主应力为

$$\left.\begin{matrix}\sigma_1 \\ \sigma_2\end{matrix}\right\} = \frac{\sigma_x + \sigma_y}{2} \pm \sqrt{\left(\frac{\sigma_x - \sigma_y}{2}\right)^2 + \tau_{xy}^2} \tag{5.9}$$

由于根号内的数值（两个数的平方之和）总是正的，因此 σ_1 和 σ_2 都是实根。此外，由式（5.9）极易看出下列关系式成立：

$$\sigma_1 + \sigma_2 = \sigma_x + \sigma_y \tag{5.10}$$

下面来求出主应力的方向。设 σ_1 与 x 轴的夹角为 α_1，如图 5.7（a）所示，则

$$\tan\alpha_1 = \frac{\sin\alpha_1}{\cos\alpha_1} = \frac{\cos(90° - \alpha_1)}{\cos\alpha_1} = \frac{m_1}{l_1}$$

利用式（5.8）中的第一式，即得

$$\tan\alpha_1 = \frac{\sigma_1 - \sigma_x}{\tau_{xy}} \tag{5.11}$$

设 σ_2 与 x 轴的夹角为 α_2，则

$$\tan\alpha_2 = \frac{\sin\alpha_2}{\cos\alpha_2} = \frac{\cos(90° - \alpha_2)}{\cos\alpha_2} = \frac{m_2}{l_2}$$

利用式（5.8）中的第二式，即得

$$\tan\alpha_2 = \frac{\tau_{xy}}{\sigma_2 - \sigma_y}$$

再利用由式（5.10）得来的 $\sigma_2 - \sigma_y = -(\sigma_1 - \sigma_x)$，则有

$$\tan\alpha_2 = -\frac{\tau_{xy}}{\sigma_1 - \sigma_x} \tag{5.12}$$

可见有 $\tan\alpha_1\tan\alpha_2 = -1$，也就是说 σ_1 的方向与 σ_2 的方向互相垂直，如图 5.7（a）所示。

如果已经求得任一点的两个主应力 σ_1 和 σ_2，以及与之对应的应力主向，就极易求得这一点的最大应力与最小应力。为了便于分析，将 x 轴和 y 轴分别放在 σ_1 和 σ_2 的方向，于是有

$$\tau_{xy} = 0, \sigma_x = \sigma_1, \sigma_y = \sigma_2 \tag{5.13}$$

先来求出最大与最小的正应力。由式（5.6）及式（5.13），任一平面上的正应力可以表示为

$$\sigma_n = l^2\sigma_1 + m^2\sigma_2$$

用关系式 $l^2+m^2=1$ 消去 m^2，得到

$$\sigma_n = l^2\sigma_1 + (1-l^2)\sigma_2 = l^2(\sigma_1-\sigma_2)+\sigma_2$$

因为 l^2 的最大值为 1 而最小值为零，所以 σ_n 的最大值为 σ_1 而最小值为 σ_2。这就是说，两个主应力也就是最大与最小的正应力。

再来求出最大与最小的切应力。按照式（5.7）及式（5.13），任一斜面上的切应力可表示为

$$\tau_n = lm(\sigma_2-\sigma_1)$$

用关系式 $l^2+m^2=1$ 消去 m，得

$$\begin{aligned}\tau_n &= l\sqrt{1-l^2}(\sigma_2-\sigma_1) = \pm\sqrt{l^2-l^4}(\sigma_2-\sigma_1)\\ &= \pm\sqrt{\frac{1}{4}-\left(\frac{1}{2}-l^2\right)^2}(\sigma_2-\sigma_1)\end{aligned}$$

由上式可见，当 $\frac{1}{2}-l^2=0$ 时，τ_n 为最大或最小，于是得 $l=\pm\sqrt{\frac{1}{2}}$，而最大与最小的切应力为 $\pm\frac{\sigma_1-\sigma_2}{2}$，发生在与 x 轴及 y 轴成 45°的斜面上。

5.3　几　何　方　程

现在来考虑平面问题的几何学条件，导出微分线段上的应变分量与位移分量之间的几何关系式，也就是平面问题中的几何方程。

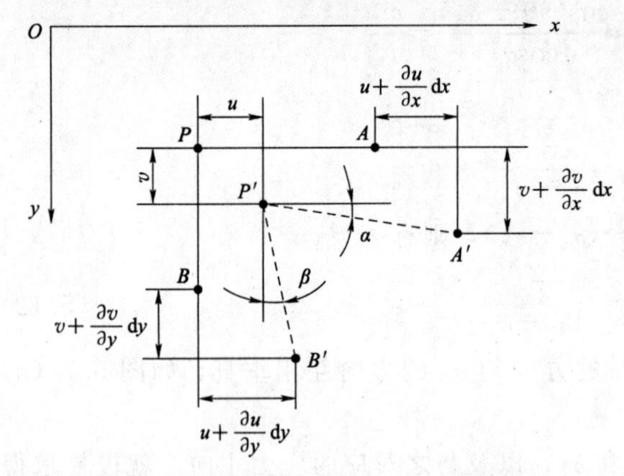

图 5.8　弹性体内任一点 P 应变图示

经过弹性体内的任意一点 P，沿 x 轴和 y 轴的正方向取两个微小长度的线段 $PA=dx$ 和 $PB=dy$（见图 5.8）。假定弹性体受力以后，P、A、B 三点分别移动到 P'、A'、B'。

首先来求出线段 PA 和 PB 的线应变，即 ε_x 和 ε_y，用位移分量来表示。设点 P 在 x 轴方向的位移分量是 u；则点 A 在 x 轴方向的位移分量，由于 x 坐标改变为 $x+dx$，同样地用泰勒级数的展开式表示为

$$u+\frac{\partial u}{\partial x}dx+\frac{1}{2}\frac{\partial^2 u}{\partial x^2}dx^2+\cdots$$

在略去二阶及更高阶的微量以后简化为 $u+\frac{\partial u}{\partial x}dx$。可见线段 PA 的线应变为

$$\varepsilon_x=\frac{\left(u+\frac{\partial u}{\partial x}\mathrm{d}x\right)-u}{\mathrm{d}x}=\frac{\partial u}{\partial x} \tag{5.14}$$

在这里，由于位移微小，y 轴方向的位移 v 所引起的 PA 的伸缩，是更高一阶的微量，因此略去不计。同样可见，线段 PB 的线应变为

$$\varepsilon_y=\frac{\partial v}{\partial y} \tag{5.15}$$

下面来求出线段 PA 与 PB 之间的直角的改变量，也就是切应变 γ_{xy}，用位移分量来表示。由图 5.8 可见，这个切应变是由两部分组成的：一部分是由 y 轴方向的位移 v 引起的，即 x 轴方向的线段 PA 的转角 α；另一部分是由 x 轴方向的位移 u 引起的，即 y 轴方向的线段 PB 的转角 β。

设点 P 在 y 轴方向的位移分量是 v，则点 A 在 y 轴方向的位移分量将是 $v+\frac{\partial v}{\partial x}\mathrm{d}x$。因此线段 PA 的转角为

$$\alpha=\frac{\left(v+\frac{\partial v}{\partial x}\mathrm{d}x\right)-v}{\mathrm{d}x}=\frac{\partial v}{\partial x}$$

同样可得线段 PB 的转角为

$$\beta=\frac{\partial u}{\partial y}$$

于是可见，PA 与 PB 之间的直角的改变量（以减小时为正），也就是切应变 γ_{xy}，为

$$\gamma_{xy}=\alpha+\beta=\frac{\partial v}{\partial x}+\frac{\partial u}{\partial y} \tag{5.16}$$

综合式（5.14）、式（5.15）、式（5.16），得出平面问题中应变分量与位移分量之间的关系式，就是平面问题中的几何方程：

$$\varepsilon_x=\frac{\partial u}{\partial x},\varepsilon_y=\frac{\partial v}{\partial y},\gamma_{xy}=\frac{\partial v}{\partial x}+\frac{\partial u}{\partial y} \tag{5.17}$$

和平衡微分方程一样，上列几何方程对两种平面问题同样适用。在导出几何方向的过程中，也应用了连续性和小变形的基本假定，因此这两个条件同样也是几何方程的适用条件。按照小变形假定，在几何方程中略去了应变分量的二次幂及更高阶的小量，因而使几何方程成为线性的方程。由几何方程可见，当物体的位移分量完全确定时，应变分量即完全确定；反之，当应变分量完全确定时，位移分量却不能完全确定。为了说明后者，试令应变分量等于零，即

$$\varepsilon_x=\varepsilon_y=\gamma_{xy}=0 \tag{5.18}$$

而求出相应的位移分量。

将式（5.18）代入式（5.17），得

$$\frac{\partial u}{\partial x}=0,\frac{\partial v}{\partial x}=0,\frac{\partial v}{\partial x}+\frac{\partial u}{\partial y}=0 \tag{5.19}$$

将前两式分别对 x 及 y 积分，得

$$u=f_1(y),v=f_2(x) \tag{5.20}$$

式中，f_1 及 f_2 为任意函数。代入式（5.19）中的第三式，得

$$-\frac{\mathrm{d}f_1(y)}{\mathrm{d}y}=\frac{\mathrm{d}f_2(x)}{\mathrm{d}x}$$

这一方程的左边是 y 的函数，只随 y 而变；而右边是 x 的函数，只随 x 而变。因此只可能两边都等于同一常数 ω。于是得

$$\frac{\mathrm{d}f_1(y)}{\mathrm{d}y}=-\omega,\frac{\mathrm{d}f_2(x)}{\mathrm{d}x}=\omega$$

积分以后，得

$$f_1(y)=u_0-\omega y,f_2(x)=v_0+\omega x \tag{5.21}$$

式中，u_0 及 v_0 为任意常数。将式（5.21）代入式（5.20），得位移分量：

$$u=u_0-\omega y,v=v_0+\omega x \tag{5.22}$$

式（5.22）所示的位移，是“应变为零”时的位移，也就是“与变形无关的位移”，因此必然是刚体位移。实际上，u_0 及 v_0 分别为物体沿 x 轴及 y 轴方向的刚体平移，而 ω 为物体绕 z 轴的刚体转动。下面根据平面运动的原理加以证明。

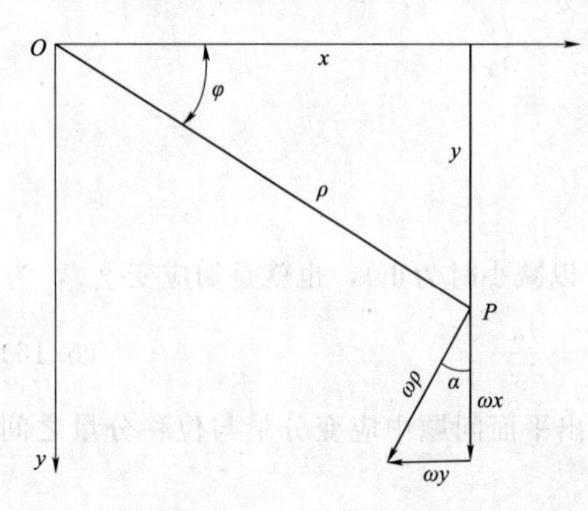

图 5.9　点 P 位移图示

当三个常数中只有 u_0 不为零时，由式（5.22）可见，物体中任意一点的位移分量都是 $u=u_0$，$v=0$。这就是说，物体的所有各点只沿 x 轴方向移动同样的距离 u_0。由此可见，u_0 代表物体沿 x 轴方向的刚体平移。同样可见，v_0 代表物体沿 y 轴方向的刚体平移。当只有 ω 不为零时，由式（5.22）可见，物体中任意一点的位移分量是 $u=-\omega y$，$v=\omega x$。据此，坐标为（x，y）的任意一点 P 沿着 y 轴正方向移动 ωx，并沿着 x 轴负方向移动 ωy，如图 5.9 所示，而合成位移为

$$\sqrt{u^2+v^2}=\sqrt{(-\omega y)^2+(\omega x)^2}$$

$$=\omega\sqrt{x^2+y^2}=\omega\rho$$

式中，ρ 为点 P 至 z 轴的距离。命合成位移的方向与 y 轴的夹角为 α，则由图可见

$$\tan\alpha=\omega y/(\omega x)=y/x=\tan\varphi$$

可见，合成位移的方向与径向线段 OP 垂直，也就是沿着切向。既然 OP 线上的所有各点移动的方向都是沿着切向，而且移动的距离等于径向距离 ρ 乘以 ω，可见（注意位移是微小的）ω 代表物体绕 z 轴的刚体转动。

既然物体在应变为零时可以有刚体位移，可见当物体发生一定的应变时，其位移是由两部分组成的，一部分是与应变有关的位移，另一部分是与应变无关的刚体位移。因而当应变确定时，它的位移并不是完全确定的。在平面问题中，常数 u_0、v_0、ω 的任意性就反映了位移的不确定性，而为了完全确定位移，就必须有三个适当的刚体约束条件来确定这三个常数。

5.4 物 理 方 程

现在来考虑平面问题的物理学条件，导出应变分量与应力分量之间的物理关系式，也就是平面问题中的物理方程。

在理想弹性体中，应变分量与应力分量之间的关系极其简单，可根据胡克定律建立如下：

$$\left.\begin{aligned}\varepsilon_x&=\frac{1}{E}[\sigma_x-\mu(\sigma_y+\sigma_z)]\\ \varepsilon_y&=\frac{1}{E}[\sigma_y-\mu(\sigma_z+\sigma_x)]\\ \varepsilon_z&=\frac{1}{E}[\sigma_z-\mu(\sigma_x+\sigma_y)]\\ \gamma_{yz}&=\frac{1}{G}\tau_{yz},\gamma_{zx}=\frac{1}{G}\tau_{zx},\gamma_{xy}=\frac{1}{G}\tau_{xy}\end{aligned}\right\}\tag{5.23}$$

式中：E 为拉压弹性模量，简称弹性模量；G 为切变模量，又称剪切模量或刚度模量；μ 为侧向收缩系数，又称泊松比或泊松系数。

这三个弹性常数之间有如下关系：

$$G=\frac{E}{2(1+\mu)}\tag{5.24}$$

这些弹性常数不随应力或应变的大小而变，不随位置坐标而变，也不随方向而变，因为已经假定考虑的物体是完全弹性的、均匀的，而且是各向同性的。

在平面应力问题中，$\sigma_z=0$。在式（5.23）的第一式及第二式中删去 σ_z，并将式（5.24）代入式（5.23）中的最后一式，得

$$\left.\begin{aligned}\varepsilon_x&=\frac{1}{E}(\sigma_x-\mu\sigma_y)\\ \varepsilon_y&=\frac{1}{E}(\sigma_y-\mu\sigma_x)\\ \gamma_{xy}&=\frac{2(1+\mu)}{E}\tau_{xy}\end{aligned}\right\}\tag{5.25}$$

这就是平面应力问题中的物理方程。此外，式（5.23）中的第三式成为

$$\varepsilon_z=-\frac{\mu}{E}(\sigma_x+\sigma_y)\tag{5.26}$$

上式表明，ε_z 可以直接由 σ_x 和 σ_y 得出，因而不作为独立的未知函数。又由式（5.23）中的第四式及第五式可见，因为在平面应力问题中有 $\tau_{yz}=0$ 和 $\tau_{zx}=0$，所以有 $\gamma_{yz}=0$ 和 $\gamma_{zx}=0$。

在平面应变问题中，因为物体的所有各点都不沿 z 轴方向移动，即 $w=0$，所以 z 轴方向的线段都没有伸缩，即 $\varepsilon_z=0$。于是由式（5.23）中的第三式得

$$\sigma_z=\mu(\sigma_x+\sigma_y)\tag{5.27}$$

同样，σ_z 也不作为独立的未知函数。将上式代入式（5.23）中的第一式及第二式，并结合式（5.25）中的第三式，得

$$\left.\begin{aligned}\varepsilon_x&=\frac{1-\mu^2}{E}\left(\sigma_x-\frac{\mu}{1-\mu}\sigma_y\right)\\\varepsilon_y&=\frac{1-\mu^2}{E}\left(\sigma_y-\frac{\mu}{1-\mu}\sigma_x\right)\\\gamma_{xy}&=\frac{2(1+\mu)}{E}\tau_{xy}\end{aligned}\right\}\tag{5.28}$$

这就是平面应变问题中的物理方程。此外，因为在平面应变问题中也有 $\tau_{yz}=0$ 和 $\tau_{zx}=0$，所以也有 $\gamma_{yz}=0$ 和 $\gamma_{zx}=0$。

可以看出，两种平面问题的物理方程是不一样的。然而，如果在平面应力问题的物理方程式（5.25）中，将 E 换为 $\dfrac{E}{1-\mu^2}$，μ 换为 $\dfrac{\mu}{1-\mu}$，得到平面应变问题的物理方程式（5.28），其中的第三式也不例外，因为

$$\frac{2\left(1+\dfrac{\mu}{1-\mu}\right)}{\dfrac{E}{1-\mu^2}}=\frac{2(1+\mu)}{E}$$

以上导出的三套方程，就是弹性力学平面问题的基本方程：2 个平衡微分方程式（5.3），3 个几何方程式（5.17），3 个物理方程式（5.25）或式（5.28）。这 8 个基本方程中包含 8 个未知函数（坐标的未知函数）：3 个应力分量 σ_x、σ_y、$\tau_{xy}=\tau_{yx}$；3 个应变分量 ε_x、ε_y、γ_{xy}；2 个位移分量 u、v。此外，还必须考虑弹性体边界上的条件，才有可能求出这些未知函数。

5.5 边界条件

边界条件表示在边界上位移与约束，或应力与面力之间的关系式。它可以分为位移边界条件、应力边界条件和混合边界条件。

在位移边界问题中，物体在全部边界上的位移分量都是已知的，也就是，在边界上，有

$$u_s=\overline{u},v_s=\overline{v}\tag{5.29}$$

式中，u_s 和 v_s 为边界上的位移分量；$\overline{u}$ 和 $\overline{v}$ 为边界上坐标的已知函数。这就是平面问题的位移（或约束）边界条件。

在应力边界问题中，弹性体在全部边界上所受的面力是已知的，也就是说面力分量 $\overline{f}_x$ 和 $\overline{f}_y$ 在边界上是坐标的已知函数，可以把面力已知的条件变换为应力方面的条件。为此，只需把图 5.7（b）中的平面 AB 取在弹性体的边界上，使得 n 成为边界面的外法线方向。这样，当平面 AB 与点 P 无限接近时，应力分量 p_x 和 p_y 将分别成为面力分量 $\overline{f}_x$ 和 $\overline{f}_y$，而坐标面上的 σ_x、σ_y、τ_{xy}，将成为应力分量的边界值。由平衡条件得出平面问题的应力（或面力）边界条件为

$$\left.\begin{aligned}(l\sigma_x+m\tau_{yx})_s=\overline{f}_x\\(m\sigma_y+l\tau_{yx})_s=\overline{f}_y\end{aligned}\right\}\tag{5.30}$$

这两个方程表明应力分量的边界值与已知面力分量之间的关系，这就是平面问题的应力边界条件。

当边界面垂直于某一坐标轴时，应力边界条件将大为简化：在垂直于 x 轴的边界上，$l=\pm1$，$m=0$，应力边界条件式（5.30）简化为

$$(\sigma_x)_s=\pm\overline{f}_x,(\tau_{xy})_s=\pm\overline{f}_y\tag{5.31}$$

在垂直于 y 轴的边界上，$l=0$，$m=\pm1$，则在此面上应力边界条件式（5.30）简化为

$$(\sigma_y)_s=\pm\overline{f}_y,(\tau_{yx})_s=\pm\overline{f}_x\tag{5.32}$$

可见，在这种边界上，应力分量的边界值就等于对应的面力分量（当边界的外法线沿坐标轴正方向时，两者的正负号相同；当边界的外法线沿坐标轴负方向时，两者的正负号相反）。

注意：在垂直于 x 轴的边界上，应力边界条件中并没有（σ_y）$_s$；在垂直于 y 轴的边界上，应力边界中并没有（σ_x）$_s$。这就是说，平行于边界方向的正应力，它的边界值与面力分量并不直接相关。

在平面问题的混合边界条件中，物体的一部分边界具有已知位移，因而属于位移边界条件，如式（5.29）所示；另一部分边界则具有已知面力，因而属于应力边界条件，如式（5.30）所示。此外，在同一部分边界上还可能出现混合边界条件，即两个边界条件中的一个是位移边界条件，而另一个则是应力边界条件。例如，设垂直于 x 轴的某一边界是连杆支承边，如图 5.10（a）所示，则在 x 轴方向有位移边界条件$(u)_s=\overline{u}=0$，而在 y 轴方向有应力边界条件$(\tau_{xy})_s=\overline{f}_y=0$。又例如，设垂直于 x 轴的某一边界是齿槽边，如图 5.10（b）所示，则在 x 轴方向有应力边界条件$(\sigma_x)_s=\overline{f}_x=0$，而在 y 轴方向有位移边界条件$(v)_s=\overline{v}=0$。在垂直于 y 轴的边界上，以及与坐标斜交的边界上，都可能有与此相似的混合边界条件。

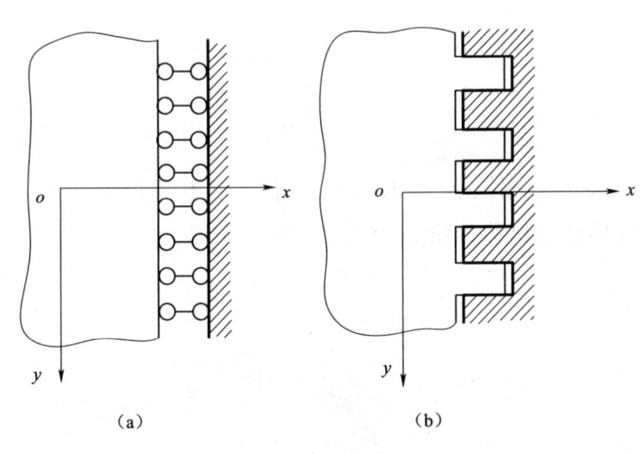

图 5.10　混合边界条件图示

5.6　弹性力学平面问题的求解方法

综上所述，平面问题中共有 8 个未知量（3 个应力分量、3 个应变分量和 2 个位移分量），它们必须满足区域内的平衡微分方程、几何方程和物理方程，以及在边界上的应力和位移边界条件。为了求解方便，可以采用消元法进行求解。

在结构力学里进行超静定结构的分析有三种基本方法，即位移法、力法和混合法。在位移法中，以某些位移为基本未知量；在力法中，以某些反力或内力为基本未知量；在混合法中，同时以某些位移和某些反力或内力为基本未知量。解出基本未知量以后，再求其他的未知量。

与此相似，在弹性力学里求解问题，也有三种基本方法，就是按位移求解、按应力求解和混合求解。按位移求解的方法，又称为位移法，它是以位移分量为基本未知函数，由一些只包含位移分量的微分方程和边界条件求出位移分量以后，再用几何方程求出应变分量，从而用物理方程求出应力分量。按应力求解的方法，又称为应力法，它是以应力分量为基本未知函数，由一些只包含应力分量的微分方程和边界条件求出应力分量以后，再用物理方程求出应变分量，从而用几何方程求出位移分量。在混合求解时，同时以某些位移分量和应力分量为基本未知函数，由一些只包含这些基本未知函数的微分方程和边界条件求出这些基本未知函数以后，再用适当的方程求出其他未知函数。

现在来导出按位移求解平面问题时所需用的微分方程和边界条件。

在平面应力问题中，物理方程是式（5.25），即

$$\varepsilon_x=\frac{1}{E}(\sigma_x-\mu\sigma_y),\varepsilon_y=\frac{1}{E}(\sigma_y-\mu\sigma_x),\gamma_{xy}=\frac{2(1+\mu)}{E}\tau_{xy}$$

由上述三式求解应力分量，得

$$\left.\begin{aligned}\sigma_x&=\frac{E}{1-\mu^2}(\varepsilon_x+\mu\varepsilon_y)\\\sigma_y&=\frac{E}{1-\mu^2}(\varepsilon_y+\mu\varepsilon_x)\\\tau_{xy}&=\frac{E}{2(1+\mu)}\gamma_{xy}\end{aligned}\right\}\tag{5.33}$$

这是应力分量用应变分量表示的形式，也是物理方程的另一种关系式。将几何方程（5.17）代入，就得到用位移分量表示应力分量的表达式：

$$\left.\begin{aligned}\sigma_x&=\frac{E}{1-\mu^2}\left(\frac{\partial u}{\partial x}+\mu\frac{\partial v}{\partial y}\right)\\\sigma_y&=\frac{E}{1-\mu^2}\left(\frac{\partial v}{\partial y}+\mu\frac{\partial u}{\partial x}\right)\\\tau_{xy}&=\frac{E}{2(1+\mu)}\left(\frac{\partial v}{\partial x}+\frac{\partial u}{\partial y}\right)\end{aligned}\right\}\tag{5.34}$$

上式也称为弹性方程。再将式（5.34）代入平衡微分方程（5.3），简化以后，即得

$$\left.\begin{aligned}\frac{E}{1-\mu^2}\left(\frac{\partial^2 u}{\partial x^2}+\frac{1-\mu}{2}\frac{\partial^2 u}{\partial y^2}+\frac{1+\mu}{2}\frac{\partial^2 v}{\partial x\partial y}\right)+f_x=0\\ \frac{E}{1-\mu^2}\left(\frac{\partial^2 v}{\partial y^2}+\frac{1-\mu}{2}\frac{\partial^2 v}{\partial x^2}+\frac{1+\mu}{2}\frac{\partial^2 u}{\partial x\partial y}\right)+f_y=0\end{aligned}\right\}\tag{5.35}$$

这是用位移分量表示的平衡微分方程，也就是按位移求解平面应力问题时所需的基本微分方程。

另一方面，将式（5.34）代入应力边界条件式（5.30），简化以后得

$$\left.\begin{aligned}\frac{E}{1-\mu^2}\left[l\left(\frac{\partial u}{\partial x}+\mu\frac{\partial v}{\partial y}\right)+m\frac{1-\mu}{2}\left(\frac{\partial u}{\partial y}+\frac{\partial v}{\partial x}\right)\right]_s=\overline{f}_x\\ \frac{E}{1-\mu^2}\left[m\left(\frac{\partial v}{\partial y}+\mu\frac{\partial u}{\partial x}\right)+l\frac{1-\mu}{2}\left(\frac{\partial v}{\partial x}+\frac{\partial u}{\partial y}\right)\right]_s=\overline{f}_y\end{aligned}\right\}\tag{5.36}$$

这是用位移表示的应力边界条件，也就是按位移求解平面应力问题时所用的应力边界条件。位移边界条件仍如式（5.29）所示，即

$$u_s=\overline{u},v_s=\overline{v}$$

总结起来，按位移求解平面应力问题时，要使位移分量满足微分方程式（5.35），并在边界上满足位移边界条件式（5.29）和应力边界条件式（5.36）。求出位移分量以后，即可用几何方程式（5.17）求得应变分量，再用式（5.33）求得应力分量。

平面应变问题与平面应力问题相比，除了物理方程不同外，其他的方程与边界条件都相同。只要将上述各方程和边界条件中的 E 换为$\frac{E}{1-\mu^2}$，μ 换为$\frac{\mu}{1-\mu}$就可以得出平面应变问题按位移求解的方程和边界条件。同样，如果已求得平面应力问题的解答，只需将 E、μ 作同样的转换，就可以得出对应的平面应变问题的解答。

由上述可见，在一般情况下，按位移求解平面问题，最后还需处理联立的两个二阶偏微分方程，而不能再简化为处理一个单独微分方程的问题（像体力为常量时，按应力函数求解全部是应力边界的平面问题那样）。这是按位移求解的缺点，也是按位移求解并未能得出很多函数式解答的原因。但是，在原则上，按位移求解可以适用于任何平面问题——不论体力是不是常量，也不论问题是位移边界还是应力边界问题或混合边界问题。因此，如果并不拘泥于追求函数式解答，而着眼于为一些工程实际问题求解数值解答，那么按位移求解的优越性是十分明显的。此外，基于按位移求解进行理论分析，还可以得出一些普遍的重要结论。

例 5.1 设图 5.11（a）所示的杆件，在 y 轴方向的上端为固定，而下端为自由，受自重体力 $f_x=0$，$f_y=\rho g$（ρ 是杆的密度，g 是重力加速度）的作用。试用位移法求解此问题。

为了简化，将这个问题作为一维问题处理，设 $u=0$，$v=v(y)$，泊松比 $\mu=0$。将这些量和体力分量代入方程式（5.35），其中第一式自然满足，而第二式成为

$$\frac{\mathrm{d}^2 v}{\mathrm{d}y^2}=-\frac{\rho g}{E}$$

由上式解出

$$v=-\frac{\rho g}{2E}y^2+Ay+B \tag{5.37}$$

上、下边的边界条件分别要求

$$(v)_{y=0}=0 \tag{5.38}$$

$$(\sigma_y)_{y=h}=0 \tag{5.39}$$

将式（5.37）代入式（5.38）得 $B=0$，将式（5.37）（取 $B=0$）代入式（5.34）第二式，再代入式（5.39），即得 $A=\frac{\rho gh}{E}$。由此得

$$v=\frac{\rho g}{2E}(2hy-y^2),\sigma_y=\rho g(h-y)$$

对于图 5.11（b）所示的问题，读者可以类似地求出其解答。

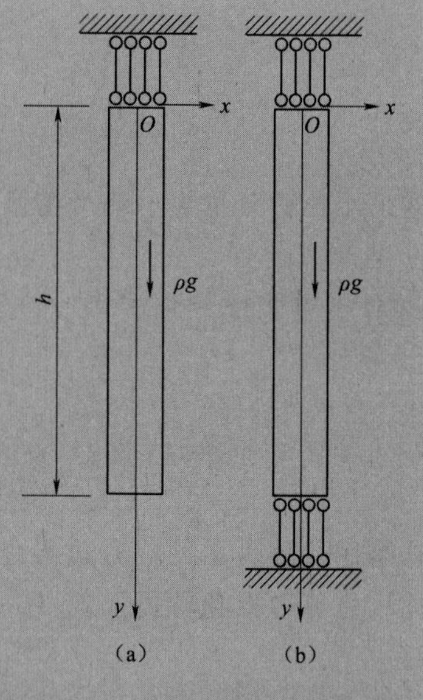

图 5.11　杆件受力图示

第6章　平面问题的有限元分析及三角形单元的应用

6.1　概　　述

用有限单元法分析杆系结构时，通常是将每一根杆作为一个单元，这些单元在节点处相互连接。以节点位移作为基本未知量，可列出有限个线性方程联立求解。在应用有限单元法分析连续弹性体时，把分析杆系结构的思路加以推广，将连续体划分为有限个单元的组合体，仍以有限个节点的位移作为基本未知量，并用矩阵表示基本物理量和基本方程，列出有限个线性方程求解。分析问题的步骤也基本相似，首先进行离散化，将结构划分为若干个单元；接着进行单元分析，得出单元刚度矩阵；然后将各个单位组合起来进行整体分析，求解出节点位移并计算应力。

分析弹性力学平面问题时，采用的是平面几何形状的二维单元，最简单的单元是由三个节点组成的三角形单元。当用以分析平面应力问题时，可将其视为三角板；当用以分析平面应变问题时，则可视为三棱柱。各单元在节点处为铰接。图6.1所示为一悬臂梁离散为三角形单元的组合体，由36个三角形单元组合而成。

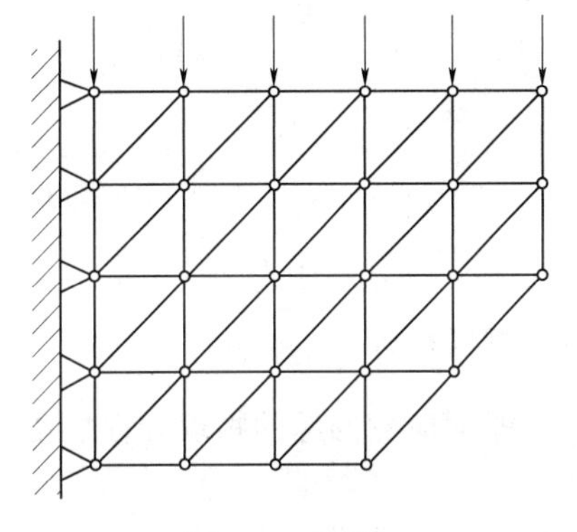

图6.1　悬臂梁

以矩阵形式列出弹性力学平面问题的基本量和基本方程。

弹性体所受体力分量可表示为

$$\boldsymbol{p}=\begin{bmatrix}p_x\\p_y\end{bmatrix}=[p_x \quad p_y]^{\mathrm{T}} \tag{6.1}$$

所受面力分量可表示为

$$\overline{\boldsymbol{p}}=\begin{bmatrix}\overline{p}_x\\\overline{p}_y\end{bmatrix}=[\overline{p}_x \quad \overline{p}_y]^{\mathrm{T}} \tag{6.2}$$

组合体内任一点的应力分量可表示为

$$\boldsymbol{\sigma}=[\sigma_x \quad \sigma_y \quad \tau_{xy}]^{\mathrm{T}} \tag{6.3}$$

任一点的应变分量可表示为

$$\boldsymbol{\varepsilon}=[\varepsilon_x \quad \varepsilon_y \quad \gamma_{xy}]^{\mathrm{T}} \tag{6.4}$$

任一点的位移分量可表示为

$$\boldsymbol{\delta}=[u \quad v]^{\mathrm{T}} \tag{6.5}$$

弹性力学平面问题的几何方程的矩阵表达式为

$$\boldsymbol{\varepsilon}=\begin{bmatrix}\varepsilon_x\\ \varepsilon_y\\ \gamma_{xy}\end{bmatrix}=\begin{bmatrix}\dfrac{\partial u}{\partial x}\\ \dfrac{\partial v}{\partial y}\\ \dfrac{\partial u}{\partial y}+\dfrac{\partial v}{\partial x}\end{bmatrix} \tag{6.6}$$

平面应力问题的物理方程的矩阵表达式为

$$\begin{bmatrix}\sigma_x\\ \sigma_y\\ \tau_{xy}\end{bmatrix}=\frac{E}{1-\mu^2}\begin{bmatrix}1 & \mu & 0\\ \mu & 1 & 0\\ 0 & 0 & \dfrac{1-\mu}{2}\end{bmatrix}\begin{bmatrix}\varepsilon_x\\ \varepsilon_y\\ \gamma_{xy}\end{bmatrix} \tag{6.7}$$

或简写为

$$\boldsymbol{\sigma}=\boldsymbol{D\varepsilon} \tag{6.8}$$

式中，

$$\boldsymbol{D}=\frac{E}{1-\mu^2}\begin{bmatrix}1 & \mu & 0\\ \mu & 1 & 0\\ 0 & 0 & \dfrac{1-\mu}{2}\end{bmatrix} \tag{6.9}$$

称为弹性矩阵。

平面应变问题的物理方程也可写成式（6.8），但需将式（6.9）中的 E 换成 $\dfrac{E}{1-\mu^2}$，μ 换成 $\dfrac{\mu}{1-\mu}$，因此得出

$$\boldsymbol{D}=\frac{E}{(1+\mu)(1-2\mu)}\begin{bmatrix}1-\mu & \mu & 0\\ \mu & 1-\mu & 0\\ 0 & 0 & \dfrac{1-2\mu}{2}\end{bmatrix} \tag{6.10}$$

平衡微分方程及边界条件也可以用矩阵表示，但在弹性力学有限元位移法中，通常用虚功方程代替平衡微分方程和应力边界条件。虚功方程的矩阵表达式为

$$\iint \boldsymbol{f}^{*\mathrm{T}}\boldsymbol{p}t\,\mathrm{d}x\,\mathrm{d}y+\int \boldsymbol{f}^{*\mathrm{T}}\overline{\boldsymbol{p}}t\,\mathrm{d}s=\iint \boldsymbol{\varepsilon}^{*\mathrm{T}}\boldsymbol{\sigma}t\,\mathrm{d}x\,\mathrm{d}y \tag{6.11}$$

式中：$\boldsymbol{f}^*=[u^* \quad v^*]^{\mathrm{T}}$，为虚位移；$\boldsymbol{\varepsilon}^*=[\varepsilon_x^* \quad \varepsilon_y^* \quad \gamma_{xy}^*]^{\mathrm{T}}$，为与虚位移相对应的虚应变。

为了便于计算，作用于弹性体上的体力和面力替换为作用在节点上的集中力，即等效节点荷载。设作用于各个节点上的外力分量用如下列阵来表示：

$$\boldsymbol{F}=[U_1 \quad V_1 \quad U_2 \quad V_2 \quad \cdots \quad U_n \quad V_n]^{\mathrm{T}}$$

与这些节点外力分量相对应的节点虚位移分量列阵为

$$\boldsymbol{\delta}^{*}=[u_1^{*}\quad v_1^{*}\quad u_2^{*}\quad v_2^{*}\quad \cdots\quad u_n^{*}\quad v_n^{*}]^{\mathrm{T}}$$

则外力在虚位移上做的虚功为

$$U_1u_1^{*}+V_1v_1^{*}+U_2u_2^{*}+V_2v_2^{*}+\cdots+U_nu_n^{*}+V_nv_n^{*}=\boldsymbol{\delta}^{*\mathrm{T}}\boldsymbol{F}$$

如平面弹性体的厚度为 t，该虚功除以 t，即可得出单位厚度薄板上的外力虚功。于是，式（6.11）所示虚功方程可写成

$$\boldsymbol{\delta}^{*\mathrm{T}}\boldsymbol{F}=\iint\boldsymbol{\varepsilon}^{*\mathrm{T}}\boldsymbol{\sigma}t\,\mathrm{d}x\,\mathrm{d}y \tag{6.12}$$

虚功方程不仅仅应用于弹性力学，也可用于塑性力学。其应用条件是：变形体的全部外力和应力满足平衡方程；位移是微小的，并满足边界条件，位移与应变满足几何方程。所以，通常称之为变形体虚功方程。

6.2 单 元 分 析

图 6.2 所示为一个三角形单元。三个节点按逆时针顺序编号分别为 i、j、m，节点坐标分别为（x_i，y_i）、（x_j，y_j）、（x_m，y_m）。

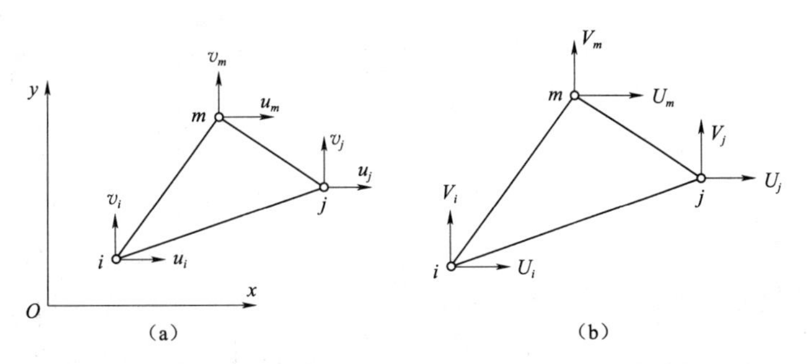

图 6.2 三角形单元

由于每个节点有两个位移分量，单元共有 6 个节点位移分量即 u_i、v_i、u_j、v_j、u_m、v_m，如图 6.2（a）所示，因此三角形单元的节点位移分量 $\boldsymbol{\delta}^{ⓔ}$ 可表示为

$$\boldsymbol{\delta}^{ⓔ}=[u_i\quad v_i\quad u_j\quad v_j\quad u_m\quad v_m]^{ⓔ\mathrm{T}} \tag{6.13}$$

与这 6 个节点位移分量相对应的节点力也有 6 个分量，如图 6.2（b）所示。单元节点力分量可表示为

$$\boldsymbol{F}^{ⓔ}=[U_i\quad V_i\quad U_j\quad V_j\quad U_m\quad V_m]^{ⓔ\mathrm{T}} \tag{6.14}$$

在每个单元上，都可以把节点力 $\boldsymbol{F}^{ⓔ}$ 用节点位移 $\boldsymbol{\delta}^{ⓔ}$ 来表示，即建立如下关系式：

$$\boldsymbol{F}^{ⓔ}=\boldsymbol{k}^{ⓔ}\boldsymbol{\delta}^{ⓔ} \tag{6.15}$$

式中：$\boldsymbol{k}^{ⓔ}$ 称为单元刚度矩阵。

寻求单元刚度矩阵 $\boldsymbol{k}^{ⓔ}$ 的过程称为单元分析。单元分析可按图 6.3 所示的步骤进行。

下面逐次求出相邻各物理量之间的转换关系，最后综合起来求出单元刚度矩阵 $\boldsymbol{k}^{ⓔ}$。

6.2.1 位移函数

为了求单元内任一点（x，y）的位移，设该点的位移 u、v 为其坐标 x、y 的某种函

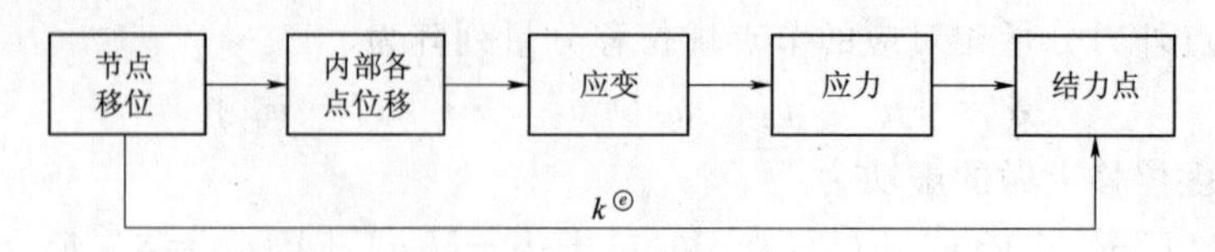

图 6.3　单元分析步骤

数，因为单元有 6 个节点位移分量，考虑到内部任一点的位移可由 6 个节点位移分量来确定，在位移函数中取 6 个任意参数为 $\alpha_i(i=1,2,\cdots,6)$，并将位移函数取为线性函数，即

$$\left.\begin{aligned}u(x,y)&=\alpha_1+\alpha_2x+\alpha_3y\\v(x,y)&=\alpha_4+\alpha_5x+\alpha_6y\end{aligned}\right\}\tag{6.16}$$

一般情况下，一个弹性变形体在外界因素作用时，其内部点的位移变化是比较复杂的，不能用简单的线性函数来描述。但是，当把弹性变形体离散为许多微小的单元时，在每一个单元内部有限小的局部内，各点的位移就可以用简单的线性函数来描述了。位移函数式（6.16）写成矩阵形式为

$$\boldsymbol{f}\begin{bmatrix}u\\v\end{bmatrix}=\begin{bmatrix}1&x&y&0&0&0\\0&0&0&1&x&y\end{bmatrix}\begin{bmatrix}\alpha_1\\\alpha_2\\\alpha_3\\\alpha_4\\\alpha_5\\\alpha_6\end{bmatrix}\tag{6.17}$$

为了求出内部点位移 $\boldsymbol{f}$ 与节点位移 $\boldsymbol{\delta}^{ⓔ}$ 之间的关系，需先求出 $\boldsymbol{\delta}^{ⓔ}$ 与 $\boldsymbol{\alpha}$ 之间的关系。将各节点坐标和位移代入式（6.16），可得

$$\begin{bmatrix}u_i\\u_j\\u_m\end{bmatrix}=\begin{bmatrix}1&x_i&y_i\\1&x_j&y_j\\1&x_m&y_m\end{bmatrix}\begin{bmatrix}\alpha_1\\\alpha_2\\\alpha_3\end{bmatrix}\tag{6.18}$$

$$\begin{bmatrix}v_i\\v_j\\v_m\end{bmatrix}=\begin{bmatrix}1&x_i&y_i\\1&x_j&y_j\\1&x_m&y_m\end{bmatrix}\begin{bmatrix}\alpha_4\\\alpha_5\\\alpha_6\end{bmatrix}\tag{6.19}$$

三角形单元的面积为

$$A=\frac{1}{2}\begin{vmatrix}1&x_i&y_i\\1&x_j&y_j\\1&x_m&y_m\end{vmatrix}\tag{6.20}$$

求解式（6.18）得

$$\begin{bmatrix}\alpha_1\\\alpha_2\\\alpha_3\end{bmatrix}=\frac{1}{2A}\begin{bmatrix}a_i&a_j&a_m\\b_i&b_j&b_m\\c_i&c_j&c_m\end{bmatrix}\begin{bmatrix}u_i\\u_j\\u_m\end{bmatrix}\tag{6.21}$$

求解式（6.19）得

$$\begin{bmatrix}\alpha_4\\\alpha_5\\\alpha_6\end{bmatrix}=\frac{1}{2A}\begin{bmatrix}a_i & a_j & a_m\\b_i & b_j & b_m\\c_i & c_j & c_m\end{bmatrix}\begin{bmatrix}v_i\\v_j\\v_m\end{bmatrix} \tag{6.22}$$

式中，a_i、b_i、c_i、…、a_m、b_m、c_m 由下式计算：

$$\left.\begin{aligned}a_i&=x_jy_m-x_my_j\\b_i&=y_j-y_m\\c_i&=-x_j+x_m\end{aligned}\right\}\quad(i、j、m) \tag{6.23}$$

上式中（i、j、m）表示脚标依次轮换，可写出计算 a_j、b_j、c_j 以及 a_m、b_m、c_m 的另两组公式。

将式（6.21）和式（6.22）代入式（6.16）并展开，得到以节点位移表示的位移函数

$$\begin{bmatrix}u(x,y)\\v(x,y)\end{bmatrix}=\left[\begin{array}{cc:cc:cc}N_i(x,y) & 0 & N_j(x,y) & 0 & N_m(x,y) & 0\\0 & N_i(x,y) & 0 & N_j(x,y) & 0 & N_m(x,y)\end{array}\right]\begin{bmatrix}u_i\\v_i\\u_j\\v_j\\u_m\\v_m\end{bmatrix} \tag{6.24}$$

N_i、N_j、N_m 由下式给出：

$$N_i=\frac{1}{2A}(a_i+b_ix+c_iy)\quad(i、j、m) \tag{6.25}$$

式（6.24）可以简写成

$$\boldsymbol{f}=\boldsymbol{N}\boldsymbol{\delta}^{ⓔ}=[\boldsymbol{I}N_i\quad \boldsymbol{I}N_j\quad \boldsymbol{I}N_m]\boldsymbol{\delta}^{ⓔ} \tag{6.26}$$

式中，$\boldsymbol{I}$ 是二阶单位矩阵，即

$$\boldsymbol{I}=\begin{bmatrix}1 & 0\\0 & 1\end{bmatrix} \tag{6.27}$$

坐标函数 N_i、N_j、N_m 反映了单元的位移形态，故称为单元位移的形态函数或形函数。矩阵 $\boldsymbol{N}$ 称为形函数矩阵。

选取的位移函数是否合理，要看随着单元网格逐步细分，有限元解是否逼近于精确解。为了保证解的收敛性，所选择的单元位移函数应满足以下条件：①位移函数必须包含单元的刚体位移；②位移函数必须包含单元的常量应变；③位移函数必须保证相邻单元在公共边界处位移的连续性。

现在说明位移函数的合理性。设单元发生刚体位移，以 u_0 和 v_0 分别表示沿 x 轴和 y 轴方向的位移，ω_z 表示绕 z 轴的转角，以逆时针转向为正，则单元任一点（x，y）的位移为

$$\left.\begin{aligned} u&=u_0-\omega_z y \\ v&=v_0+\omega_z x \end{aligned}\right\} \tag{6.28}$$

将式（6.16）改写为

$$\left.\begin{aligned} u&=\alpha_1+\alpha_2 x-\frac{\alpha_5-\alpha_3}{2}y+\frac{\alpha_5+\alpha_3}{2}y \\ v&=\alpha_4+\frac{\alpha_5-\alpha_3}{2}x+\frac{\alpha_5+\alpha_3}{2}x+\alpha_6 y \end{aligned}\right\}$$

上式与式（6.28）比较，可得

$$u_0=\alpha_1, v_0=\alpha_4, \omega_z=\frac{\alpha_5-\alpha_3}{2}$$

它们反映了刚体的移动和转动。此外，将位移函数代入几何方程式（6.6），可得

$$\varepsilon_x=\alpha_2, \varepsilon_y=\alpha_6, \gamma_{xy}=\alpha_3+\alpha_5$$

可以看出这些应变分量全部是常量。总之，位移函数包含了刚体位移和常量应变。

式（6.16）所示位移函数也保证了相邻单元之间位移的连续性。设任意相邻两单元的边界线为 ij，它们在点 i 的位移相同，在点 j 的位移也相同，并且位移函数在单元内是线性函数，因而，两个单元边界线 ij 在变形后仍然保持直线，这就保证了两相邻单元之间位移的连续性。相邻单元既不会开裂，也不会重叠。

6.2.2　单元的应变和应力

选择了位移函数并以节点位移表示单元内部点的位移之后，利用平面问题的几何方程可以求得以节点位移表示的单元应变；再利用平面问题的物理方程，可以得出以节点位移表示的单元应力。

重新写出平面问题的几何方程：

$$\boldsymbol{\varepsilon}=\begin{bmatrix} \varepsilon_x \\ \varepsilon_y \\ \gamma_{xy} \end{bmatrix}=\begin{bmatrix} \dfrac{\partial}{\partial x} & 0 \\ 0 & \dfrac{\partial}{\partial y} \\ \dfrac{\partial}{\partial y} & \dfrac{\partial}{\partial x} \end{bmatrix}\begin{bmatrix} u \\ v \end{bmatrix} \tag{6.29}$$

由式（6.24）得

$$\left.\begin{aligned} u&=N_i u_i+N_j u_j+N_m u_m \\ v&=N_i v_i+N_j v_j+N_m v_m \end{aligned}\right\} \tag{6.30}$$

将式（6.30）代入式（6.29），并利用下式：

$$\left.\begin{aligned} \frac{\partial N_i}{\partial x}&=\frac{b_i}{2A} \\ \frac{\partial N_i}{\partial y}&=\frac{c_i}{2A} \end{aligned}\right\}(i、j、m) \tag{6.31}$$

得单元应变

$$\begin{bmatrix}\varepsilon_x\\ \varepsilon_y\\ \gamma_{xy}\end{bmatrix}=\frac{1}{2A}\begin{bmatrix}b_i & 0 & b_j & 0 & b_m & 0\\ 0 & c_i & 0 & c_j & 0 & c_m\\ c_i & b_i & c_j & b_j & c_m & b_m\end{bmatrix}\begin{bmatrix}u_i\\ v_i\\ u_j\\ v_j\\ u_m\\ v_m\end{bmatrix} \tag{6.32}$$

或简写成

$$\boldsymbol{\varepsilon}^{ⓔ}=\boldsymbol{B\delta}^{ⓔ} \tag{6.33}$$

式中，

$$\boldsymbol{B}=\frac{1}{2A}\begin{bmatrix}b_i & 0 & b_j & 0 & b_m & 0\\ 0 & c_i & 0 & c_j & 0 & c_m\\ c_i & b_i & c_j & b_j & c_m & b_m\end{bmatrix} \tag{6.34}$$

式（6.33）就是由节点位移 $\boldsymbol{\delta}^{ⓔ}$ 到应变 $\boldsymbol{\varepsilon}^{ⓔ}$ 的转换式，其转换矩阵 $\boldsymbol{B}$ 称为几何矩阵。

将式（6.33）代入平面问题的物理方程式（6.8），有

$$\boldsymbol{\sigma}^{ⓔ}=\boldsymbol{D\varepsilon}^{ⓔ}=\boldsymbol{DB\delta}^{ⓔ} \tag{6.35}$$

或写成

$$\boldsymbol{\sigma}^{ⓔ}=\boldsymbol{S\delta}^{ⓔ} \tag{6.36}$$

式中，转换矩阵

$$\boldsymbol{S}=\boldsymbol{DB} \tag{6.37}$$

称为应力矩阵。

6.2.3 单元刚度矩阵

以上已求得以单元节点位移表示的单元的位移、应变和应力的计算公式，下面寻找由应力计算节点力的转换关系，以便进一步建立节点力和节点位移间的关系。在有限单元法中，常利用虚功方程代替平衡方程。图 6.4（a）所示为三角形单元的实际力系，其节点力为 $\boldsymbol{F}^{ⓔ}$，应力为 $\boldsymbol{\sigma}^{ⓔ}$；图 6.4（b）所示为单元虚位移状态，其节点位移为 $\boldsymbol{\delta}^{*ⓔ}$，应变为 $\boldsymbol{\varepsilon}^{*ⓔ}$。利用式（6.12），可得

$$\boldsymbol{\delta}^{*ⓔ\mathrm{T}}\boldsymbol{F}^{ⓔ}=\iint\boldsymbol{\varepsilon}^{*ⓔ\mathrm{T}}\boldsymbol{\sigma}^{ⓔ}t\,\mathrm{d}x\,\mathrm{d}y \tag{6.38}$$

式中，$\boldsymbol{\delta}^{*ⓔ}$ 为单元节点虚位移；$\boldsymbol{\varepsilon}^{*ⓔ}$ 为单元虚应变。

由式（6.33）可知

$$\boldsymbol{\varepsilon}^{*ⓔ}=\boldsymbol{B\delta}^{*ⓔ}$$

因此

$$\boldsymbol{\varepsilon}^{*ⓔ\mathrm{T}}=\boldsymbol{\delta}^{*ⓔ\mathrm{T}}\boldsymbol{B}^{\mathrm{T}}$$

将上式代入式（6.38），由于 $\boldsymbol{\delta}^{*ⓔ}$ 中的元素是常量，公式右边的 $\boldsymbol{\delta}^{*ⓔ\mathrm{T}}$ 可以提到积分号的前面，得

$$\boldsymbol{\delta}^{*ⓔ\mathrm{T}}\boldsymbol{F}^{ⓔ}=\boldsymbol{\delta}^{*ⓔ\mathrm{T}}\iint\boldsymbol{B}^{\mathrm{T}}\boldsymbol{\sigma}^{ⓔ}t\,\mathrm{d}x\,\mathrm{d}y$$

由于虚位移 $\boldsymbol{\delta}^{*ⓔ}$ 是任意的，因此

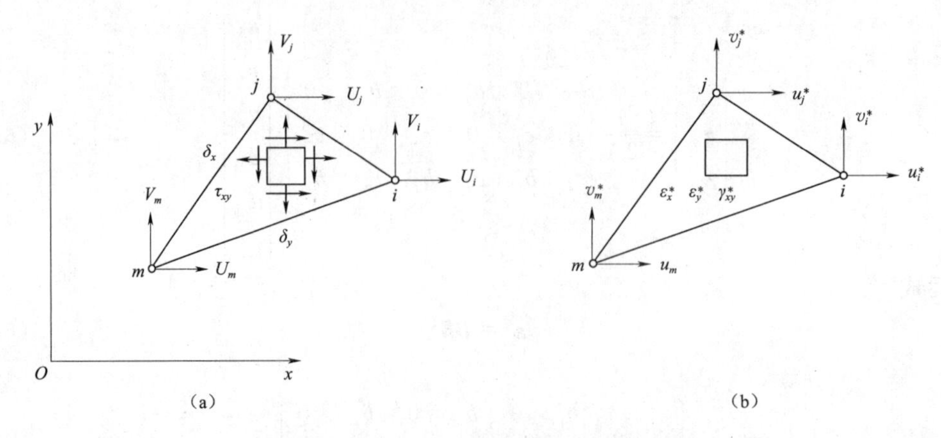

图 6.4　三角形单元力系和单元虚位移状态

$$\boldsymbol{F}^{ⓔ}=\iint \boldsymbol{B}^{\mathrm{T}} \boldsymbol{\sigma}^{ⓔ} t \, \mathrm{d}x \, \mathrm{d}y$$

因为 $\boldsymbol{B}$ 和 $\boldsymbol{\sigma}^{ⓔ}$ 都是常量矩阵，并且积分 $\iint \mathrm{d}x \, \mathrm{d}y=A$ ，所以

$$\boldsymbol{F}^{ⓔ}=\boldsymbol{B}^{\mathrm{T}} \boldsymbol{\sigma}^{ⓔ} t A \tag{6.39}$$

利用式（6.35），可得

$$\boldsymbol{F}^{ⓔ}=\boldsymbol{B}^{\mathrm{T}} \boldsymbol{D} \boldsymbol{B} \boldsymbol{\delta}^{ⓔ} t A \tag{6.40}$$

令

$$\boldsymbol{k}^{ⓔ}=\boldsymbol{B}^{\mathrm{T}} \boldsymbol{D} \boldsymbol{B} t A \tag{6.41}$$

则式（6.40）就变成式（6.15），即

$$\boldsymbol{F}^{ⓔ}=\boldsymbol{k}^{ⓔ} \boldsymbol{\delta}^{ⓔ}$$

单元刚度矩阵 $\boldsymbol{k}^{ⓔ}$ 为一个 6×6 矩阵，它是单元节点位移与单元节点力之间的转换矩阵，具有以下性质：①$\boldsymbol{k}^{ⓔ}$ 是对称矩阵，其元素 $k_{ij}=k_{ji}$；②$\boldsymbol{k}^{ⓔ}$ 是奇异矩阵，由它的元素组成的行列式等于零，即它不存在逆矩阵；③$\boldsymbol{k}^{ⓔ}$ 具有分块性质，可表示为

$$\boldsymbol{k}^{ⓔ}=\begin{bmatrix} \boldsymbol{k}_{ii} & \boldsymbol{k}_{ij} & \boldsymbol{k}_{im} \\ \boldsymbol{k}_{ji} & \boldsymbol{k}_{jj} & \boldsymbol{k}_{jm} \\ \boldsymbol{k}_{mi} & \boldsymbol{k}_{mj} & \boldsymbol{k}_{mm} \end{bmatrix}^{ⓔ} \tag{6.42}$$

式中，子块 $\boldsymbol{k}_{rs}$（r，$s=i$，j，m）均为 2×2 矩阵，它是节点 r 的节点力分量与节点 s 的位移分量之间的刚度子矩阵。因此，式（6.15）可以写成

$$\begin{bmatrix} \boldsymbol{F}_i \\ \boldsymbol{F}_j \\ \boldsymbol{F}_m \end{bmatrix}^{ⓔ}=\begin{bmatrix} \boldsymbol{k}_{ii} & \boldsymbol{k}_{ij} & \boldsymbol{k}_{im} \\ \boldsymbol{k}_{ji} & \boldsymbol{k}_{jj} & \boldsymbol{k}_{jm} \\ \boldsymbol{k}_{mi} & \boldsymbol{k}_{mj} & \boldsymbol{k}_{mm} \end{bmatrix}^{ⓔ}\begin{bmatrix} \boldsymbol{\delta}_i \\ \boldsymbol{\delta}_j \\ \boldsymbol{\delta}_m \end{bmatrix}^{ⓔ} \tag{6.43}$$

例 6.1　试求图 6.5 所示等腰直角三角形单元的刚度矩阵，设 $\mu=0$。

解　（1）求几何矩阵 $\boldsymbol{B}$。由式（6.20）和式（6.23）得

$$A=\frac{1}{2}a^2$$

$$b_i=0,\ c_i=a$$
$$b_j=-a,\ c_j=-a$$
$$b_m=a,\ c_m=0$$

将数值代入式（6.34），得

$$\boldsymbol{B}=\frac{1}{a}\begin{bmatrix}0 & 0 & -1 & 0 & 1 & 0\\ 0 & 1 & 0 & -1 & 0 & 0\\ 1 & 0 & -1 & -1 & 0 & 1\end{bmatrix}$$

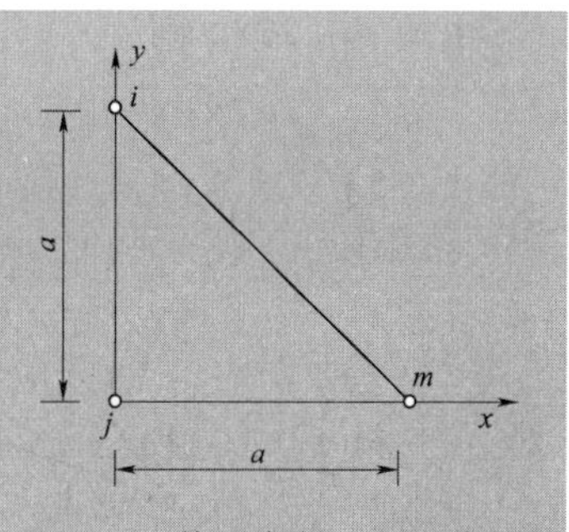

图 6.5　等腰直角三角形单元

（2）求弹性矩阵 $\boldsymbol{D}$。当 $\mu=0$ 时，平面应力问题与平面变形问题的 $\boldsymbol{D}$ 彼此相等，应用式（6.9），可得

$$\boldsymbol{D}=\frac{E}{2}\begin{bmatrix}2 & 0 & 0\\ 0 & 2 & 0\\ 0 & 0 & 1\end{bmatrix}$$

（3）求应力矩阵 $\boldsymbol{S}$。利用式（6.37），得

$$\boldsymbol{S}=\boldsymbol{DB}=\frac{E}{2a}\begin{bmatrix}0 & 0 & -2 & 0 & 2 & 0\\ 0 & 2 & 0 & -2 & 0 & 0\\ 1 & 0 & -1 & -1 & 0 & 1\end{bmatrix}$$

（4）求单元刚度矩阵 $\boldsymbol{k}^{©}$。由式（6.41）得

$$\boldsymbol{k}^{©}=\boldsymbol{B}^{\mathrm{T}}\boldsymbol{DB}tA=\boldsymbol{B}^{\mathrm{T}}\boldsymbol{S}tA=\frac{Et}{4}\begin{bmatrix}1 & 0 & -1 & -1 & 0 & 1\\ 0 & 2 & 0 & -2 & 0 & 0\\ -1 & 0 & 3 & 1 & -2 & -1\\ -1 & -2 & 1 & 3 & 0 & -1\\ 0 & 0 & -2 & 0 & 2 & 0\\ 1 & 0 & -1 & -1 & 0 & 1\end{bmatrix}$$

6.3 等效节点荷载

为便于分析计算，简化各单元的受力状况，将单元所受各种荷载向节点移置，化为节点荷载，荷载的移置应按静力等效原则进行。静力等效是令原来的荷载与移置后的节点荷载在任意虚位移上的虚功相等。

6.3.1 集中荷载

图 6.6（a）所示为单元内的任意一点 M 受到集中荷载 $\boldsymbol{P}$ 的作用，沿 x、y 轴方向的分量分别为 P_x、P_y，用矩阵表示为 $\boldsymbol{P}=[P_x\quad P_y]^{\mathrm{T}}$。设移置到该单元节点上的等效荷载列阵为

$$\boldsymbol{R}^{©}=[X_i\quad Y_i\quad X_j\quad Y_j\quad X_m\quad Y_m]^{\mathrm{T}}$$

设图 6.6 所示单元发生虚位移，其中单元内部任意点的虚位移为

$$\boldsymbol{f}^{*}=[u^{*}\quad v^{*}]^{\mathrm{T}}$$

单元各节点的虚位移为

$$\boldsymbol{\delta}^{*©}=[u_i^{*}\quad v_i^{*}\quad u_j^{*}\quad v_j^{*}\quad u_m^{*}\quad v_m^{*}]^{\mathrm{T}}$$

由式（6.26），则

$$\boldsymbol{f}^{*}=\boldsymbol{N}\boldsymbol{\delta}^{*©} \tag{6.44}$$

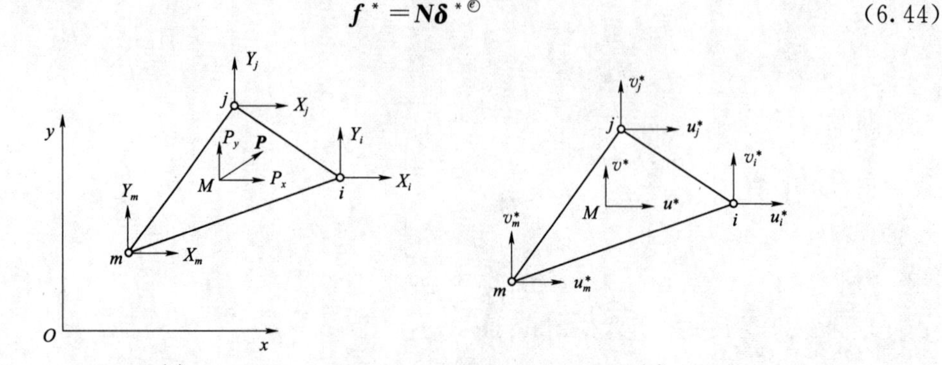

图 6.6　单元内一点受集中荷载

如果设 $\boldsymbol{R}^{©}$ 为单元的等效节点荷载，则 $\boldsymbol{R}^{©}$ 在节点虚位移上所做的虚功应与原来集中荷载在其作用点的虚位移上做的虚功相等，即

$$\boldsymbol{\delta}^{*©\mathrm{T}}\boldsymbol{R}^{©}=f^{*\mathrm{T}}\boldsymbol{P}$$

将式（6.44）代入上式，得

$$\boldsymbol{\delta}^{*©\mathrm{T}}\boldsymbol{R}^{©}=\boldsymbol{\delta}^{*©\mathrm{T}}\boldsymbol{N}^{\mathrm{T}}\boldsymbol{P}$$

由于虚位移可以是任意的，因此

$$\boldsymbol{R}^{©}=\boldsymbol{N}^{\mathrm{T}}\boldsymbol{P} \tag{6.45}$$

或写成

$$\left.\begin{array}{l}X_i=N_iP_x\\Y_i=N_iP_y\end{array}\right\}\quad(i、j、m) \tag{6.46}$$

6.3.2　分布体力

设单元受分布体力 $\boldsymbol{p}$ 的作用：

$$\boldsymbol{p}=[p_x\quad p_y]^{\mathrm{T}}$$

将微分体积 $t\mathrm{d}x\mathrm{d}y$ 上的体力按集中荷载考虑，则利用式（6.45）的积分得出

$$\boldsymbol{R}^{©}=\iint\boldsymbol{N}^{\mathrm{T}}\boldsymbol{p}t\,\mathrm{d}x\,\mathrm{d}y \tag{6.47}$$

如果单元上作用的分布体力为自重，γ 为材料的重度，即

$$\boldsymbol{p}=[0\quad-\gamma]^{\mathrm{T}} \tag{6.48}$$

那么，利用式（6.47）得到等效节点荷载列阵为

$$\boldsymbol{R}^{©}=-\frac{\gamma\boldsymbol{A}\boldsymbol{t}}{3}[0\quad1\quad0\quad1\quad0\quad1]^{\mathrm{T}} \tag{6.49}$$

6.3.3　分布面力

设单元在边界 ij 上受有分布面力的作用：

$$\overline{\boldsymbol{p}}=[\overline{p}_x\quad\overline{p}_y]^{\mathrm{T}}$$

将微分面积 $t\mathrm{d}s$ 上的面力当作集中荷载 $\boldsymbol{P}$，利用式（6.45）的积分可以得出

$$\boldsymbol{R}^{\textcircled{e}}=\int \boldsymbol{N}^{\mathrm{T}}\overline{\boldsymbol{p}}t\,\mathrm{d}s \tag{6.50}$$

下面给出作用于单元边界上荷载的两种简单情况。

如图 6.7 所示单元的边界 ij 上沿 x 轴方向作用一集中力 P_0，其作用点距 i、j 两点的距离分别为 l_i 和 l_j。其等效节点荷载列阵为

$$\boldsymbol{R}^{\textcircled{e}}=P_0\begin{bmatrix}\frac{l_j}{l} & 0 & \frac{l_i}{l} & 0 & 0 & 0\end{bmatrix}^{\mathrm{T}} \tag{6.51}$$

如图 6.8 所示单元的边界 ij 上受有沿 x 轴方向作用的按三角形分布的荷载，在点 i 的荷载集度为 q，则其等效节点荷载列阵为

$$\boldsymbol{R}^{\textcircled{e}}=\frac{qtl}{2}\begin{bmatrix}\frac{2}{3} & 0 & \frac{1}{3} & 0 & 0 & 0\end{bmatrix}^{\mathrm{T}} \tag{6.52}$$

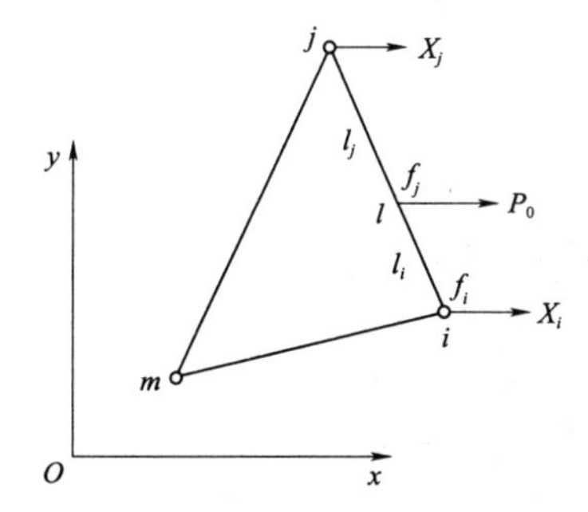

图 6.7　单元边界受集中力荷载

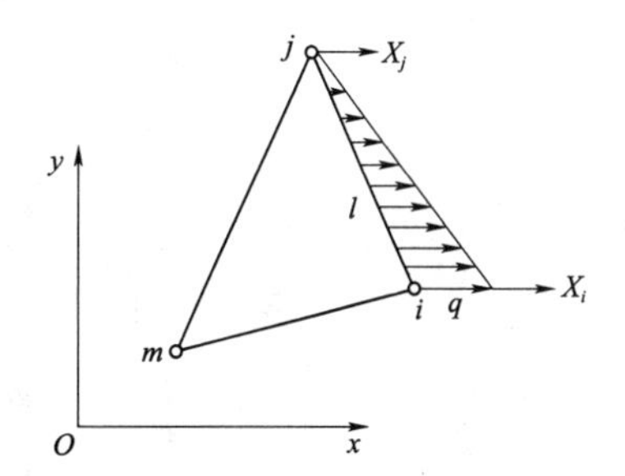

图 6.8　单元边界受三角形分布荷载

如上述两种荷载为任意方向，可分别按其在 x 轴方向和 y 轴方向的分量计算。

如单元上同时作用有集中力、分布体力和分布面力，则总的等效节点荷载应为三部分等效节点荷载之和，即

$$\boldsymbol{R}^{\textcircled{e}}=\boldsymbol{N}^{\mathrm{T}}\boldsymbol{P}+\iint_A \boldsymbol{N}^{\mathrm{T}}\boldsymbol{p}t\,\mathrm{d}x\,\mathrm{d}y=\int_t \boldsymbol{N}^{\mathrm{T}}\overline{\boldsymbol{p}}t\,\mathrm{d}s \tag{6.53}$$

6.4 整体刚度矩阵

应用有限单元法求解弹性力学问题同求解杆件结构力学问题一样，最后应归结为用节点平衡方程求解作为基本未知量的整体节点位移列阵。

在求出各单元的单元刚度矩阵 $\boldsymbol{k}^{\textcircled{e}}$ 和节点荷载列阵之后，就可以用集合的方法建立起平面弹性体的整体刚度矩阵和整体平衡方程。如果弹性体划分为 m 个单元、n 个节点，那么有

$$\boldsymbol{K}_{2n\times 2n}\boldsymbol{\delta}_{2n\times 1}=\boldsymbol{R}_{2n\times 1} \tag{6.54}$$

式中，整体刚度矩阵 $\boldsymbol{K}$ 为 $2n\times 2n$ 矩阵；$\boldsymbol{\delta}$、$\boldsymbol{R}$ 分别为整体节点位移列阵和整体节点荷载列阵，都是 $2n\times 1$ 阶列阵。

在本书第 1 章中已介绍过刚度集成法，即整体刚度矩阵可以通过各单元贡献矩阵叠加的方法形成。这种方法在平面问题有限单元法中仍然适用。将平面单元ⓔ的单元贡献矩阵表示为 $\boldsymbol{K}^{\textcircled{e}}$，它是 $2n\times 2n$ 方阵，于是

$$\boldsymbol{K}=\sum_{e=1}^{m}\boldsymbol{K}^{\textcircled{e}} \tag{6.55}$$

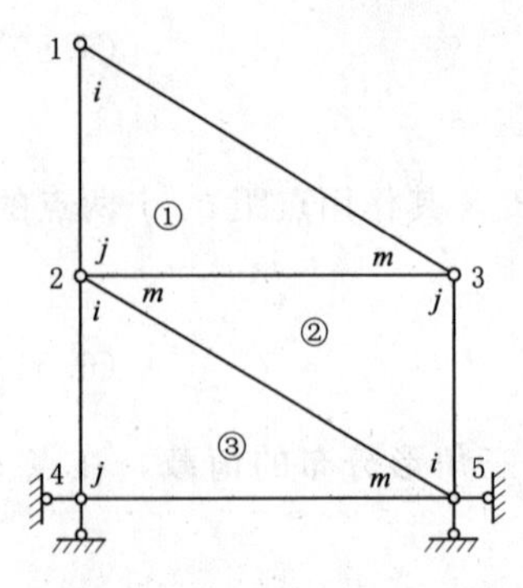

图 6.9　一弹性体单元划分

以下举例说明用单元刚度矩阵形成整体刚度矩阵的方法。图 6.9 表示一弹性体划分为三个单元，并对节点进行整体编号和局部编号，整体编号为 1、2、3、4、5，单元节点局部编号为 i、j、m，按逆时针方向排序。整体刚度矩阵为 10 阶方阵。

首先将单元ⓔ的刚度矩阵 $\boldsymbol{k}^{ⓔ}$ 扩大为 10 阶方阵，称为单元贡献矩阵。单元局部编号应与其所在位置的整体编号相对应。以单元③为例，其节点局部编号 i、j、m 与整体编号 2、4、5 对应，利用式（6.42）中各子矩阵搬家并对号入座，形成单元③的贡献矩阵如下：

整体号→　1　2　3　4　5

$$
\boldsymbol{K}^{③}=\begin{array}{c} 1 \\ 2 \\ 3 \\ 4 \\ 5 \end{array}\left[\begin{array}{ccccc}
 & & & & \\
 & \boldsymbol{k}_{ii}^{③} & & \boldsymbol{k}_{ij}^{③} & \boldsymbol{k}_{im}^{③} \\
 & & & & \\
 & \boldsymbol{k}_{ji}^{③} & & \boldsymbol{k}_{jj}^{③} & \boldsymbol{k}_{jm}^{③} \\
 & \boldsymbol{k}_{mi}^{③} & & \boldsymbol{k}_{mj}^{③} & \boldsymbol{k}_{mm}^{③}
\end{array}\right]\begin{array}{c} \\ i \\ \\ j \\ m \end{array}
$$

i　　j　　m　←局部号

然后，将各单元贡献矩阵 $\boldsymbol{K}^{①}$、$\boldsymbol{K}^{②}$、$\boldsymbol{K}^{③}$ 叠加起来，形成整体刚度矩阵。

在实际编程中，为节省存储空间，与杆系结构形成整体刚度矩阵的方法一样，将各单元刚度矩阵 $\boldsymbol{k}^{ⓔ}$ 中的子矩阵 $(\boldsymbol{k}_{rs})_{2\times2}$（$r$，$s=i$，$j$，$m$）逐个搬到整体刚度矩阵的对应位置上去，"边搬家、边累加"。该例的整体刚度矩阵建立如下：

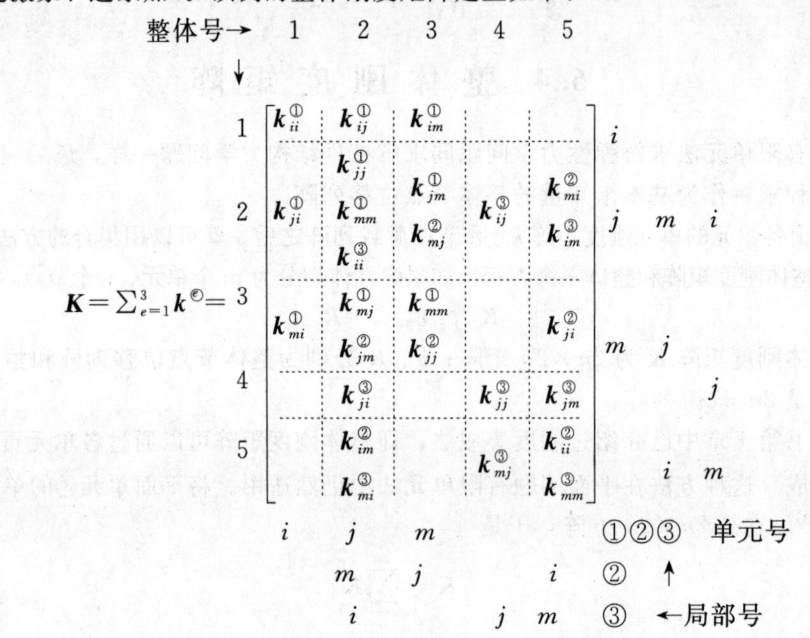

该例形成的整体刚度矩阵为 10 阶方阵，其中各子矩阵累加后仍为 2×2 阶矩阵，如

$$\boldsymbol{K}_{22}=\boldsymbol{k}_{jj}^{①}+\boldsymbol{k}_{mm}^{②}+\boldsymbol{k}_{ii}^{③}$$

需要补充说明的是，离散弹性体的整体的节点荷载列阵 $\boldsymbol{R}$ 也是由各单元的节点荷载 $\boldsymbol{R}^{ⓔ}$ 加以集成而得出的。按照单元节点局部号与离散体整体号的对应关系进行搬家并逐步累加，最后形成结构整体节点荷载列阵。

在形成整体刚度矩阵之后，利用式（6.54）还不能直接求解节点位移，尚需引入位移边界条件，以保证结构具有确定的位移状态，求解未知的节点位移。

6.5 平面问题分析举例

图 6.10（a）为正方形薄板，其板厚为 t，四边受到均匀荷载的作用，荷载集度 $q=1\text{N/m}^2$，同时在 y 轴方向两角的顶点承受大小为 2N/m 沿厚度方向分布的均布荷载作用。设薄板材料的弹性模量为 E，泊松比 $\mu=0$。试用三角形常应变单元计算薄板的位移和应力。

该薄板关于 x 轴和 y 轴对称，可取 1/4 结构计算。

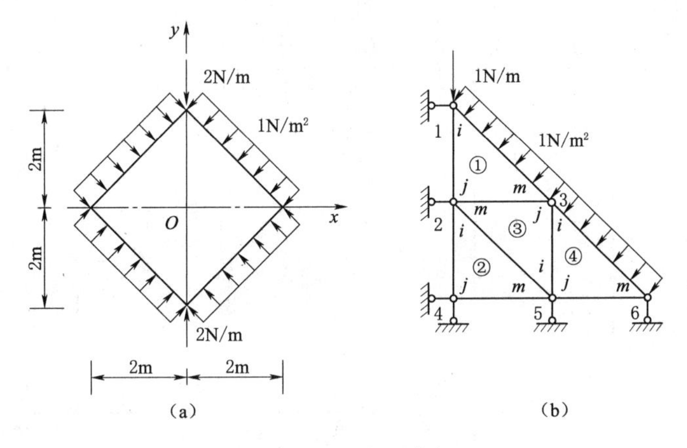

图 6.10　正方形薄板

6.5.1　结构离散化

将 1/4 结构划分为 4 个大小相等、形状相同的直角三角形单元，其计算简图、单元划分及节点整体编号和局部编号如图 6.10（b）所示。

6.5.2　单元刚度矩阵

因为单元①、②、④的形状、大小、材料性质及厚度皆相同并采取同方位的局部编号，因此它们的单元刚度矩阵 $\boldsymbol{k}^{ⓔ}$ 相同。而单元③可看作由单元①旋转 180°得到，因此它们的单元刚度矩阵也相同。故在本题中各单元的刚度矩阵可统一写出，利用例 6.1 的计算结果，有

$$
\boldsymbol{k}^{©}=\boldsymbol{B}^{\mathrm{T}}\boldsymbol{S}tA=\frac{Et}{4}\begin{bmatrix}
1 & 0 & -1 & -1 & 0 & 1 \\
 & 2 & 0 & -2 & 0 & 0 \\
 & & 3 & 1 & -2 & -1 \\
\text{对} & \text{称} & & 3 & 0 & -1 \\
 & & & & 2 & 0 \\
 & & & & & 1
\end{bmatrix}
$$

6.5.3 整体刚度矩阵

4 个单元的局部编号与整体编号的对应关系如表 6.1 所示。

表 6.1　　局部编号与整体编号对应关系表

局部编号	整 体 编 号			
单元号	①	②	③	④
i	1	2	5	3
J	2	4	3	5
m	3	5	2	6

应用刚度集成法，“对号入座”，然后累加，得到整体刚度矩阵

$$
\boldsymbol{K}=\frac{Et}{4}\left[\begin{array}{cc:cc:cc:cc:cc:cc}
1 & 0 & -1 & -1 & 0 & 1 & & & & & & \\
 & 2 & 0 & -2 & 0 & 0 & & & & & & \\
\hdashline
 & & 6 & 1 & -4 & -1 & -1 & -1 & 0 & 1 & & \\
 & & & 6 & -1 & -2 & 0 & -2 & 1 & 0 & & \\
\hdashline
 & & & & 6 & 1 & & & -2 & -1 & 0 & 1 \\
 & & & & & 6 & & & -1 & -4 & 0 & 0 \\
\hdashline
 & & & & & & 3 & 1 & -2 & -1 & & \\
 & & \text{对} & & & & & 3 & 0 & -1 & & \\
\hdashline
 & & & & & & & & 6 & 1 & -2 & -1 \\
 & & & & \text{称} & & & & & 6 & 0 & -1 \\
\hdashline
 & & & & & & & & & & 2 & 0 \\
 & & & & & & & & & & 0 & 1
\end{array}\right]
$$

6.5.4 等效节点荷载

由图 6.10 (b) 可知，只有两个单元直接受到外荷载作用。

在单元①，节点 1 处受到集中荷载 $\boldsymbol{P}=[0\quad -t]^{\mathrm{T}}$，边 13 上作用有均布荷载 $\overline{\boldsymbol{p}}=\left[-\frac{\sqrt{2}}{2}\quad -\frac{\sqrt{2}}{2}\right]^{\mathrm{T}}$，因此

$$
\boldsymbol{R}^{①}=\boldsymbol{R}_{P}^{①}+\boldsymbol{R}_{\overline{p}}^{①}
$$

$$
\boldsymbol{R}^{①}=\boldsymbol{N}^{\mathrm{T}}\boldsymbol{P}=\begin{bmatrix}1 & 0 & 0 & 0 & 0 & 0\\ 0 & 1 & 0 & 0 & 0 & 0\end{bmatrix}^{\mathrm{T}}\begin{bmatrix}0\\ -t\end{bmatrix}
=t[0\quad -1\quad 0\quad 0\quad 0\quad 0]^{\mathrm{T}}
$$

$$R_{\bar{p}}^{①}=\int \boldsymbol{N}^{\mathrm{T}}\bar{\boldsymbol{p}}t\,\mathrm{d}s$$

$$=\int_0^l \begin{bmatrix} 1-\dfrac{s}{l} & 0 & 0 & 0 & \dfrac{s}{l} & 0 \\ 0 & 1-\dfrac{s}{l} & 0 & 0 & 0 & \dfrac{s}{l} \end{bmatrix}^{\mathrm{T}} \begin{bmatrix} -\dfrac{\sqrt{2}}{2} \\ -\dfrac{\sqrt{2}}{2} \end{bmatrix} t\,\mathrm{d}s$$

$$=t\begin{bmatrix} -\dfrac{1}{2} & -\dfrac{1}{2} & 0 & 0 & -\dfrac{1}{2} & -\dfrac{1}{2} \end{bmatrix}^{\mathrm{T}}$$

故

$$\boldsymbol{R}^{①}=\boldsymbol{R}_{P}^{①}+\boldsymbol{R}_{\bar{p}}^{①}$$

$$=t\begin{bmatrix} -\dfrac{1}{2} & -\dfrac{3}{2} & 0 & 0 & -\dfrac{1}{2} & -\dfrac{1}{2} \end{bmatrix}^{\mathrm{T}}$$

在单元④，只在36边上承受均布荷载，因此

$$\boldsymbol{R}^{④}=t\left[-\frac{1}{2} \quad -\frac{1}{2} \quad 0 \quad 0 \quad -\frac{1}{2} \quad -\frac{1}{2}\right]^{\mathrm{T}}$$

在单元③，有

$$\boldsymbol{R}^{③}=[0 \quad 0 \quad 0 \quad 0 \quad 0 \quad 0]^{\mathrm{T}}$$

在单元②，受到约束力作用，有

$$\boldsymbol{R}^{②}=[X_2 \quad 0 \quad X_4 \quad Y_4 \quad 0 \quad Y_5]^{\mathrm{T}}$$

将4个单元的等效节点力以“对号入座”的方式叠加，同时再考虑到节点1和6上作用的集中反力，求得整体等效节点荷载列阵：

$$\boldsymbol{R}=\sum \boldsymbol{R}^{e}=\left[\left(X_1-\frac{1}{2}t\right) \quad -\frac{3}{2}t \quad X_2 \quad 0 \quad -t \quad -t \quad X_4 \quad Y_4 \quad 0 \quad Y_5 \quad -\frac{t}{2} \quad \left(Y_6-\frac{t}{2}\right)\right]^{\mathrm{T}}$$

6.5.5 求解整体平衡方程

整体平衡方程为

$$\boldsymbol{K\Delta}=\boldsymbol{R}$$

弹性方板的边界条件为 $u_1=u_2=u_4=v_4=v_5=v_6=0$，引入支承条件后，得到

$$\frac{Et}{4}\begin{bmatrix} 2 & -2 & 0 & 0 & 0 & 0 \\ & 6 & -1 & -2 & 1 & 0 \\ & & 6 & 1 & -2 & 0 \\ \text{对} & & & 6 & -1 & 0 \\ & & & & 6 & -2 \\ & & \text{称} & & & 2 \end{bmatrix}\begin{bmatrix} v_1 \\ v_2 \\ v_3 \\ v_4 \\ v_5 \\ v_6 \end{bmatrix}=\begin{bmatrix} -\dfrac{3}{2} \\ 0 \\ -1 \\ -1 \\ 0 \\ -\dfrac{1}{2} \end{bmatrix}t$$

解方程得出未知的节点位移为

$$[v_1 \quad v_2 \quad u_3 \quad v_3 \quad u_5 \quad u_6]^T$$

$$=\frac{1}{E}[-5.252 \quad -2.252 \quad -1.088 \quad -1.372 \quad -0.824 \quad -1.824]^T$$

于是整体节点位移列阵为

$$\boldsymbol{\delta}=\frac{1}{E}[0 \quad -5.252 \;\vdots\; 0 \quad -2.252 \;\vdots\; -1.088 \quad -1.372 \;\vdots\; 0 \quad 0 \;\vdots\; -0.824 \quad 0 \;\vdots\; -1.824 \quad 0]^T$$

6.5.6 求单元应力

利用例 6.1 结果，写出单元应力矩阵。

单元①、②、④：

$$\boldsymbol{S}^{ⓘ}=\frac{E}{2}\begin{bmatrix}0 & 0 & -2 & 0 & 2 & 0\\0 & 2 & 0 & -2 & 0 & 0\\1 & 0 & -1 & -1 & 0 & 1\end{bmatrix} \quad (i=1,2,4)$$

单元③：

$$\boldsymbol{S}^{③}=\frac{E}{2}\begin{bmatrix}0 & 0 & 2 & 0 & -2 & 0\\0 & -2 & 0 & 2 & 0 & 0\\-1 & 0 & 1 & 1 & 0 & -1\end{bmatrix}$$

根据整体节点编号与局部单元编号的对应关系，写出单元节点位移列阵：

$$\boldsymbol{\delta}^{①}=\frac{1}{E}[0 \quad -5.252 \;\vdots\; 0 \quad -2.252 \;\vdots\; -1.088 \quad -1.372]^T$$

$$\boldsymbol{\delta}^{②}=\frac{1}{E}[0 \quad -2.252 \;\vdots\; 0 \quad 0 \;\vdots\; -8.824 \quad 0]^T$$

$$\boldsymbol{\delta}^{③}=\frac{1}{E}[-0.824 \quad 0 \;\vdots\; -1.088 \quad -1.372 \;\vdots\; 0 \quad -2.252]^T$$

$$\boldsymbol{\delta}^{④}=\frac{1}{E}[-1.088 \quad -1.372 \;\vdots\; -0.824 \quad 0 \;\vdots\; -1.824 \quad 0]^T$$

以下利用式（6.36）计算各单元应力。

单元①：

$$\boldsymbol{\sigma}^{①}=\boldsymbol{S}^{①}\boldsymbol{\delta}^{①}=\frac{E}{2}\begin{bmatrix}0 & 0 & -2 & 0 & 2 & 0\\0 & 2 & 0 & -2 & 0 & 0\\1 & 0 & -1 & -1 & 0 & 1\end{bmatrix}\frac{1}{E}\begin{bmatrix}0\\-5.252\\0\\-2.252\\-1.088\\-1.372\end{bmatrix}=\begin{bmatrix}-1.088\\-3.000\\0.440\end{bmatrix}\text{Pa}$$

单元②：

$$\boldsymbol{\sigma}^{②}=\boldsymbol{S}^{②}\boldsymbol{\delta}^{②}=\frac{E}{2}\begin{bmatrix}0 & 0 & -2 & 0 & 2 & 0\\0 & 2 & 0 & -2 & 0 & 0\\1 & 0 & -1 & -1 & 0 & 1\end{bmatrix}\frac{1}{E}\begin{bmatrix}0\\-2.252\\0\\0\\-0.824\\0\end{bmatrix}=\begin{bmatrix}-0.824\\-2.252\\0\end{bmatrix}\text{Pa}$$

单元③：

$$\boldsymbol{\sigma}^{③}=\boldsymbol{S}^{③}\boldsymbol{\delta}^{③}=\frac{E}{2}\begin{bmatrix}0 & 0 & 2 & 0 & -2 & 0\\0 & -2 & 0 & 2 & 0 & 0\\-1 & 0 & 1 & 1 & 0 & -1\end{bmatrix}\frac{1}{E}\begin{bmatrix}-0.824\\0\\-1.088\\-1.372\\0\\-2.252\end{bmatrix}=\begin{bmatrix}-1.088\\-1.372\\0.308\end{bmatrix}\text{Pa}$$

单元④：

$$\boldsymbol{\sigma}^{④}=\boldsymbol{S}^{④}\boldsymbol{\delta}^{④}=\frac{E}{2}\begin{bmatrix}0 & 0 & -2 & 0 & 2 & 0\\0 & 2 & 0 & -2 & 0 & 0\\1 & 0 & -1 & -1 & 0 & 1\end{bmatrix}\frac{1}{E}\begin{bmatrix}-1.088\\-1.372\\-0.824\\0\\-1.824\\0\end{bmatrix}=\begin{bmatrix}-1.000\\-1.372\\-0.132\end{bmatrix}\text{Pa}$$

6.6 单元网格的划分和计算成果的整理

6.6.1 单元网格的划分

结构的离散化，即单元网格的划分，是进行结构计算之前首先要考虑的问题，划分单元数目的多少以及疏密分布将直接影响到计算的工作量和计算精度。单元的划分没有统一的模式和要求，通常与弹性体的形状、受力状态、计算精度和计算工具的能力等因素有关。一般情况下，随着划分单元数目的增加和计算精度的提高，计算工作量和计算时间随之增大。因此在划分单元网格时，不仅要考虑单元数目的多少，而且要考虑单元划分的合理性。以下几方面应予注意。

1. 合理安排单元网格的疏密分布

在划分单元网格时，对于结构的不同部位网格，疏密应有所不同。在边界比较曲折的部位，网格可以密一些，即单元要小一些，在边界比较平滑的部位，网格可疏一些，即单元可以大一些；在可能出现应力集中的部位和位移变化较大的部位，网格应密一些，对于应力和位移变化相对较小的部位，网格可以疏一些。这样能在保证计算精度的前提下，减少单元划分的数目。

2. 对称性的利用

当对称结构上有对称荷载或反对称荷载作用时，可以利用对称性取半结构或1/4结构（如6.5节中的算例）进行计算，这样可以大大减少单元的数目和计算工作量。

3. 单元形状的合理性

一般来说，三角形单元的三个边长较为接近最好，这样可以避免由于周围应力场分布不均而引起较大的计算误差。

4. 不同材料界面处单元划分

当计算对象由两种或两种以上材料构成时，应以材料性质发生变化的不同材料界面作为单元的边界，即勿使这种界面处于同一单元内部。

6.6.2　计算成果的整理

有限单元法中计算成果的整理，包括节点位移和单元应力两方面的数值。为了较为精确和直观地表征位移和应力的分布状态，需要对计算成果进行必要的整理。

对于位移状态，可利用节点位移分量绘出弹性变形体的位移曲线。

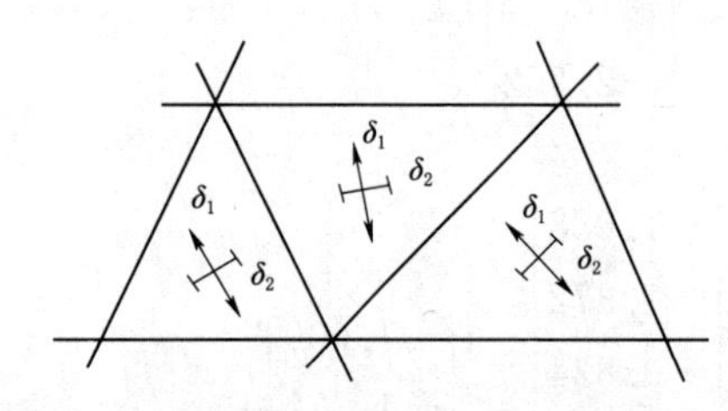

图 6.11　应力状态方法图示

对于应力状态，常采用图 6.11 所示的方法：以计算出的各单元的常量应力近似当作其形心处的应力，在各单元形心处，沿主应力方向按一定比例画出主应力的大小，拉应力以箭头表示，压应力以平头表示。

为了由单元的计算应力推算出弹性体内某一点接近实际的应力，通常采用以下方法。

1. 绕节点平均法

这种方法是将环绕某个节点的各单元的常量应力加以平均，用来表示该节点处的应力。以图 6.12 中的节点 2 为例，该节点处的应力分量 σ_x 可以取值为

$$(\sigma_x)_2=\frac{1}{6}[(\sigma_x)_A+(\sigma_x)_B+(\sigma_x)_C+(\sigma_x)_D+(\sigma_x)_E+(\sigma_x)_F]$$

这样求得的节点处的应力用来表征弹性体内节点的应力精度较高，而计算边界处节点的应力精度则不理想。边界处节点应力可采用插值公式来计算。如图 6.12 节点 1 处的应力，用节点 2、3、4 处的应力以抛物线插值公式来推算，可以较精确地表征该节点处的实际应力。

2. 两单元平均法

这种方法是将相邻两个单元的常量应力加以平均，用以表示它们公共边界中点处的应力。以图 6.13 所示单元为例，点 2 处的应力分量为

$$(\sigma_x)_2=\frac{1}{2}[(\sigma_x)_A+(\sigma_x)_B]$$

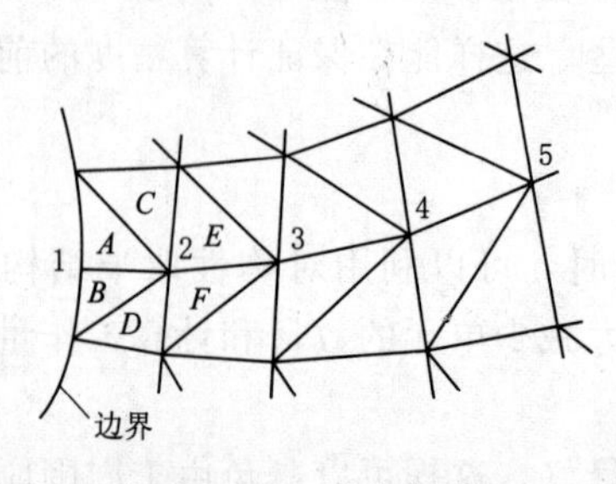

图 6.12　节点应力

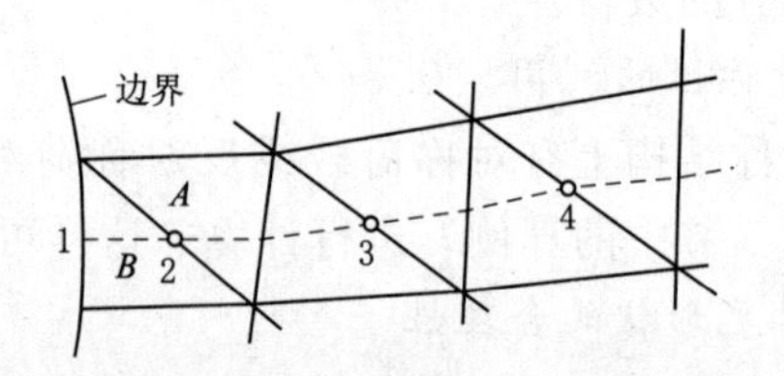

图 6.13　两单元平均法图示

如果连接点 2、3、4 等的光滑曲线与边界交于点 1，点 1 处的应力可利用这几个点处的应力由插值公式来推算，其表征性也较好。

习　　题

6.1　设有一等厚的正方形钢板，厚度 $t=10\text{mm}$，在一对边界上受均布荷载 $q=10^6\text{N/m}$ 作用，如题 6.1 图（a）所示，$E=2.1\times10^5\text{MPa}$，$\mu=0.3$。试用有限单元法求解其主应力和主方向。[为简化计算，利用对称性取 1/4 结构，并可划分为两个单元，如题 6.1 图（b）所示]

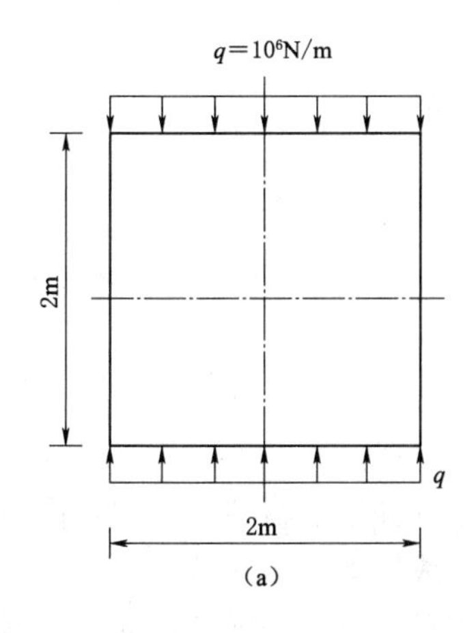

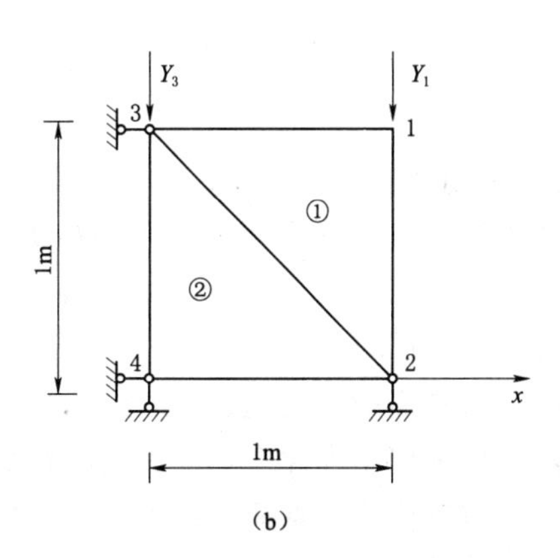

题 6.1 图

6.2　题 6.2 图所示为对角受压正方形薄板，板厚为 0.2m，荷载沿厚度方向均匀分布，为 2N/m。为简化计算取 1/4 结构，可划分为 4 个单元，如本章图 6.10（b）所示。试计算各单元应力。

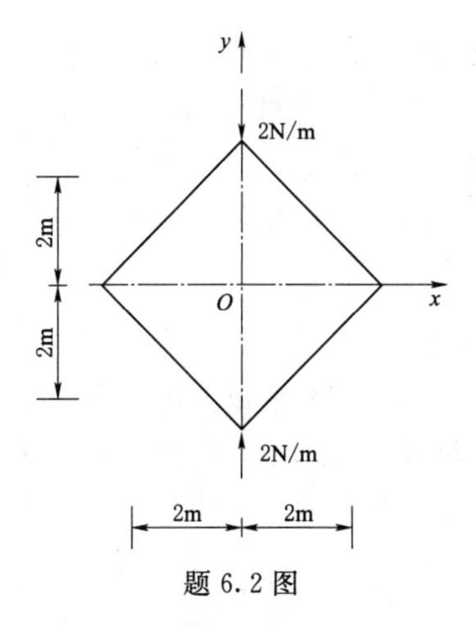

题 6.2 图

资源 6.1　习题答案

第 7 章　弹性力学平面问题程序设计

7.1　概　述

7.1.1　程序编制说明

（1）本程序用于计算弹性力学平面应力和平面应变两类问题。这两类问题用类型码IPS区别：

IPS＝1——平面应力问题；

IPS＝2——平面应变问题。

（2）本程序适用于弹性力学平面问题在给定荷载（如节点荷载、自重）作用下的静力计算问题。若有其他非节点荷载作用，则应事先换算成等效节点荷载。

（3）所计算的平面弹性体至少应有三个独立的支承，以保证弹性体的几何不变性。支承方式可以是在任一节点的水平支承和竖向支承。

（4）弹性体由单一的弹性材料组成。

（5）本程序计算方法为有限元位移法。组集整体刚度矩阵时采用直接刚度法的后处理法。

（6）由于整体刚度矩阵 $\boldsymbol{K}$ 的非零元素分布在以主对角线为中心的斜带形区域，为带形矩阵，根据带形矩阵的特点，并利用矩阵的对称性，故C++程序中采取了半带存储方式，即只存储 $\boldsymbol{K}$ 的上半带元素。

（7）解方程求节点位移时C++程序采用等带宽半带存储高斯消去法。

7.1.2　计算模型及计算方法

1. 计算模型、杆端力及杆端位移

在弹性力学平面问题中，采用了三角形单元进行单元分析，建立单元的刚度矩阵。由于每个节点有两个位移分量，因此，每个单元共有 6 个位移分量。以这 6 个位移分量作为基本未知量。单元中节点力和节点位移列阵为

$$\boldsymbol{F}^{ⓔ}=[U_i \quad V_i \quad U_j \quad V_j \quad U_m \quad V_m]^{\mathrm{T}}$$

$$\boldsymbol{\delta}^{ⓔ}=[u_i \quad v_i \quad u_j \quad v_j \quad u_m \quad v_m]^{\mathrm{T}}$$

2. 单元刚度矩阵的建立

在每个单元上，节点力用节点位移表示，可建立单元刚度方程：

$$\boldsymbol{F}^{ⓔ}=\boldsymbol{k}^{ⓔ}\boldsymbol{\delta}^{ⓔ}$$

确定单元刚度矩阵 $\boldsymbol{k}^{ⓔ}$ 采用如下步骤：

（1）应用式（6.9）或式（6.10）求弹性矩阵 $\boldsymbol{D}$。

（2）应用式（6.34）求转换矩阵 $\boldsymbol{B}$。

（3）依下式求单元刚度矩阵：

$$\boldsymbol{k}^{\textcircled{e}}=\boldsymbol{B}^{\mathrm{T}}\boldsymbol{D}\boldsymbol{B}At$$

3. 整体刚度矩阵的建立

整体刚度矩阵 $\boldsymbol{K}$ 的建立同杆件结构有限元位移法一样，由单元刚度矩阵 $\boldsymbol{k}^{\textcircled{e}}$ 按直接刚度法组集而成。具体说来就是按照各单元的局部编号与整体编号的对应关系，用“对号入座，同号相加”的方法进行集成。

4. 支承条件的引入

首先将节点力向量 $\boldsymbol{F}$ 换成节点荷载向量 $\boldsymbol{P}$，结构的整体刚度方程变为

$$\boldsymbol{K\Delta}=\boldsymbol{P}$$

然后根据支承条件，对 $\boldsymbol{K}$ 和 $\boldsymbol{P}$ 中与支承有关的元素进行修改。例如当支承条件为节点 n 的水平位移 $u_n=0$ 时，则应将 $\boldsymbol{K}$ 中的第 $2n-1$ 行与列的主对角元素改为 1，其他元素改为零；在 $\boldsymbol{P}$ 中，将第 $2n-1$ 个元素改为零。

5. 方程的求解及应力计算

采用等带宽半带存储高斯消去法解方程，可求得结构的节点位移，并存于 $\boldsymbol{P}$ 中。

为求单元应力 $\boldsymbol{\sigma}^{\textcircled{e}}$ 应从节点位移 $\boldsymbol{P}$ 中取出单元ⓔ的节点位移 $\boldsymbol{\delta}^{\textcircled{e}}$（程序中用 DE 表示），进而求解单元应力。其计算式为式（6.35），即

$$\boldsymbol{\sigma}^{\textcircled{e}}=\boldsymbol{D}\boldsymbol{B}\boldsymbol{\delta}^{\textcircled{e}}$$

主应力和主平面角的计算公式可参照图 7.1 中的应力圆得出。

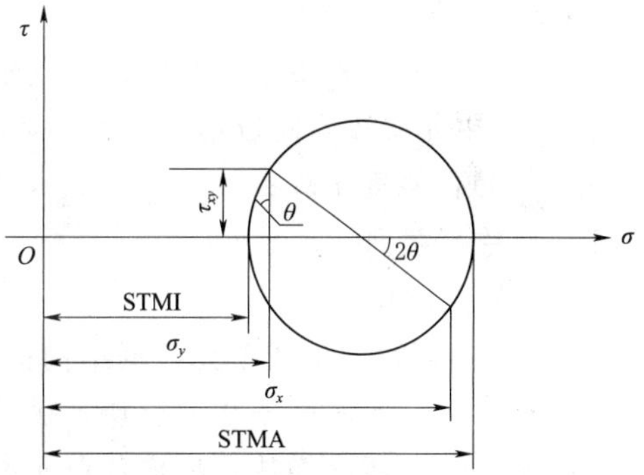

图 7.1　应力圆

平均应力：

$$\mathrm{AST}=\frac{(\sigma_x+\sigma_y)}{2}$$

应力圆半径：

$$\mathrm{RST}=\sqrt{\frac{(\sigma_x-\sigma_y)^2}{4}+\tau_{xy}^2}$$

最大主应力：

$$\mathrm{STMA}=\mathrm{AST}+\mathrm{RST}$$

最小主应力：

$$\mathrm{STMI}=\mathrm{AST}-\mathrm{RST}$$

主平面角：

$$\theta=\frac{180^\circ}{\pi}\operatorname{arccot}\left(\frac{\tau_{xy}}{\sigma_y-\mathrm{STMI}}\right)$$

$$=90^\circ-57.29578\arctan\left(\frac{\tau_{xy}}{\sigma_y-\mathrm{STMI}}\right)$$

7.2　弹性力学平面问题计算的程序设计框图、程序及应用举例（Julia）

7.2.1　平面问题计算程序设计框图

1. 程序标识符的说明

平面应力/应变问题分析程序（Plane Stress/Strain Problem Analysis Program，PSSPAP）的主要标识符说明如下：

title——问题名称；

Es——单元弹性模量；

μs——单元杆的泊松比；

ts——单元厚度；

vs——容重；

ips——问题类型；

coor——节点坐标；

elements——各单元所对应的节点编号；

nodes_loads _ id——被荷载作用节点编号；

nodes_loads——节点荷载信息；

fixes_id——支承节点编号；

fixes——支承节点信息；

node_coors——各单元所对应的节点坐标；

els——单元参数列向量集；

K——整体刚度矩阵；

P——总荷载列阵；

δ——节点位移；

Plane——函数，生成单元数据结构；

__ el_node_coor——子程序模块，赋予单元对应节点坐标；

Planes——子程序模块，形成各单元参数列向量集；

__ elstiff——子程序模块，形成单元刚度矩阵；

globalstiff——子程序模块，组装整体刚度矩阵；

globalforce——子程序模块，形成总荷载列向量；

PlaneStress_end_force! ——子程序模块，计算单元杆端位移和单元应力；

writefile——子程序模块，按一定格式输出已知条件和计算结果。

2. 程序设计框图

平面应力/应变问题分析程序的总框图如图 7.2 所示，图中最左侧部分为主程序框图，主程序通过调用子程序模块来实现各部分功能运算，主程序和各子程序模块之间调用关系如图所示。

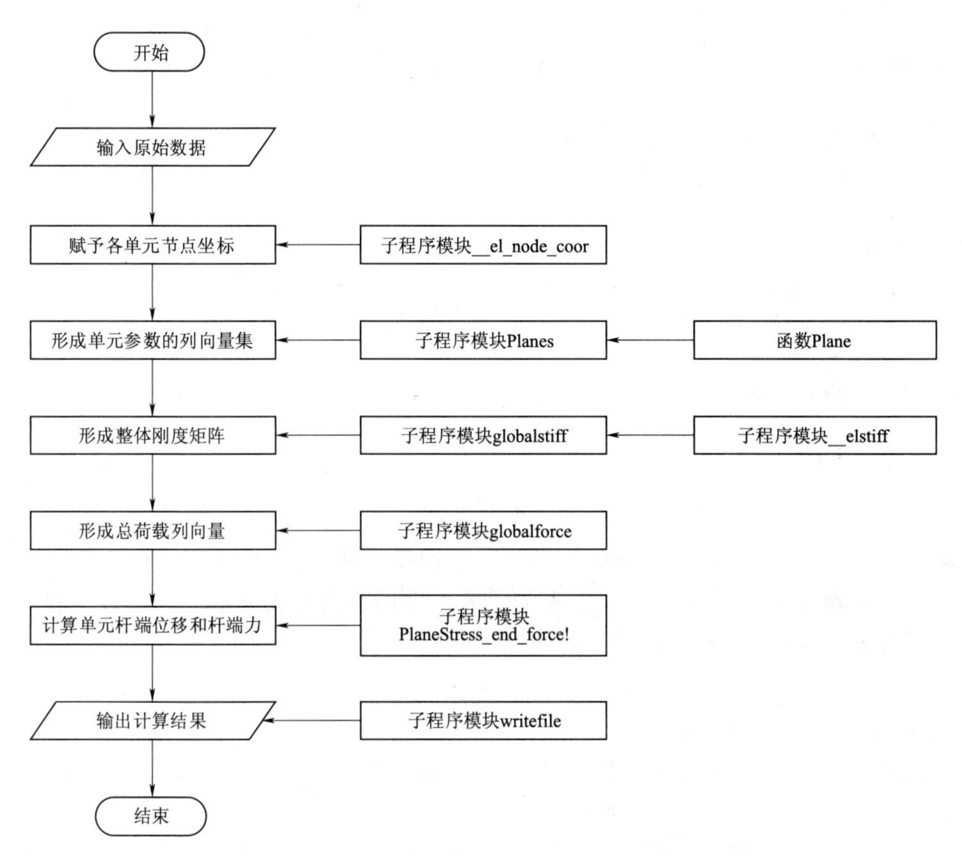

图 7.2 平面应力/应变问题分析 Julia 程序总框图

7.2.2 平面问题计算程序

平面应力/应变问题分析程序 plane.jl 代码及具体说明如下：

```
1  using TOML,Printf
2  #定义杆单元数据结构
3  struct Plane
4    element::Vector{Int}                #单元所对应的节点编号
5    node_coor::NTuple{6,Float64}        #整体坐标系下的单元节点坐标(xi, yi, xj, yj, xm, ym)
6    δ::Vector{Float64}                  #整体坐标系下的单元杆端节点位移[ui, vi, uj, vj, um, vm]
7    σ::Vector{Float64}                  #各单元应力
8  end
9  #定义单元的构造函数
10 Plane(element,node_coor)=Plane(element,node_coor,zeros(6),zeros(6))
11 #赋予单元对应节点坐标
12 function __el_node_coor(elements,coor)
13     elnum=length(elements)#获取单元数量
14     node_coors=Vector(undef,elnum)#定义列向量
15     for k in 1:elnum
16         node_i,node_j,node_m=elements["e$k"]
```

```
17          node_coors[k]=tuple(coor["n$node_i"]...,coor["n$node_j"]...,coor["n$node_m"]...)#依
照 i,j,m 对应的节点顺序依次赋予单元节点坐标(x,y)
18      end
19      return node_coors
20  end
21  #形成单元参数的单元列向量集
22  function Planes(elements,node_coors)
23      elnum=length(elements)#获取单元数量
24      els=Vector{Plane}(undef,elnum)#定义单元列向量数据结构
25      for k in 1:elnum
26          els[k]=Plane(elements["e$k"],node_coors[k])
27      end
28      return els
29  end
```

构造函数 Plane 用于定义数据结构类型，子程序模块__el_node_coor 按照单元 i、j、m 的顺序依次赋予对应节点坐标，生成单元节点坐标列向量集 node_coors。子程序模块 Planes 利用构造函数 Plane 形成单元参数列向量集 els。

```
30  #形成单元刚度矩阵
31  function __elstiff(els,E,μ,ips,t)
32      D=zeros(3,3)#初始化弹性矩阵 D
33      xi,yi,xj,yj,xm,ym=els.node_coor
34      A=abs(0.5*(xi*(yj-ym)+xj*(ym-yi)+xm*(yi-yj)))#利用三角形三点坐标计算面积,abs()用
于取绝对值
35      bi=yj-ym
36      ci=-xj+xm
37      bj=ym-yi
38      cj=-xm+xi
39      bm=yi-yj
40      cm=-xi+xj
41      B=(1/2A)*[bi 0 bj 0 bm 0;
42      0 ci 0 cj 0 cm;
43      ci bi cj bj cm bm]#几何矩阵
44      ips[1]==1 &&(D=E[1]/(1-μ[1]^2)*[1 μ[1] 0;
45      μ[1] 1 0;
46      0 0(1-μ[1])/2])#根据 ips 判断为平面应力问题,代入相应的公式计算弹性矩阵 D
47      ips[1]==2 &&(D=E[1]*(1-μ[1])/((1+μ[1])*(1-2μ[1]))*[1 μ[1]/(1-μ[1])0;
48      μ[1]/(1-μ[1])1 0;
49      0 0(1-2μ[1])/(2*(1-μ[1]))])#根据 ips 判断为平面应变问题,代入相应的公式计算弹性矩阵 D
50      S=D*B #应力矩阵
51      ke=B'*S*t[1]*A #计算单元刚度矩阵
52      return(S,ke)
53  end
```

子程序模块__elstiff 用输入的参数按照公式分别计算出几何矩阵 $\boldsymbol{B}$、弹性矩阵 $\boldsymbol{D}$、应力矩阵 $\boldsymbol{S}$ 和单元面积 A，按照公式 $\boldsymbol{k}^{©}=\boldsymbol{B}^{\mathrm{T}}\boldsymbol{S}tA$ 计算单元刚度矩阵，其中 t 为单元厚度。

```
54  #组装整体刚度矩阵
55  function globalstiff(els,coor,fixes_id,fixes,E,μ,ips,t)
56      elnums=length(els)#获取单元数量
57      max_coor_id=length(coor)#获取节点数量
58      Kg=zeros(2max_coor_id,2max_coor_id)#初始化整体刚度矩阵,矩阵的维数为两倍的节点数
59      #采用直接刚度法形成整体刚度矩阵
60      for k in 1:elnums
61          ke=__elstiff(els[k],E,μ,ips,t)[2]
62          for(i,m)in enumerate(els[k].element)#enumerate()用于遍历集合并返回每个元素的索引和值,即
将键赋予 i,将集合中的对应值赋予 m,下同
63              for(j,n)in enumerate(els[k].element)
64                  Kg[2m-1:2m,2n-1:2n].+=ke[2i-1:2i,2j-1:2j]
65              end
66          end
67      end
68      #引入支承条件
69      for i in fixes_id["fixes_id"]#获取支承节点编号
70          fixes["n$i"][1]==1 &&(Kg[2i-1,:].=0;Kg[:,2i-1].=0;Kg[2i-1,2i-1]=1)#根据节点 x
轴方向约束条件引入支承条件
71          fixes["n$i"][2]==1 &&(Kg[2i,:].=0;Kg[:,2i].=0;Kg[2i,2i]=1)#根据节点 y 轴方向约束
条件引入支承条件
72      end
73      return Kg
74  end
```

子程序模块 globalstiff 用于组装整体刚度矩阵，首先初始化整体刚度矩阵，将其赋零，然后用直接刚度法按单元节点编号组装整体刚度矩阵，最后依据支承节点编号及其节点信息引入支承条件。

```
75  #形成总荷载列向量
76  function globalforce(els,nodes_loads_id, nodes_loads, coor, fixes_id, fixes, v,t)
77      elnum=length(els)#获取单元数量
78      max_coor_id=length(coor)#获取节点数量
79      P=zeros(2max_coor_id)#初始化整体节点荷载
80      #将节点荷载累加到总荷载列阵
81      node_load_id=nodes_loads_id["nodes_loads_id"]#获取节点荷载作用节点编号
82      for i in node_load_id
83          P[2i-1:2i] +=nodes_loads["n$i"]
84      end
85      #将考虑自重引起的节点荷载累加至总荷载列阵,对单元的三个节点分别施加自重荷载
86      if v[1]! =0.0
87          for k in 1:elnum
```

```
88              xi,yi,xj,yj,xm,ym=els[k].node_coor
89              A=abs(0.5*(xi*(yj-ym)+xj*(ym-yi)+xm*(yi-yj)))
90              Pe=(-v[1]*t[1]*A)/3.0
91              node_i,node_j,node_m=els[k].elements
92              P[2node_i]+=Pe
93              P[2node_j]+=Pe
94              P[2node_m]+=Pe
95          end
96      end
97      #引入支承条件
98      for i in fixes_id["fixes_id"]
99          fix=fixes["n$i"]
100         fix[1]==1 &&(P[2i-1]=0)
101         fix[2]==1 &&(P[2i]=0)
102     end
103     return P
104 end
```

子程序模块 globalforce 用于形成总荷载列向量，将节点荷载按其作用的节点编号赋予到总荷载列阵中，再根据单元容重计算由自重引起的节点荷载，最后引入支承条件，返回总荷载列阵 $\boldsymbol{P}$。

```
105 #计算单元杆端位移(els.δ)和单元应力(els.σ)
106 function PlaneStress_end_force!(els,δ,E,μ,ips,t)
107     elnum=length(els)#获取单元数量
108     for k in 1:elnum
109         for(i,j)in enumerate(els[k].element)
110             els[k].δ[2i-1:2i].+=δ[2j-1:2j]
111         end
112     S=_elstiff(els[k],E,μ,ips,t)[1]
113     els[k].σ[1:3].+=S*els[k].δ
114     AST=(els[k].σ[1]+els[k].σ[2])/2 #平均应力
115     RST=sqrt((els[k].σ[1]-els[k].σ[2])^2/4+els[k].σ[3]^2)#应力圆半径
116     els[k].σ[4] +=AST+RST#最大主应力
117     els[k].σ[5] +=AST-RST#最小主应力
118     els[k].σ[6] +=90-57.29578atan(els[k].σ[3]/(els[k].σ[2]-els[k].σ[5]))#主平面角
119     end
120     return els
121 end
122 #将已知条件和计算结果写入文本文件
123 function
124 writefile(filename,coor,elements,nodes_loads_id,nodes_loads,fixes_id,fixes,δ,els,E,μ,ips,t,v)
125     elnums=length(els)
126     open("$filename.txt","w")do io
127         @printf io "%s\n" filename
```

```
128         @printf io "\n%s\n" "问题类型：$ips"
129             @printf io "\n%s\n" "节点数量：$(length(coor))"
130             free_node=0
131             for i in 1:length(δ)
132                 if δ[i]! =0.0
133                     free_node+=1
134                 end
135             end
136             @printf io "%s\n" "自由度数：$free_node"
137             @printf io "%s\n" "单元数量：$(length(els))"
138             @printf io "\n%3s%14s%14s\n" "节点号" "x坐标" "y坐标"
139             for k in 1:length(coor)
140                 @printf io "%5s%15.2f%13.2f\n" "n$k" coor["n$k"][1] coor["n$k"][2]
141             end
142             @printf io "\n%3s%8s%8s%8s%15s%13s%12s%10s\n" "单元号" "节点i" "节点j" "节点m" "弹
性模量" "泊松比" "厚度" "容重"
143             elnum=Vector(undef,3)
144             for k in 1:elnums
145                 elnum=elements["e$k"]
146                 @printf io "%3i%9s%9s%9s%14.4g%10.4g%10.4g%10.4g\n" k "n$(elnum[1])" "n$(el-
num[2])" "n$(elnum[3])" E[1] μ[1] t[1] v[1]
147             end
148             @printf io "\n%s\n" "节点荷载"
149             @printf io "\n%3s%12s%11s\n" "节点" "x轴方向" "y轴方向"
150             for k in nodes_loads_id["nodes_loads_id"]
151                 @printf io "%5s%9.1f%12.1f\n" "n$k" nodes_loads["n$k"][1] nodes_loads["n$k"][2]
152             end
153             @printf io "\n%s\n" "支承条件"
154             @printf io "\n%3s%12s%12s\n" "节点号" "x轴方向" "y轴方向"
155             for k in fixes_id["fixes_id"]
156                 @printf io "%5s%9.1f%12.1f\n" "n$k" fixes["n$k"][1] fixes["n$k"][2]
157             end
158             @printf io "\n%s\n" "节点位移"
159             @printf io "\n%3s%14s%14s\n"   "节点号" "x轴方向位移" "y轴方向位移"
160             for k in 1:length(coor)
161                 @printf io "%5s%15.4f%13.4f\n" "n$k" δ[2k-1] δ[2k]
162             end
163             @printf io "\n%s\n" "单元应力"
164             @printf io "%5s%10s%10s%10s%11s%11s%11s\n" "单元号" "x轴方向应力" "y轴方向应力"
"切应力" "最大主应力" "最小主应力" "主平面角"
165             for k in 1:elnums
166                 @printf io "%3i%10.4f%10.4f%10.4f%10.4f%10.4f%10.4f\n" k els[k].σ[1] els[k].σ[2]
els[k].σ[3] els[k].σ[4] els[k].σ[5] els[k].σ[6]
167             end
```

```
168        end
169    end
```

子程序模块 PlaneStress_end_force！根据计算出的节点位移，赋予各单元相应的节点位移，然后计算出对应的单元应力 σ_x、σ_y、τ_{xy}，再根据对应公式计算出最大主应力 STMA，最小主应力 STMI 和主平面角 θ，并返回至单元参数向量集 els 中。子程序模块 writefile 将已知条件和上述计算结果按一定格式输出至文本文档。

```
170  data=TOML.parsefile("ex7-1.toml")#从 TOML 文件中读取输入文件,双引号中输入 ex7-1.toml 文件的工作路径
171  title=data["title"]#求解问题的名称
172  Es=data["E"]#单元弹性模量
173  μs=data["u"]#单元杆的泊松比
174  ts=data["t"]#单元厚度
175  vs=data["v"]#容重
176  ips=data["ips"]#问题类型
177  coor=data["nodes_coor"]#节点坐标
178  elements=data["elements"]#单元所对应的节点编号
179  nodes_loads_id=data["nodes_loads_id"]#被荷载作用节点编号
180  nodes_loads=data["nodes_loads"]#节点荷载信息
181  fixes_id=data["fixes_id"]#支承节点编号
182  fixes=data["fixes"]#支承节点信息
183  node_coors=__el_node_coor(elements,coor)#单元节点坐标列向量集
184  els=Planes(elements, node_coors)#单元参数列向量集
185  K=globalstiff(els, coor,fixes_id, fixes,Es, μs, ips, ts)#整体刚度矩阵
186  P=globalforce(els,nodes_loads_id, nodes_loads, coor, fixes_id, fixes, vs,ts)#总荷载列阵
187  δ=K \ P#节点位移
188  PlaneStress_end_force!(els,δ, Es, μs, ips, ts)
189  writefile(title, coor, elements, nodes_loads_id, nodes_loads, fixes_id, fixes, δ, els,Es, μs, ips, ts, vs)# 将问题的已知条件和结果保存到文本文件
```

上述部分为弹性力学平面问题计算程序的主程序部分，将“ex7－1.toml”文件的工作路径输入程序中对应位置后即可正常运行，程序将从文件中读入相关数据，赋予到相应变量中代入各子程序后便可输出计算结果，其中“ex7－1.toml”可以换成其他问题的输入文件进行计算。

7.2.3　平面问题计算实例

例 7.1　试用弹性力学平面问题分析程序，计算图 7.3（a）中的正方形受压薄板，计算时设材料弹性模量 $E=1$，泊松比 $\mu=0$。

解　(1) 由于 xOz 平面和 yOz 平面均为该薄板的对称面，因此只需取 1/4 作为计算对象，确定节点、划分单元、建立坐标系。单元和节点编号如图 7.3（b）所示。

(2) 设本例题标题为“例题 7.1”，根据题目中所给的数据，填写表 7.1，后续各题计算数据的输入均按此式样进行。

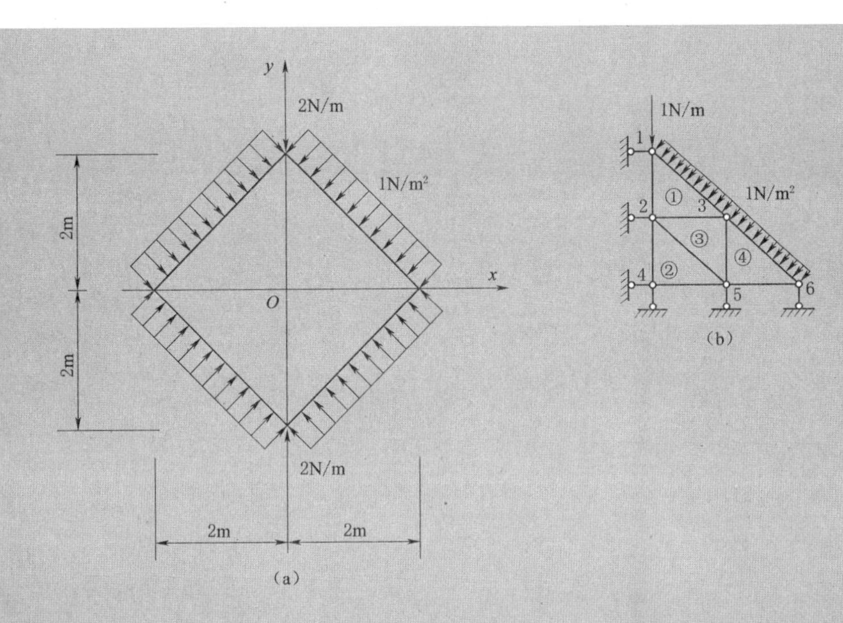

图 7.3　例 7.1 图

表 7.1　　弹性力学平面问题的输入数据表

标题	例题 7-1							
材料性质	弹性模量	1	泊松比	0	单元厚度	1	容重	0
单元节点编号	单元号	i 节点编号	j 节点编号	m 节点编号	单元号	i 节点编号	j 节点编号	m 节点编号
	1	3	1	2	2	5	2	4
	3	2	5	3	4	6	3	5
节点坐标	节点号	x 坐标	y 坐标	节点号	x 坐标	y 坐标		
	1	0	2	2	0	1		
	3	1	1	4	0	0		
	5	1	0	6	2	0		
支承节点信息	约束节点编号	x 轴方向信息	y 轴方向信息	约束节点编号	x 轴方向信息	y 轴方向信息		
	1	1	0	2	1	0		
	4	1	1	5	0	1		
	6	0	1					
节点荷载信息	荷载作用节点编号	x 轴方向荷载值	y 轴方向荷载值	荷载作用节点编号	x 轴方向荷载值	y 轴方向荷载值		
	1	−0.5	−1.5	3	−1	−1		
	6	−0.5	−0.5					

（3）建立数据文件“ex7-1.toml”并输入以下数据：

```
title="例题 7-1"
E=[1]
u=[0]
t=[1.0]
v=[0.0]
ips=[1]
[nodes_coor] #坐标点列表,点名=[全局 x 坐标,全局 y 坐标]
n1=[0,2]
n2=[0,1]
n3=[1,1]
n4=[0,0]
n5=[1,0]
n6=[2,0]
[elements] #组成单元的三个节点,节点按 i,j,m 节点顺序依次填写
e1=[3,1,2]
e2=[5,2,4]
e3=[2,5,3]
e4=[6,3,5]
[nodes_loads_id] #被荷载作用节点编号
nodes_loads_id=[1,3,6]
[nodes_loads] #节点荷载信息
n1=[-0.5,-1.5]
n3=[-1.0,-1.0]
n6=[-0.5,-0.5]
[fixes_id] #支承节点编号
fixes_id=[1,2,4,5,6]
[fixes] #支承节点信息
n1=[1,0]
n2=[1,0]
n4=[1,1]
n5=[0,1]
n6=[0,1]
```

（4）运行程序，从文本文件“例题 7-1.txt”中获取下列结果：

```
例题 7-1
问题类型:[1]
节点数量:6
自由度数:6
单元数量:4
```

节点号	x坐标	y坐标
n1	0.00	2.00
n2	0.00	1.00
n3	1.00	1.00
n4	0.00	0.00
n5	1.00	0.00
n6	2.00	0.00

单元号	节点i	节点j	节点m	弹性模量	泊松比	厚度	容重
1	n3	n1	n2	1.0000	0	1	0
2	n5	n2	n4	1.0000	0	1	0
3	n2	n5	n3	1.0000	0	1	0
4	n6	n3	n5	1.0000	0	1	0

节点荷载

节点	x轴方向	y轴方向
n1	−0.5	−1.5
n3	−1.0	−1.0
n6	−0.5	−0.5

支承条件

节点号	x轴方向	y轴方向
n1	1.0	0.0
n2	1.0	0.0
n4	1.0	1.0
n5	0.0	1.0
n6	0.0	1.0

节点位移

节点号	x轴方向位移	y轴方向位移
n1	0.0000	−5.2527
n2	0.0000	−2.2527
n3	−1.0879	−1.3736
n4	0.0000	0.0000
n5	−0.8242	0.0000
n6	−1.8242	0.0000

单元应力

单元号	x轴方向应力	y轴方向应力	切应力	最大主应力	最小主应力	主平面角
1	−1.0879	−3.0000	0.4396	−0.9917	−3.0962	12.3458
2	−0.8242	−2.2527	0.0000	−0.8242	−2.2527	NaN
3	−1.0879	−1.3736	0.3077	−0.8915	−1.5700	32.5476
4	−1.0000	−1.3736	−0.1319	−0.9581	−1.4155	162.3912

例 7.2 图 7.4 所示为一结构网络，共有 10 个节点，9 个单元，2 个支承节点。在节点 10 处作用沿厚度均匀分布的竖向荷载。已知：$p=15\text{N/m}$，$E=2.0\times10^4\text{MPa}$，$\mu=0.25$，$t=1\text{m}$，忽略自重。试计算该结构。

解 （1）建立坐标系，确定节点，划分单元。单元与节点编号已标在图 7.4 之中。

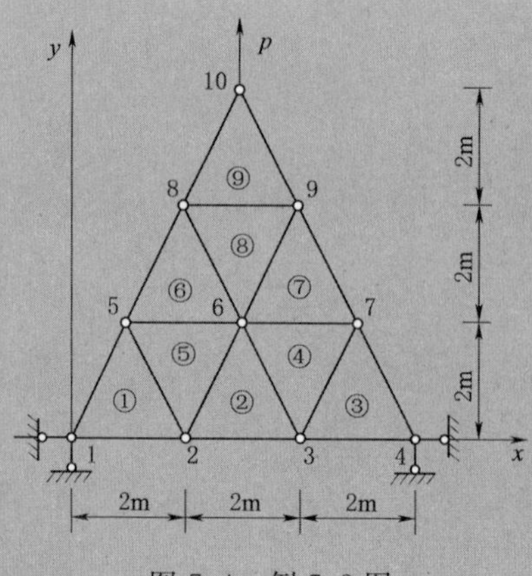

图7.4　例7.2图

（2）在数据文件“ex7-2.toml”中，按表7.1的样式输入以下数据：

```
title="例题7-2"
E=[2.0e10]
u=[0.25]
t=[1.0]
v=[0.0]
ips=[1]
[nodes_coor] #坐标点列表,点名=[全局x坐标,全局y坐标]
n1=[0.0,0.0]
n2=[2.0,0.0]
n3=[4.0,0.0]
n4=[6.0,0.0]
n5=[1.0,2.0]
n6=[3.0,2.0]
n7=[5.0,2.0]
n8=[2.0,4.0]
n9=[4.0,4.0]
n10=[3.0,6.0]
[elements] #组成单元的三个节点,节点按i,j,m节点顺序依次填写
e1=[1,2,5]
e2=[2,3,6]
e3=[3,4,7]
e4=[3,7,6]
e5=[2,6,5]
e6=[5,6,8]
e7=[6,7,9]
e8=[6,9,8]
e9=[8,9,10]
[nodes_loads_id] #被荷载作用节点编号
```

```
nodes_loads_id=[10]
[nodes_loads] #节点荷载信息
n10=[0.0,15.0]
[fixes_id] #支承节点编号
fixes_id=[1,4]
[fixes] #支承节点信息
n1=[1,1]
n4=[1,1]
```

（3）运行程序，从文本文件“例题 7-2.txt”中获取计算结果：

```
例题 7-2
问题类型:[1]
节点数量:10
自由度数:16
单元数量:9
节点号      x 坐标      y 坐标
  n1        0.00        0.00
  n2        2.00        0.00
  n3        4.00        0.00
  n4        6.00        0.00
  n5        1.00        2.00
  n6        3.00        2.00
  n7        5.00        2.00
  n8        2.00        4.00
  n9        4.00        4.00
 n10        3.00        6.00
单元号    节点 i    节点 j    节点 m      弹性模量      泊松比      厚度      容重
  1        n1        n2        n5        2e+10        0.25        1         0
  2        n2        n3        n6        2e+10        0.25        1         0
  3        n3        n4        n7        2e+10        0.25        1         0
  4        n3        n7        n6        2e+10        0.25        1         0
  5        n2        n6        n5        2e+10        0.25        1         0
  6        n5        n6        n8        2e+10        0.25        1         0
  7        n6        n7        n9        2e+10        0.25        1         0
  8        n6        n9        n8        2e+10        0.25        1         0
  9        n8        n9        n10       2e+10        0.25        1         0
节点荷载
节点      x 轴方向      y 轴方向
 n10      0.0           15.0
支承条件
节点号      x 轴方向      y 轴方向
  n1        1.0           1.0
  n4        1.0           1.0
```

```
节点位移
节点号    x轴方向位移    y轴方向位移
  n1      0.0000         0.0000
  n2      0.0000         0.0000
  n3     -0.0000         0.0000
  n4      0.0000         0.0000
  n5     -0.0000         0.0000
  n6     -0.0000         0.0000
  n7      0.0000         0.0000
  n8      0.0000         0.0000
  n9     -0.0000         0.0000
  n10     0.0000         0.0000
单元应力
单元号  x轴方向应力  y轴方向应力   切应力   最大主应力  最小主应力   主平面角
  1       2.2353       5.6590      4.6705    8.9215     -1.0271     55.0646
  2      -1.1099       2.1251     -0.0000    2.1251     -1.1099     90.0000
  3       2.2353       5.6590     -4.6705    8.9215     -1.0271    124.9354
  4       1.4255       0.7784     -1.0100    2.1625      0.0414    143.8809
  5       1.4255       0.7784      1.0100    2.1625      0.0414     36.1191
  6       2.7116       5.9230      2.0768    6.9424      1.6922     63.8551
  7       2.7116       5.9230     -2.0768    6.9424      1.6922    116.1449
  8      -0.4424       3.1540     -0.0000    3.1540     -0.4424     90.0000
  9       2.5191      15.0000      0.0000   15.0000      2.5191     90.0000
```

例7.3 图7.5（a）所示简支梁，高3m，长18m，承受均布荷载10N/m，$E=2\times 10^4$MPa，$\mu=0.167$，$t=1$，忽略自重。将其作为平面应力问题分析。

解 （1）由于结构对称，仅取右边一半进行分析。建立坐标系，确定节点，划分单元。单元和节点编号如图7.5（b）所示。

（2）在数据文件“ex7-3.toml”中，按表7.1的样式输入数据（具体数据见ex7-3.toml）。

（3）运行程序，从文本文件“例题7-3.txt”中可得计算结果。以下为节点1～7的位移和单元1～14的应力、主应力及平面角的情况：

```
例题7-3
问题类型:[1]
节点数量:91
自由度数:174
单元数量:144
节点位移
节点号   x轴方向位移   y轴方向位移
  n1         0         -2.928e-07
  n2         0         -2.938e-07
  n3         0         -2.945e-07
  n4         0         -2.948e-07
  n5         0         -2.948e-07
  n6         0         -2.946e-07
  n7         0         -2.943e-07
```

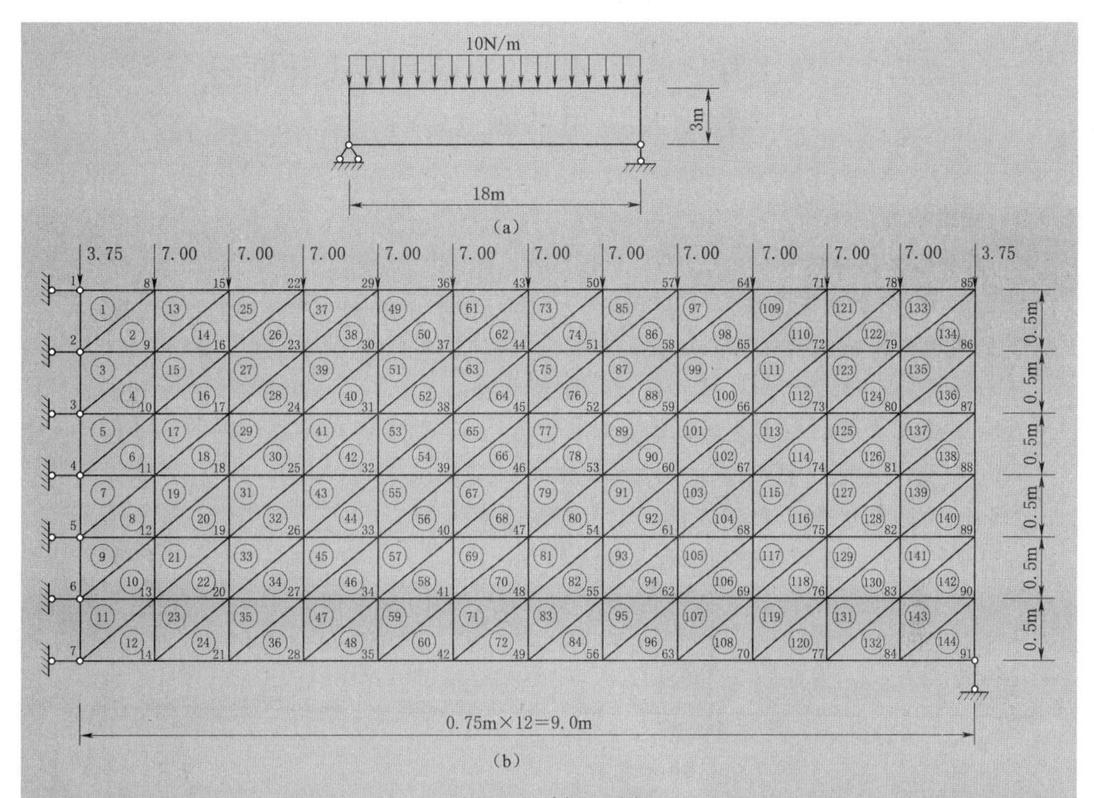

图 7.5 例 7.3 图

单元应力

单元号	x 轴方向应力	y 轴方向应力	切应力	最大主应力	最小主应力	主平面角
1	−235.1987	1.9686	17.9528	3.3198	−236.5500	85.6956
2	−157.5707	−0.4521	−27.8021	4.3223	−162.3452	99.7444
3	−157.7738	−1.6680	22.3472	1.4681	−160.9099	82.0116
4	−79.2172	2.3066	−25.1005	9.4151	−86.3257	105.8120
5	−79.8968	−1.7623	24.9591	5.5299	−87.1890	73.7132
6	−1.3218	5.0676	−23.0087	25.1023	−21.3565	131.0476
7	−2.0451	0.7361	26.7563	26.1379	−27.4470	46.4876
8	76.9426	7.6214	−21.4670	83.0519	1.5121	164.1141
9	76.5822	5.4631	28.5574	86.6297	−4.5845	19.3837
10	157.3211	9.3360	−20.1706	160.0212	6.6360	172.3757
11	157.9137	12.8843	31.3025	164.3814	6.4165	11.6742
12	244.2645	8.6922	−19.3264	245.8395	7.1172	175.3410
13	−236.7641	−13.6774	26.7584	−10.5128	−239.9288	83.2550
14	−154.2857	−3.0688	−24.2056	0.7113	−158.0658	98.8761

7.3　弹性力学平面问题计算的程序设计框图、程序及应用举例（C++）

7.3.1　程序框图

1. 程序标识符的说明

平面应力/应变问题分析程序（plane stress/strain problem analysis program，PSS-PAP）的主要标识符说明如下：

TL（20）——算例标题。实型数组，输入参数；

NJ——节点总数。整型变量，输入参数；

NE——单元总数。整型变量，输入参数；

NZ——约束节点数。整型变量，输入参数；

NPJ——节点荷载数。整型变量，输入参数；

NPJ0——存放节点荷载数NPJ信息，以保证当NPJ0=0时，亦可按规定定义数组；

IPS——问题类型码；

ND——半带宽。整型变量；

E——弹性模量。实型变量，输入参数；

PR——泊松比。实型变量，输入参数；

T——弹性体厚度。实型变量，输入参数；

V——容重。实型变量，输入参数；

LND(NE，3)——单元节点编号数组。LND(NE，1)、LND(NE，2)、LND(NE，3)分别为单元NE的3个节点编号。整型数组，输入参数；

X(NJ)，Y(NJ)——节点坐标数组。X(I)、Y(I)分别为1号节点的x坐标、y坐标。实型数组，输入参数；

JZ(NZ，3)——支承节点数组。JZ(I，1)为第I个支承的节点编号。JZ(I，2)、JZ(I，3)分别是第I个支承节点在u、v位移方向的约束信息。该信息为1时，表示有约束；为零时，则无约束。实型数组，输入参数；

PJ(NPJ，3)——节点荷载数组。PJ(I，1)表示第I个节点荷载作用节点的节点编号。PJ(I，2)、PJ(I，3)分别表示该节点沿x、y方向作用的节点荷载数值。实型数组，输入参数；

N——自由度数，N=(节点数)×2；

AK(N，ND)——整体刚度矩阵；

AKE(6，6)——单元刚度矩阵；

B(3，6)——位移-应变转换矩阵（几何知阵）；

D(3，3)——弹性矩阵；

S(3，6)——应力矩阵，$S=DB$；

P(N)——节点荷载数组，存放节点荷载列向量；解方程后，存节点位移；

DE(6)——单元ⓔ的节点位移。实型数组；

ST(3)——单元应力。实型数组；
READ——子程序名，输入数据；
MKE——子程序名，形成单元刚度矩阵；
MA——子程序名，求单元面积；
MD——子程序名，计算弹性矩阵；
MB——子程序名，计算位移-应变转换矩阵；
MF——子程序名，求节点荷载；
RKR——子程序名，引入支承条件，修改刚度方程；
SLOV——子程序名，求节点位移并输出；
MADE——子程序名，计算应力并输出；

2. 程序框图

平面应力/应变问题分析 C++程序总框图如图 7.6 所示。

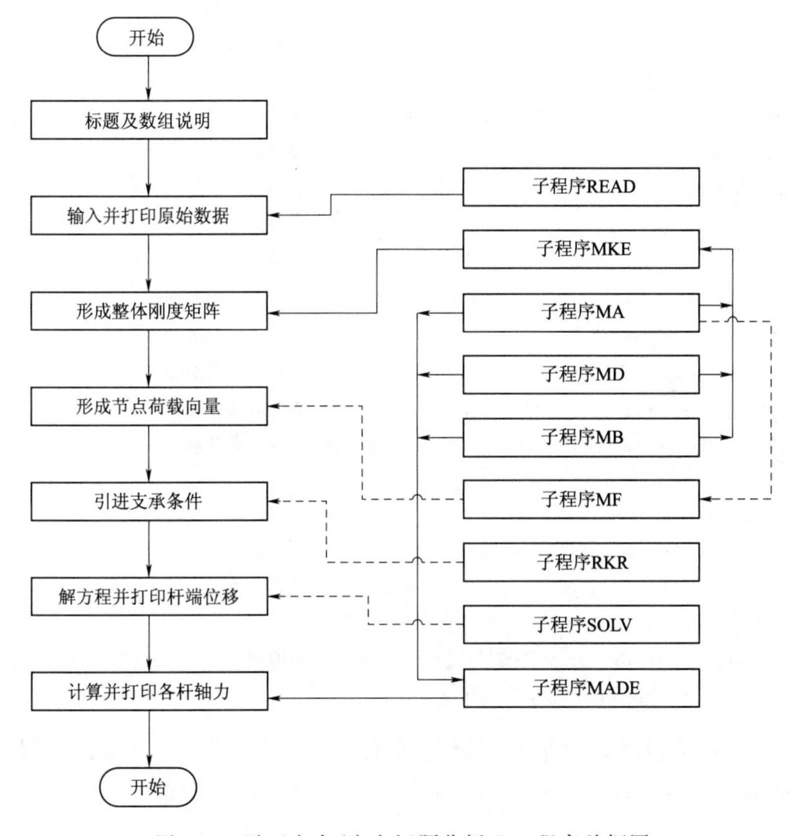

图 7.6　平面应力/应变问题分析 C++程序总框图

7.3.2　平面问题计算程序

弹性力学平面问题分析源程序包含 main. cpp 和 psspap. cpp 两个源文件，一个头文件 psspap. h。下面是文件的详细代码和说明。

(1) File_1：首先定义弹性力学平面问题分析头文件（psspap. h）。

```
1.  #pragma once
2.    #include <vector>
3.    #include <string>
4.    struct Load {                                  //定义节点荷载信息结构体,包括荷载作用节点编号、x方向荷载px、y方向荷载py
5.        int node;
6.        double px, py;
7.    };
8.    struct PSSPAPParam {                           // 定义输入信息结构体
9.        std::string title;
10.       int NJ;                                    // 节点总数
11.       int NE;                                    // 单元总数
12.       int NZ;                                    // 约束节点数
13.       int NPJ;                                   // 节点荷载数
14.       int IPS;                                   // 问题类型码
15.       int NPJ0;                                  // 存放节点荷载 NPJ 信息
16.       int N;                                     // 自由度数
17.       int ND;                                    // 半带宽
18.       double E;                                  // 弹性模量
19.       double PR;                                 // 泊松比
20.       double T;                                  // 单元厚度
21.       double V;                                  // 容重
22.       std::vector<std::vector<int>> LND;         // 单元节点编号数组
23.       std::vector<double> X;                     // 节点坐标数组 X
24.       std::vector<double> Y;                     // 节点坐标数组 Y
25.       std::vector<std::vector<int>> JZ;          // 支承节点数组
26.       std::vector<std::vector<Load>> PJ;         // 节点荷载数组
27.   };
28.   struct PlaneStressStrainResult {               // 定义计算结果结构体
29.       std::vector<double> displacements;         // 节点位移
30.       std::vector<std::vector<double>> stresses; // 单元应力
31.   };
32.   PlaneStressStrainResult psspap(PSSPAPParam& p); // 声明 psspap.cpp 文件,用于进行平面应力或平面应变问题的分析,返回结果为 PlaneStressStrainResult 类型
```

(2) File_2：定义弹性力学平面问题分析主程序源文件（main. cpp），是整个编码程序的主体。函数是从主函数 int main（）开始编译，即 104. 行代码。

```
33.   #include "psspap.h"                            //包含 psspap.h 头文件
34.   #include <iostream>
35.   #include <fstream>
36.   #include <sstream>
37.   #include <iomanip>
38.     #include<cstdio>
39.     using namespace std;
```

```
40.      void loadPSSPAPParam(const std::string& file_name, PSSPAPParam& p){  //定义读取 PSSPAP 输
入参数函数
41.          std::ifstream fin(file_name);                    //加载文件并赋予 fin
42.          if(! fin.is_open()){
43.              std::cerr << "无法打开文件：" << file_name << std::endl;
44.              return;
45.          }
46.          char comma;
47.          std::getline(fin, p.title);                      //读取标题
48.          fin >> p.NJ >> comma >> p.NE >> comma >> p.NZ >> comma >> p.NPJ >> com-
ma >> p.IPS;  //按序读取节点总数 NJ、单元总数 NE、约束节点数 NZ、节点荷载数 NPJ、问题类型码 IPS
49.         fin >> p.E >> comma >> p.PR >> comma >> p.T >> comma >> p.V;  //按序读取弹
性模量 E、泊松比 PR、单元厚度 T、容重 V
50.          for(int i=0; i < p.NE; ++i){
51.              std::vector<int> lnd(p.NE-1);
52.              fin >> lnd[0] >> comma >> lnd[1] >> comma >> lnd[2] >> comma;  //按序读取
单元节点编号(i,j,m)
53.              p.LND.push_back(lnd);
54.          }
55.          for(int i=0; i < p.NJ; ++i){
56.              double x, y;
57.              fin >> x >> comma >> y >> comma;// 按序读取节点坐标(x,y)
58.              p.X.push_back(x);
60.              p.Y.push_back(y);
61.          }
62.          for(int i=0; i < p.NZ; ++i){
63.              std::vector<int> jz(3);
64.              fin >> jz[0] >> comma >> jz[1] >> comma >> jz[2] >> comma;  //按序读取支承
节点信息(约束节点编码,x方向信息,y方向信息)
65.              p.JZ.push_back(jz);
66.          }
67.          for(int i=0; i < p.NPJ; ++i){
68.              std::vector<Load> pj(3);
69.              fin >> pj[0].node >> comma >> pj[1].px >> comma >> pj[2].py >> comma;  //
按序读取节点荷载信息(荷载作用节点编号,x方向荷载,y方向荷载)
70.              p.PJ.push_back(pj);
71.          }
72.          fin.close();
73.      }                                                    //返回 107.行
74.     void save_output(const std::string& file_name, const PSSPAPParam& p, const PlaneStressStrainResult&
res){                                                         //定义输出计算结果 PlaneStressStrainResult 函数
75.          std::ofstream fout(file_name);
76.          fout << p.title << "\n";
77.          if(p.IPS==1){                                    //判断问题类型并打印
```

```
78.            fout << "PLANE STRESS PROBLEM\n";
79.        }
80.        else if(p. IPS==2){
81.            fout << "PLANE STRAIN PROBLEM\n";
82.        }
83.        fout << "* * * * * * * * * * RESULTE OF CALCULATION * * * * * * * * *
* \n";
84.        fout << "NODAL DISPLACEMENTS\n";  // 打印节点位移
85.        fout << "NODE        X-DISP.          Y-DISP. \n";
86.        fout << std::scientific << std::uppercase;
87.        for(int i=0; i < p. NJ; ++i){
88.            fout << std::setw(4)<< i + 1
89.                 << std::setw(16)<< res. displacements[2 * i] / 10. 0
90.                 << std::setw(16)<< res. displacements[2 * i + 1] / 10. 0 << "\n";
91.        }
92.        fout << "ELEMENT STRESSES\n";       // 打印单元应力
93.        for(int i=0; i < p. NE; ++i){
94.            fout << "ELEMENT NO. =" << std::setw(4)<< i + 1 << "\n";
95.            fout << std::setw(7)<< "STX=" << std::setw(15)<< res. stresses[i][0] / 10. 0
96.                 << std::setw(6)<< "STY=" << std::setw(15)<< res. stresses[i][1] / 10. 0
97.                 << std::setw(6)<< "TXY=" << std::setw(15)<< res. stresses[i][2] / 10. 0
<< "\n";
98.            fout << std::setw(7)<< "STMA=" << std::setw(15)<< res. stresses[i][3] / 10. 0
 //假设 STMA, STMI,CETA 也在 stresses 中
99.                 << std::setw(6)<< "STMI=" << std::setw(15)<< res. stresses[i][4] / 10. 0
100.               << std::setw(6)<< "CETA=" << std::setw(15)<< res. stresses[i][5] / 10. 0
<< "\n";
101.       }
102.       fout. close();
103.   }                                          // 返回 109. 行
104.   int main(){                                // 主函数开始编译 . START
105.       PSSPAPParam p;                         // 加载变量 p
106. 40.    loadPSSPAPParam("PSSPAP. IN", p);     // 读取输入参数
107. 356.   auto res=psspap(p);                   // 计算结果,跳转到 File_3 的 356. 行
108. 74.    save_output("PSSPAP. OUT", p, res);   // 打印输出结果
109.       std::cout << "计算结果已成功输出到文件 PSSPAP. OUT。\n";
110.       return 0;
111.   }                                          // 主函数完成编译 . END
```

(3) File_3：定义弹性力学平面问题分析公式源文件（psspap. cpp）。主要功能是定义计算过程中涉及的公式，以供主函数 int main（）调用。

```
112.   #include "psspap. h"                       // 包含 psspap. h 头文件
113.   #include <vector>
114.   #include <iostream>
```

```
115.    #include <cmath>
116.    #include <algorithm>
117.    #include <utility>
118.    void NND(PSSPAPParam& p){                              // 定义计算自由度数、半带宽函数
119.        p.NPJ0=p.NPJ;
120.        if(p.NPJ==0){
121.            p.NPJ=1;
122.        }
123.        p.ND=0;
124.        for(int ie=0; ie < p.NE; ++ie){
125.            for(int i=0; i < 3; ++i){
126.                for(int j=0; j < 3; ++j){
127.                    int iw=std::abs(p.LND[ie][i]-p.LND[ie][j]);
128.                    if(p.ND < iw){
129.                        p.ND=iw;
130.                    }
131.                }
132.            }
133.        }
134.        p.ND=(p.ND + 1) * 2;
135.        if(p.IPS ! =1){                                     // 判断平面应力/应变问题,并对弹性矩阵有关元素
进行修改
136.            p.E=p.E /(1.0-p.PR * p.PR);
137.            p.PR=p.PR /(1.0-p.PR);
138.        }
139.        p.N=2 * p.NJ;
140.    }                                                     // 返回 359. 行
141.    void MA(int IE, const PSSPAPParam& p, double& AE){// 辅助函数:计算单元面积 AE
142.        int i=p.LND[IE][0]-1;                              // 节点坐标相关常数
143.        int j=p.LND[IE][1]-1;
144.        int k=p.LND[IE][2]-1;
145.        double xij=p.X[j]-p.X[i];
146.        double yij=p.Y[j]-p.Y[i];
147.        double xik=p.X[k]-p.X[i];
148.        double yik=p.Y[k]-p.Y[i];
149.        AE=0.5 *(xij * yik-xik * yij);                     // 单元面积 AE
150.    }                                                     // 返回 186. 行、216. 行、297. 行
151.    void MD(const PSSPAPParam& p, std::vector<std::vector<double>>& D){ // 辅助函数:计算弹
性矩阵 D
152.        D[0][0]=p.E /(1.0-p.PR * p.PR);
153.        D[0][1]=p.E * p.PR /(1.0-p.PR * p.PR);
154.        D[1][0]=D[0][1];
155.        D[1][1]=D[0][0];
156.        D[2][2]=0.5 * p.E /(1.0 + p.PR);
```

```
157.    }                                              // 返回 187. 行、294. 行
158.    void MB(int IE, const PSSPAPParam& p, double& AE, std::vector<std::vector<double>>& B)
{  // 辅助函数:计算几何矩阵 B
159.        int i=p.LND[IE][0]-1;
160.        int j=p.LND[IE][1]-1;
161.        int k=p.LND[IE][2]-1;
162.        B[0][0]=p.Y[j]-p.Y[k];
163.        B[0][2]=p.Y[k]-p.Y[i];
164.        B[0][4]=p.Y[i]-p.Y[j];
165.        B[1][1]=p.X[k]-p.X[j];
166.        B[1][3]=p.X[i]-p.X[k];
167.        B[1][5]=p.X[j]-p.X[i];
168.        B[2][0]=B[1][1];
169.        B[2][1]=B[0][0];
170.        B[2][2]=B[1][3];
171.        B[2][3]=B[0][2];
172.        B[2][4]=B[1][5];
173.        B[2][5]=B[0][4];
174.        for(int i1=0; i1 < 3; ++i1){
175.            for(int j1=0; j1 < 6; ++j1){
176.                B[i1][j1]=0.5 / AE * B[i1][j1];
177.            }
178.        }
179.    }                                              // 返回 188. 行、298. 行
180.    void MKE(int& IE, const PSSPAPParam& p, std::vector<std::vector<double>>& AKE){  // 辅助
函数:计算单元刚度矩阵 AKE
181.        std::vector<std::vector<double>> B(3, std::vector<double>(6, 0.0));
182.        std::vector<std::vector<double>> D(3, std::vector<double>(3, 0.0));
183.        std::vector<std::vector<double>> S(3, std::vector<double>(6, 0.0));
184.        double AE;
185. 141.        MA(IE, p, AE);                         // 调用 MA 函数获取单元面积 AE
186. 151.        MD(p, D);                              // 调用 MD 函数获取弹性矩阵 D
187. 158.        MB(IE, p, AE, B);                      // 调用 MB 函数获取几何矩阵(位移-应变转换矩
阵)B
188.        for(int i=0; i < 3; ++i){                  // 应力矩阵运算 S=DB
189.            for(int j=0; j < 6; ++j){
190.                for(int k=0; k < 3; ++k){
191.                    S[i][j] +=D[i][k] * B[k][j];
192.                }
193.            }
194.        }
195.        for(int i=0; i < 6; ++i){                  // 求单元刚度矩阵
196.            for(int j=0; j < 6; ++j){
197.                for(int k=0; k < 3; ++k){
```

```
198.                      AKE[i][j] +=S[k][i] * B[k][j] * AE * p.T;
199.                  }
200.              }
201.          }
202.      }                                          // 返回 335. 行
203.      std::vector<double>  MF(const PSSPAPParam& p){  // 辅助函数:计算荷载向量 P
204.          std::vector<double> P(p.N, 0.0);           // 节点荷载列阵 P 赋零
205.          if(p.NPJ0 ! =0){                           // 将节点荷载数值按位移编号累加入 P
206.              for(int i=0; i < p.NPJ; ++i){
207.                  int ii=p.PJ[i][0].node;
208.                  P[2 * ii-2]=p.PJ[i][1].px;
209.                  P[2 * ii-1]=p.PJ[i][2].py;
210.              }
211.          }
212.          if(p.V ! =0){                              // 将考虑自重引起的节点荷载累加入 P
213.              for(int IE=0; IE < p.NE; ++IE){
214.                  double AE;
215.141.                 MA(IE, p, AE);
216.                  double PE=-p.V * AE * p.T / 3.0;
217.
218.                  for(int i=0; i < 3; ++i){
219.                      int ii=p.LND[IE][i];
220.                      P[2 * ii-1] +=PE;
221.                  }
222.              }
223.          }
224.          return P;
225.      }                                          // 返回 361. 行
226.      std::pair<std::vector<std::vector<double>>, std::vector<double>> RKR(const PSSPAPParam&
p, std::vector<std::vector<double>>& AK, std::vector<double>& P){  // 辅助函数:根据支承信息对 K、P 作
相应的修改
227.          for(int i=0; i < p.NZ; ++i){
228.              int ir=p.JZ[i][0];
229.              for(int j=1; j < 3; ++j){
230.                  if(p.JZ[i][j] ! =0){
231.                      int ii=2 * ir + j-3;
232.                      AK[ii][0]=1.0;
233.                      for(int jj=1; jj < p.ND; ++jj){
234.                          AK[ii][jj]=0.0;
235.                      }
236.                      int jO=(ii >=p.ND)? p.ND : ii + 1;
237.                      for(int jj=1; jj < jO; ++jj){
238.                          AK[ii-jj][jj]=0.0;
239.                      }
```

```
240.                P[ii]=0.0;
241.            }
242.        }
243.    }
244.    return std::make_pair(AK, P);
245. }                                                    // 返回 362. 行
246. std::vector<double> SLOV(const PSSPAPParam& p, std::vector<std::vector<double>>& AK,
std::vector<double>& P){                                  // 辅助函数:解方程求节点位移
247.    std::vector<double> displacements(p.N);
248.    int NJ1=p.N-1;                                    // 解方程向前消元
249.    for(int k=0; k < NJ1; ++k){
250.        int IM;
251.        if(p.N > k + p.ND-1)
252.            IM=k + p.ND-1;
253.        if(p.N <=k + p.ND-1)
254.            IM=p.N-1;
255.        int k1=k + 1;
256.        for(int i=k1; i <=IM; ++i){
257.            int l=i-k;
258.            double c=AK[k][l] / AK[k][0];
259.            int IW=p.ND-l;
260.            for(int j=0; j < IW; ++j){
261.                int m=j + i-k;
262.                AK[i][j]-=c * AK[k][m];
263.            }
264.            P[i]-=c * P[k];
265.        }
266.    }
267.    P[p.N-1] /=AK[p.N-1][0];                         // 解方程向后迭代,求节点位移
268.    for(int i1=0; i1 < NJ1; ++i1){
269.        int i=p.N-i1;
270.        int JO;
271.        if(p.ND > p.N-i + 1)
272.            JO=p.N-i + 1;
273.        if(p.ND <=p.N-i + 1)
274.            JO=p.ND-1;
275.        for(int j=1; j <=JO; ++j){
276.            int k=j + i-1;
277.            P[i-2]-=AK[i-2][j] * P[k-1];
278.        }
279.        P[i-2] /=AK[i-2][0];
280.    }
281.    for(int i=0; i < p.N; ++i){
282.        displacements[i]=P[i];
```

```
283.            }
284.            return displacements;
285.        }                                          // 返回 365. 行
286.        std::vector<std::vector<double>>  MADE(const PSSPAPParam& p, std::vector<double>& dis-
placements){                                       //辅助函数:计算单元应力
287.            std::vector<std::vector<double>> B(3, std::vector<double>(6, 0.0));
288.            std::vector<std::vector<double>> D(3, std::vector<double>(3, 0.0));
289.            std::vector<std::vector<double>> S(3, std::vector<double>(6, 0.0));
290.            std::vector<double> ST(3);
291.            std::vector<double> DE(6);
292.            std::vector<std::vector<double>> stresses(p.NE, std::vector<double>(6));
293.151.          MD(p, D);                          // 调用 MD 函数获取弹性矩阵 D
294.            for(int IE=0; IE < p.NE; ++IE){    // 对各单元循环
295.                double AE;
296.141.              MA(IE, p, AE);                 // 调用 MA 函数获取单元面积 AE
297.158.              MB(IE, p, AE, B);              // 调用 MB 函数获取几何矩阵 B
298.                for(int i=0; i < 3; ++i){      // 计算应力矩阵 S
299.                    for(int j=0; j < 6; ++j){
300.                        S[i][j]=0.0;
301.                        for(int k=0; k < 3; ++k){
302.                            S[i][j] +=D[i][k] * B[k][j];
303.                        }
304.                    }
305.                }
306.                for(int i=0; i < 3; ++i){          // 从节点位移 P 中取出单元节点位移 δ 并存入
DE 中
307.                    for(int j=0; j < 2; ++j){
308.                        int ih=2 * i + j;
309.                        int iw=2 * (p.LND[IE][i]-1)+ j;
310.                        DE[ih]=displacements[iw];
311.                    }
312.                }
313.                for(int i=0; i < 3; ++i){      // 计算单元应力
314.                    ST[i]=0.0;
315.                    for(int j=0; j < 6; ++j){
316.                        ST[i] +=S[i][j] * DE[j];
317.                    }
318.                }
319.                stresses[IE][0]=ST[0];         // 计算单元应力、最大主应力、最小主应力
320.                stresses[IE][1]=ST[1];
321.                stresses[IE][2]=ST[2];
322.                double AST=(stresses[IE][0] + stresses[IE][1]) * 0.5;
323.                double RST=std::sqrt(0.25 * std::pow(stresses[IE][0]-stresses[IE][1], 2)+ std::
pow(stresses[IE][2], 2));
```

```
324.            stresses[IE][3]=(AST + RST);
325.            stresses[IE][4]=(AST-RST);
326.            stresses[IE][5]=(stresses[IE][1]==stresses[IE][4])? 0.0 : 90.0-57.29578 * std::
atan(stresses[IE][2]/(stresses[IE][1]-stresses[IE][4]));        // 计算主平面角
327.        }
328.        return stresses;
329.    }// 返回 366. 行
330.    std::vector<std::vector<double>> assembleGlobalStiffnessMatrix(const PSSPAPParam& p){  // 辅
助函数:组装整体刚度矩阵
331.        std::vector<std::vector<double>> AK(p.N, std::vector<double>(p.ND, 0.0));
332.        for(int IE=0; IE < p.NE; ++IE){                // 对各单元循环
333.            std::vector<std::vector<double>> AKE(6, std::vector<double>(6, 0.0));
334.180.          MKE(IE, p, AKE);                       // 调用 MKE 函数获取单元刚度矩阵 AKE
335.            for(int i=0; i < 3; ++i){                  // 按单元局部编码与整体编码对应关系,组集整体
刚度矩阵 K
336.                for(int ii=0; ii < 2; ++ii){
337.                    int ih=2 * i + ii;
338.                    int idh=2 *(p.LND[IE][i]-1)+ ii;
339.
340.                    for(int j=0; j < 3; ++j){
341.                        for(int jj=0; jj < 2; ++jj){
342.                            int l=2 * j + jj;
343.                            int il=2 *(p.LND[IE][j]-1)+ jj;
344.                            int idl=il-idh;
345.
346.                            if(idl >=0){
347.                                AK[idh][idl] +=AKE[ih][l];
348.                            }
349.                        }
350.                    }
351.                }
352.            }
353.        }
354.        return AK;
355.    }                                                  // 返回 360. 行
356.    PlaneStressStrainResult psspap(PSSPAPParam& p){ // 主要函数:计算平面应力应变问题
357.        PlaneStressStrainResult result;
358.118.       NND(p);                                    //  0. 预处理(计算自由度、半带宽)
359.330.       std::vector<std::vector<double>> AK=assembleGlobalStiffnessMatrix(p);  //  1. 组装
整体刚度矩阵
360.203.       std::vector<double> P=MF(p);               //  2. 计算荷载向量
361.226.       auto AKP=RKR(p, AK, P);                    //  3. 引入支承条件,修改刚度方程
362.            AK=AKP.first;
363.            P=AKP.second;
```

```
364. 246.        result. displacements=SLOV(p, AK, P);  //  4. 求节点位移
365. 286.        result. stresses=MADE(p, result. displacements);  //  5. 计算单元应力
366.         return result;                              // 返回计算结果
367.     }                                               // 返回 File_2 的 108. 行
```

7.3.3 平面刚架计算实例

例 7.4 试用弹性力学平面问题分析程序 PSSPAP 计算第 8.5 节举例中正方形受压薄板。如图 7.7 所示，计算时设材料弹性模量 $E=1$，泊松比 $\mu=0$。

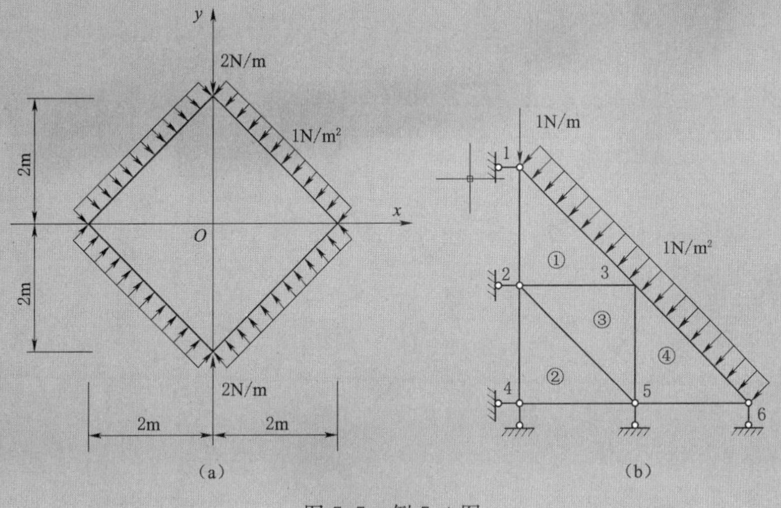

图 7.7 例 7.4 图

解 (1) 由于 xOz 平面和 yOz 平面均为该薄板的对称面，因此只需取 1/4 作为计算对象，确定节点、划分单元、建立坐标系。单元和节点编号如图 7.7 (b) 所示。

(2) 设本例题标题为 EXAMPLE----(7-4)，根据题目中所给的数据，填写表 7.2。以后各题计算数据的输入均按此式样进行。

表 7.2 弹性力学平面问题的输入数据表

标题	EXAMPLE----(7-4)									
基本数据	节点总数	6	单元总数	4	约束节点数	5	节点荷载数	3	问题类型	1
材料性质	弹性模量	1.	泊松比	0.	单元厚度	1.	容重	0.		
单元节点编号	按 i 节点、j 节点、m 节点顺序依次填写									
	3，1，2，5，2，4，2，5，3，6，3，5									
节点坐标	按 x 坐标、y 坐标顺序依次填写									
	0.，2.，0.，1.，1.，1.，0.，0.，1.，0.，2.，0									
支承节点信息	按约束节点编码、x 方向信息、y 方向信息依次填写									
	1，1，0，2，1，0，4，1，1，5，0，1，6，0，1									
节点荷载信息	按荷载作用节点编号、x 方向荷载值、y 方向荷载值依次填写									
	1，-.5，-1.5，3，-1.，-1.，6，-.5，-.5									

（3）建立数据文件 PSSPAP. IN 并输入以下数据：

```
EXAMPLE---(7-4)
6,4,5,3,1
1.,0.,1.,0.
3,1,2,5,2,4,2,5,3,6,3,5,
0.,2.,0.,1.,1.,1.,0.,0.,1.,0.,2.,0.,
1,1,0,2,1,0,4,1,1,5,0,1,6,0,1,
1,-.5,-1.5,3,-1.,-1.,6,-.5,-.5
```

(4)运行程序,从文件 PSSPAP. OUT 中可得如下结果：

```
EXAMPLE----(7-4)
PLANE STRESS PROBLEM
**********RESULTE OF CALCULATION**********
NODAL DISPLACEMENTS
NODE         X-DISP.           Y-DISP.
  1       0.000000E+00     -5.252747E+00
  2       0.000000E+00     -2.252747E+00
  3      -1.087912E+00     -1.373626E+00
  4       0.000000E+00      0.000000E+00
  5      -8.241758E-01      0.000000E+00
  6      -1.824176E+00      0.000000E+00
ELEMENT STRESSES
ELEMENT NO. =     1
STX=-1.087912E+00 STY=-3.000000E+00 TXY=4.395604E-01
STMA=-9.917044E-01 STMI=-3.096208E+00 CETA=1.234578E+01
ELEMENT NO. =     2
STX=-8.241758E-01 STY=-2.252747E+00 TXY=0.000000E+00
STMA=-8.241758E-01 STMI=-2.252747E+00 CETA=0.000000E+00
ELEMENT NO. =     3
STX=-1.087912E+00 STY=-1.373626E+00 TXY=3.076923E-01
STMA=-8.915308E-01 STMI=-1.570008E+00 CETA=3.254762E+01
ELEMENT NO. =     4
STX=-1.000000E+00 STY=-1.373626E+00 TXY=-1.318681E-01
STMA=-9.581467E-01 STMI=-1.415480E+00 CETA=1.623912E+02
```

习　题

7.1　对题7.1图所示的结构，试求节点1、2的位移及铰3、4、5的反力。已知：弹性模量 $E=2\times10^4$ MPa，泊松比 $\mu=0.167$，厚度 $t=1$m，$t=2$N/m。按平面应力问题计算。

7.2　题7.2图所示为结构网格，共有15个节点，16个单元，2个支承节点。在节点15处作用竖向荷载10N/m，$E=6.1\times10^3$ MPa，$\mu=0.25$，$t=1$m。试计算该结构。

7.3　楔形体受自重及水压如题7.3图所示。已知：$E=2\times10^4$ MPa，泊松比 $\mu=$

0.167，厚度 $t=1\text{m}$，自重 $\rho=2.4\times10^4\text{N/m}^3$，水容重 $\gamma=10^4\text{N/m}^3$。试用有限单元法计算该楔形体。

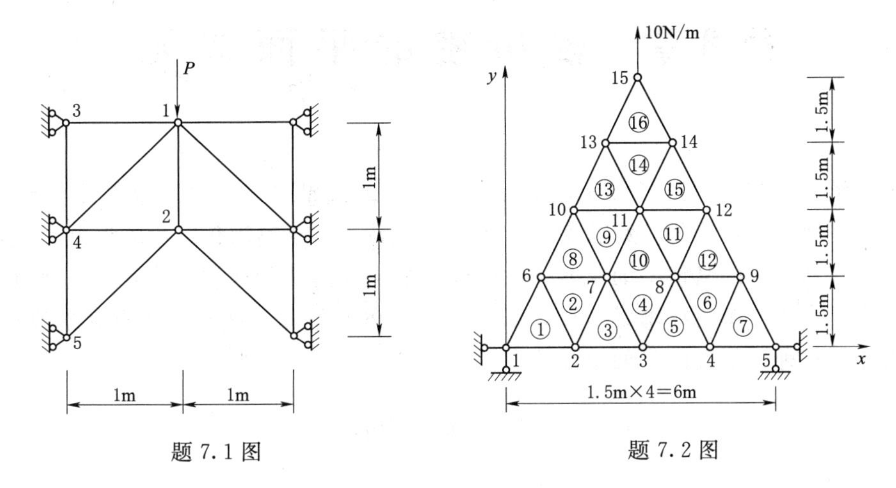

题 7.1 图　　　　题 7.2 图

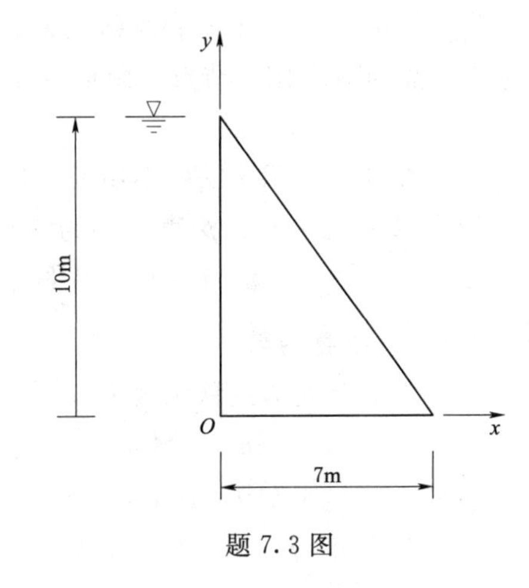

题 7.3 图

资源 7.1　习题答案

第8章　较精密的平面单元

前面介绍了三节点三角形单元，单元的应力应变都是常量，其计算精度受到一定限制。为了更好地反映结构的位移状态和应力状态，减少由于离散化产生的误差，经过改进发展了具有较高精度的其他平面单元。主要改进的工作是：①增加单元的节点数目，如四节点矩形单元；②在单元内增设节点，如六节点三角形单元。此外，还有其他改进方法。本章中将介绍三种较精密的平面单元。

8.1 矩形单元

矩形单元是以4个顶点为节点，每个节点有2个位移分量，共有8个节点位移分量。由于矩形单元的位移函数和应变函数的幂次比三节点三角形单元高，因此单元的精度有了一定的改进。

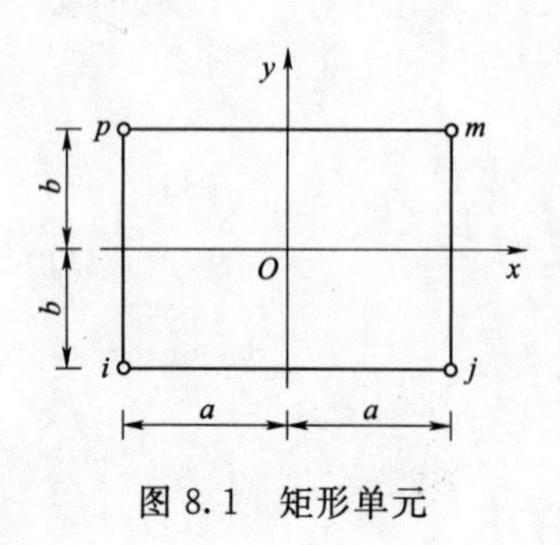

图8.1　矩形单元

图8.1所示为一矩形单元，边长分别为$2a$和$2b$，四个节点以i、j、m、p表示。为了简便，取单元形心为坐标原点，x轴、y轴与单元边界平行。

8.1.1　位移函数

矩形单元的位移函数为

$$\left.\begin{aligned}u&=\alpha_1+\alpha_x+\alpha_3 y+\alpha_4 xy\\ v&=\alpha_5+\alpha_6 x+\alpha_7 y+\alpha_8 xy\end{aligned}\right\}\tag{8.1}$$

对于i、j、m、p 4个节点，将相应节点坐标代入上式，有

$$\left.\begin{aligned}u_i&=\alpha_- a\alpha_2-b\alpha_3+ab\alpha_4\\ u_j&=\alpha_1+a\alpha_2-b\alpha_3-ab\alpha_4\\ u_m&=\alpha_1+a\alpha_2+b\alpha_3+ab\alpha_4\\ u_p&=\alpha_1-\alpha\alpha_2+b\alpha_3-ab\alpha_4\end{aligned}\right\}\tag{8.2}$$

$$\left.\begin{aligned}v_i&=\alpha_5-a\alpha_6-b\alpha_7+ab\alpha_8\\ v_j&=\alpha_5+a\alpha_6-b\alpha_7-ab\alpha_8\\ v_m&=\alpha_5+a\alpha_6+b\alpha_7+ab\alpha_8\\ v_p&=\alpha_5-a\alpha_6+b\alpha_7-ab\alpha_8\end{aligned}\right\}\tag{8.3}$$

由式（8.2）解出α_1、α_2、α_3、α_4；由式（8.3）解出α_5、α_6、α_7、α_8。将这8个常数代入式（8.1），可得

$$\left.\begin{aligned}u&=N_i u_i+N_j u_j+N_m u_m+N_p u_p\\ v&=N_i v_i+N_j v_j+n_m v_m+N_p v_p\end{aligned}\right\}\tag{8.4}$$

式中，

$$\left.\begin{aligned}N_i&=\frac{1}{4}\left(1-\frac{x}{a}\right)\left(1-\frac{y}{b}\right)\\N_j&=\frac{1}{4}\left(1+\frac{x}{a}\right)\left(1-\frac{y}{b}\right)\\N_m&=\frac{1}{4}\left(1+\frac{x}{a}\right)\left(1+\frac{y}{b}\right)\\N_p&=\frac{1}{4}\left(1-\frac{x}{a}\right)\left(1+\frac{y}{b}\right)\end{aligned}\right\}\tag{8.5}$$

式（8.4）改写为矩阵形式：

$$\boldsymbol{f}^{ⓔ}=\boldsymbol{N}\boldsymbol{\delta}^{ⓔ}\tag{8.6}$$

式中，

$$\boldsymbol{f}^{ⓔ}=[u\quad v]^{\mathrm{T}}$$

$$\boldsymbol{N}=\begin{bmatrix}N_i & 0 & N_j & 0 & N_m & 0 & N_p & 0\\0 & N_i & 0 & N_j & 0 & N_m & 0 & N_p\end{bmatrix}\tag{8.7}$$

$$\boldsymbol{\delta}^{ⓔ}=[u_i\quad v_i\quad u_j\quad v_j\quad u_m\quad v_m\quad u_p\quad v_p]^{\mathrm{T}}\tag{8.8}$$

上述位移函数可以充分保证解答的收敛性。这是由于：①式（8.1）中包含 α_1、α_2、α_3 以及 α_5、α_6、α_7 反映了刚体位移和常量应变；②单元 4 条边界分别平行于 x、y 轴。在平行于 x 轴的边界上（$y=\pm b$），位移分量为坐标 x 的线性函数；在平行于 y 轴的边界上（$x=\pm a$），位移分量为 y 的线性函数，因此，可以保证两相邻单元在公共边界上的位移是连续的。

8.1.2 几何矩阵

利用弹性力学平面问题的几何方程和式（8.6），求得单元应变：

$$\underset{3\times1}{\boldsymbol{\varepsilon}^{ⓔ}}=\underset{3\times8}{\boldsymbol{B}}\,\underset{8\times1}{\boldsymbol{\delta}^{ⓔ}}\tag{8.9}$$

式中：$\boldsymbol{\varepsilon}$ 为由 ε_x、ε_y、γ_{xy} 组成的列阵；几何矩阵 $\boldsymbol{B}$ 为由节点位移求单元应变的转换矩阵。

$$\boldsymbol{B}=\begin{bmatrix}\dfrac{\partial}{\partial x} & 0\\0 & \dfrac{\partial}{\partial y}\\\dfrac{\partial}{\partial y} & \dfrac{\partial}{\partial x}\end{bmatrix}\boldsymbol{N}$$

或写成

$$\boldsymbol{B}=[\boldsymbol{B}_i\quad\boldsymbol{B}_j\quad\boldsymbol{B}_m\quad\boldsymbol{B}_p]\tag{8.10}$$

而

$$\boldsymbol{B}_i=\begin{bmatrix}\dfrac{\partial N_i}{\partial x} & 0\\0 & \dfrac{\partial N_i}{\partial y}\\\dfrac{\partial N_i}{\partial y} & \dfrac{\partial N_i}{\partial x}\end{bmatrix}(i,j,m,p)\tag{8.11}$$

上式中利用脚标 i、j、m、p 进行轮换，用以表示 $\boldsymbol{B}_i$、$\boldsymbol{B}_j$、$\boldsymbol{B}_m$、$\boldsymbol{B}_p$。

分别计算$\dfrac{\partial N_i}{\partial y}$，$\dfrac{\partial N_i}{\partial x}$（$i$，$j$，$m$，$p$）并代入式（8.10），可得

$$\boldsymbol{B}=\frac{1}{4ab}\begin{bmatrix} -(b-y) & 0 & b-y & 0 & b+y & 0 & -(b+y) & 0 \\ 0 & -(a-x) & 0 & -(a+x) & 0 & a+x & 0 & a-x \\ -(a-x) & -(b-y) & -(a+x) & b-y & a+x & b+y & a-x & -(b+y) \end{bmatrix} \tag{8.12}$$

8.1.3　应力矩阵

利用弹性力学平面问题的物理方程 $\boldsymbol{\sigma}=\boldsymbol{D\varepsilon}$，并将式（8.9）代入可得

$$\boldsymbol{\sigma}^{©}_{3\times1}=\boldsymbol{D}_{3\times3}\boldsymbol{B}_{3\times8}\boldsymbol{\delta}^{©}_{8\times1}=\boldsymbol{S}_{3\times8}\boldsymbol{\delta}^{©}_{8\times1} \tag{8.13}$$

式中：$\boldsymbol{\sigma}$ 为由 σ_x、σ_y、τ_{xy} 组成的列阵；$\boldsymbol{D}$ 为弹性矩阵，同第 6 章；应力矩阵 $\boldsymbol{S}$ 为由节点位移求应力的转换矩阵。

$\boldsymbol{S}$ 可以写成

$$\boldsymbol{S}=[\boldsymbol{S}_i \quad \boldsymbol{S}_j \quad \boldsymbol{S}_m \quad \boldsymbol{S}_p] \tag{8.14}$$

而

$$\boldsymbol{S}_i=\boldsymbol{DB}_i(i,j,m,p) \tag{8.15}$$

$$\boldsymbol{S}=\frac{E}{4ab(1-\mu^2)}\begin{bmatrix} -(b-y) & -\mu(a-x) & b-y & -\mu(a+x) & b+y & \mu(a+x) & -(b+y) & \mu(a-x) \\ -\mu(b-y) & -(a-x) & \mu(b-y) & -(a+x) & \mu(b+y) & a+x & -\mu(b+y) & a-x \\ -\frac{1-\mu}{2}(a-x) & -\frac{1-\mu}{2}(b-y) & -\frac{1-\mu}{2}(a+x) & \frac{1-\mu}{2}(b-y) & \frac{1-\mu}{2}(a+x) & \frac{1-\mu}{2}(b+y) & \frac{1-\mu}{2}(a-x) & -\frac{1-\mu}{2}(b+y) \end{bmatrix} \tag{8.16}$$

整理应力结果时，通常需要计算单元 4 个节点处的应力，将节点坐标值代入式（8.16）即可求出 4 个节点上的应力矩阵，分别以 $\boldsymbol{S}^{(i)}$、$\boldsymbol{S}^{(j)}$、$\boldsymbol{S}^{(m)}$、$\boldsymbol{S}^{(p)}$ 表示：

$$\left.\begin{aligned}
\boldsymbol{S}^{(i)}&=\frac{E}{4ab(1-\mu^2)}\begin{bmatrix} -2b & -2\mu a & 2b & 0 & 0 & 0 & 0 & 2\mu a \\ -2\mu b & -2a & 2\mu b & 0 & 0 & 0 & 0 & 2a \\ -(1-\mu)a & -(1-\mu)b & 0 & (1-\mu)b & 0 & 0 & (1-\mu)a & 0 \end{bmatrix}\\
\boldsymbol{S}^{(j)}&=\frac{E}{4ab(1-\mu^2)}\begin{bmatrix} -2b & 0 & 2b & -2\mu a & 0 & 2\mu a & 0 & 0 \\ -2\mu b & 0 & 2\mu b & -2a & 0 & 2a & 0 & 0 \\ 0 & -(1-\mu)b & -(1-\mu)a & (1-\mu)b & (1-\mu a) & 0 & 0 & 0 \end{bmatrix}\\
\boldsymbol{S}^{(m)}&=\frac{E}{4ab(1-\mu^2)}\begin{bmatrix} 0 & 0 & 0 & -2\mu a & 2b & 2\mu a & -2b & 0 \\ 0 & 0 & 0 & -2a & 2\mu b & 2a & -2\mu b & 0 \\ 0 & 0 & -(1-\mu)a & 0 & (1-\mu)a & (1-\mu)b & 0 & -(1-\mu)b \end{bmatrix}\\
\boldsymbol{S}^{(p)}&=\frac{E}{4ab(1-\mu^2)}\begin{bmatrix} 0 & -2\mu a & 0 & 0 & 2b & 0 & -2b & -2\mu a \\ 0 & -2a & 0 & 0 & 2\mu b & 0 & -2\mu b & 2a \\ -(1-\mu)a & 0 & 0 & 0 & 0 & (1-\mu)b & (1-\mu)a & -(1-\mu)b \end{bmatrix}
\end{aligned}\right\} \tag{8.17}$$

8.1.4 单元刚度矩阵

矩形单元的单元刚度矩阵 $\boldsymbol{k}^{©}$ 为 8×8 方阵，利用下式：

$$\boldsymbol{k}^{©}=\iint \boldsymbol{B}^{\mathrm{T}}\boldsymbol{D}\boldsymbol{B}t\,\mathrm{d}x\,\mathrm{d}y$$

或

$$\boldsymbol{k}^{©}=\iint \boldsymbol{B}^{\mathrm{T}}\boldsymbol{S}t\,\mathrm{d}x\,\mathrm{d}y$$

并代入弹性矩阵 $\boldsymbol{D}$、几何矩阵 $\boldsymbol{B}$，或几何矩阵 $\boldsymbol{B}$ 和应力矩阵 $\boldsymbol{S}$，可求出

$$\boldsymbol{k}^{©}=\frac{E}{1-\mu^2}\begin{bmatrix}
\frac{1}{3}\frac{b}{a}+\frac{1-\mu}{6}\frac{a}{b} & & & & & & & \\
\frac{1+\mu}{8} & \frac{1}{3}\frac{a}{b}+\frac{1-\mu}{6}\frac{b}{a} & & & & \text{对} & & \text{称} \\
-\frac{1}{3}\frac{b}{a}+\frac{1-\mu}{12}\frac{a}{b} & \frac{1-3\mu}{8} & \frac{1}{3}\frac{b}{a}+\frac{1-\mu}{6}\frac{a}{b} & & & & & \\
-\frac{1-3\mu}{8} & \frac{1}{6}\frac{a}{b}-\frac{1-\mu}{6}\frac{b}{a} & -\frac{1+\mu}{8} & \frac{1}{3}\frac{a}{b}+\frac{1-\mu}{6}\frac{b}{a} & & & & \\
-\frac{1}{6}\frac{b}{a}-\frac{1-\mu}{12}\frac{a}{b} & -\frac{1+\mu}{8} & \frac{1}{6}\frac{b}{a}-\frac{1-\mu}{6}\frac{a}{b} & \frac{1-3\mu}{8} & \frac{1}{3}\frac{b}{a}+\frac{1-\mu}{6}\frac{a}{b} & & & \\
-\frac{1+\mu}{8} & -\frac{1}{6}\frac{a}{b}-\frac{1-\mu}{12}\frac{b}{a} & -\frac{1-3\mu}{8} & -\frac{1}{3}\frac{a}{b}+\frac{1-\mu}{12}\frac{b}{a} & \frac{1+\mu}{8} & \frac{1}{3}\frac{a}{b}+\frac{1-\mu}{6}\frac{b}{a} & & \\
\frac{1}{6}\frac{b}{a}-\frac{1-\mu}{6}\frac{a}{b} & -\frac{1-3\mu}{8} & -\frac{1}{6}\frac{b}{a}-\frac{1-\mu}{12}\frac{a}{b} & \frac{1+\mu}{8} & -\frac{1}{3}\frac{b}{a}+\frac{1-\mu}{12}\frac{a}{b} & \frac{1-3\mu}{8} & \frac{1}{3}\frac{b}{a}+\frac{1-\mu}{6}\frac{a}{b} & \\
\frac{1-3\mu}{8} & -\frac{1}{3}\frac{a}{b}+\frac{1-\mu}{12}\frac{b}{a} & \frac{1+\mu}{8} & -\frac{1}{6}\frac{a}{b}-\frac{1-\mu}{12}\frac{b}{a} & -\frac{1-3\mu}{8} & \frac{1}{6}\frac{a}{b}-\frac{1-\mu}{6}\frac{b}{a} & -\frac{1+\mu}{8} & \frac{1}{3}\frac{a}{b}+\frac{1-\mu}{6}\frac{b}{a}
\end{bmatrix} \tag{8.18}$$

对于平面应变问题，以上公式中的 E 应换为$\frac{E}{1-\mu^2}$而 μ 应换为$\frac{\mu}{1-\mu}$ 。式（8.18）亦可用分块形式表示，则有

$$\boldsymbol{k}^{©}=\begin{bmatrix}
\boldsymbol{k}_{ii} & \boldsymbol{k}_{ij} & \boldsymbol{k}_{im} & \boldsymbol{k}_{ip} \\
\boldsymbol{k}_{ji} & \boldsymbol{k}_{jj} & \boldsymbol{k}_{jm} & \boldsymbol{k}_{jp} \\
\boldsymbol{k}_{mi} & \boldsymbol{k}_{mj} & \boldsymbol{k}_{mm} & \boldsymbol{k}_{mp} \\
\boldsymbol{k}_{pi} & \boldsymbol{k}_{pj} & \boldsymbol{k}_{pm} & \boldsymbol{k}_{pp}
\end{bmatrix} \tag{8.19}$$

8.1.5 单元等效节点荷载

1. 单元自重

对于单元自重 W，移置到每一个节点上都是$\frac{W}{4}$因此

$$\boldsymbol{R}^{©}=-W\begin{bmatrix}0 & \frac{1}{4} & 0 & \frac{1}{4} & 0 & \frac{1}{4} & 0 & \frac{1}{4}\end{bmatrix}^{\mathrm{T}} \tag{8.20}$$

2. 分布面力

如果单元的任一边界上都受到分布面力的作用，那么应该将分布面力的合力按静力等效原则向这条边界的两个节点上移置。例如，图 8.1 所示单元的 jm 边界上受有水平方向三角形分布面力作用，设点 j 处荷载集度为零，点 m 处荷载集度最大并等于 q，边界 jm

长度为 b，单元厚度为 t，则

$$\boldsymbol{R}^{©}=qbt\begin{bmatrix}0 & 0 & \frac{1}{3} & 0 & \frac{2}{3} & 0 & 0 & 0\end{bmatrix}^{\mathrm{T}} \tag{8.21}$$

8.1.6　整体刚度矩阵

建立了单元刚度矩阵 $\boldsymbol{k}^{©}$ 之后，就可以利用刚度集成法将其集合成整体刚度矩阵 $\boldsymbol{K}$。具体做法仍然是按照局部编号与整体编号的对应关系，“对号入座”。这和第 6 章中介绍三角形单元集成整体刚度矩阵的方法一样，只是矩形单元有 4 个节点，每个单元有 4×4 个子矩阵需要“搬家”。当结构物划分有 n 个节点时，$\boldsymbol{K}$ 为 $2n$ 阶方阵。

8.2　六节点三角形单元

在三角形单元三条边的中点各增设一个节点，就构成了六节点三角形单元。它同三节点三角形单元相比较是较精密的单元。在分析六节点三角形单元时，利用面积坐标可以使推导公式的工作大大简化，因此首先介绍面积坐标。

8.2.1　面积坐标

面积坐标是一种自然坐标，坐标的绝对值不超过 1。图 8.2 所示的三角形 ijm 的面积为 A，在其内部任取一点 P，并与 3 个顶点连接，三角形被分割成 3 个小三角形，分别以 A_i、A_j、A_m 表示△Pjm、△Pmi、△Pij 的面积。点 P 的位置可用如下 3 个比值来确定：

$$\left.\begin{aligned}L_i&=\frac{A_i}{A}\\L_j&=\frac{A_j}{A}\\L_m&=\frac{A_m}{A}\end{aligned}\right\} \tag{8.22}$$

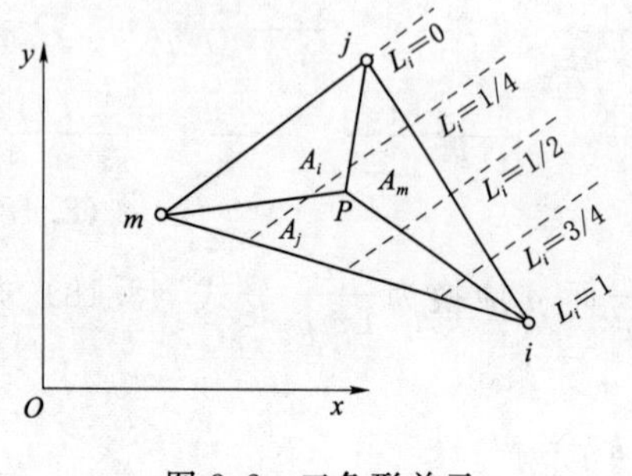

图 8.2　三角形单元

这 3 个比值就称为点 P 的面积坐标。由于

$$A_i+A_j+A_m=A$$

因此

$$L_i+L_j+L_m=1 \tag{8.23}$$

显然，3 个面积坐标不是相互独立的。面积坐标仅限于三角形单元内有意义，它是一种局部坐标。

图 8.2 中所示平行于 jm 边的一些直线为 L_i 的一些等值线。根据面积坐标的定义，jm 边的同一条平行线上的所有点都具有相同的 L_i 坐标。同理，平行于 mi 和 ij 两条边的直线分别为 L_j 和 L_m 的等值线。此外，容易求得 3 个角节点的面积坐标分别为

$$\left.\begin{aligned}&\text{节点 } i: L_i=1, L_j=0, L_m=0\\&\text{节点 } j: L_i=0, L_j=1, L_m=0\\&\text{节点 } m: L_i=0, L_j=0, L_m=1\end{aligned}\right\} \tag{8.24}$$

现在来推导面积坐标与直角坐标之间的关系。3 个小三角形的面积可根据解析几何来计算，得出

$$A_i=\frac{1}{2}\begin{vmatrix}1 & x & y\\ 1 & x_j & y_j\\ 1 & x_m & y_m\end{vmatrix}$$

$$=\frac{1}{2}[(x_jy_m-x_my_j)+(y_j-y_m)x+(x_m-x_j)y]\quad(i,j,m) \tag{8.25}$$

设

$$\left.\begin{aligned}a_i&=x_jy_m-x_my_j\\ b_i&=y_j-y_m\\ c_i&=-x_j+x_m\end{aligned}\right\}(i,j,m) \tag{8.26}$$

则式（8.25）写成

$$A_i=\frac{1}{2}(a_i+b_ix+c_iy)\quad(i,j,m) \tag{8.27}$$

将上式代入式（8.22），则得到以直角坐标表示面积坐标的关系式为

$$L_i=\frac{1}{2A}(a_i+b_ix+c_iy)\quad(i,j,m) \tag{8.28}$$

写成矩阵形式为

$$\begin{bmatrix}L_i\\ L_j\\ L_m\end{bmatrix}=\frac{1}{2A}\begin{bmatrix}a_i & b_i & c_i\\ a_j & b_j & c_j\\ a_m & b_m & c_m\end{bmatrix}\begin{bmatrix}1\\ x\\ y\end{bmatrix} \tag{8.29}$$

将式（8.28）所表示的三式分别乘以节点坐标 x_i、x_j、x_m 然后相加，并利用式（8.26），化简后可得

$$x=x_iL_i+x_jL_j+x_mL_m$$

同理可得

$$y=y_iL_i+y_jL_j+y_mL_m$$

将以上两式和式（8.23）综合，并写成矩阵形式，可得以面积坐标表示直角坐标的关系式为

$$\begin{bmatrix}1\\ x\\ y\end{bmatrix}=\begin{bmatrix}1 & 1 & 1\\ x_i & x_j & x_m\\ y_i & y_j & y_m\end{bmatrix}\begin{bmatrix}L_i\\ L_j\\ L_m\end{bmatrix} \tag{8.30}$$

利用面积坐标进行单元分析时，将用到一些求导和积分公式，列出如下。

（1）复合函数求导公式：

$$\left.\begin{aligned}\frac{\partial}{\partial x}&=\frac{\partial L_i}{\partial x}\frac{\partial}{\partial L_i}+\frac{\partial L_j}{\partial x}\frac{\partial}{\partial L_j}+\frac{\partial L_m}{\partial x}\frac{\partial}{\partial L_m}\\ &=\frac{b_i}{2A}\frac{\partial}{\partial L_i}+\frac{b_j}{2A}\frac{\partial}{\partial L_j}+\frac{b_m}{2A}\frac{\partial}{\partial L_m}\\ \frac{\partial}{\partial y}&=\frac{\partial L_i}{\partial y}\frac{\partial}{\partial L_i}+\frac{\partial L_j}{\partial y}\frac{\partial}{\partial L_j}+\frac{\partial L_m}{\partial y}\frac{\partial}{\partial L_m}\\ &=\frac{c_i}{2A}\frac{\partial}{\partial L_i}+\frac{c_j}{2A}\frac{\partial}{\partial L_j}+\frac{c_m}{2A}\frac{\partial}{\partial L_m}\end{aligned}\right\} \tag{8.31}$$

(2) 面积坐标的幂函数在三角形单元上的积分公式

$$\iint_A L_i^{\alpha} L_j^{\beta} L_m^{\gamma} \mathrm{d}x \mathrm{d}y = \frac{\alpha!\ \beta!\ \gamma!}{(\alpha+\beta+\gamma+2)!} 2A \tag{8.32}$$

例如

$$\iint_A L_i^2 \mathrm{d}x \mathrm{d}y = \frac{2!\ 0!\ 0!}{(2+0+0+2)!} 2A = \frac{A}{6} \quad (i,j,m)$$

(3) 面积坐标的幂函数在三角形某一边上的积分公式：

$$\int_l L_i^{\alpha} L_j^{\beta} \mathrm{d}s = \frac{\alpha!\ \beta!}{(\alpha+\beta+1)!} l \quad (i,j,m) \tag{8.33}$$

式中，l 为该边的边长。

8.2.2　六节点三角形单元

图 8.3 所示为一个六节点三角形单元，有 3 个角节点 i、j、m 及三边中点节点 1、2、3，共具有 12 个自由度。

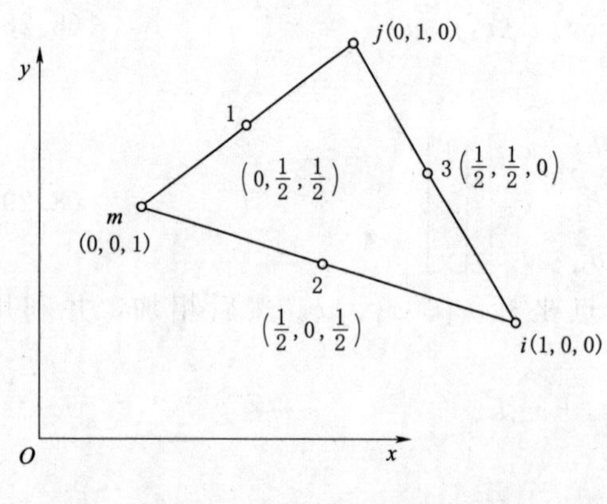

图 8.3　六节点三角形单元

1. 位移函数

单元位移函数取二次多项式，可使单元应力成线性变化，并较好地反映结构物中的实际应力状态。设

$$\left.\begin{aligned} u &= \alpha_1 + \alpha_2 x + \alpha_3 y + \alpha_4 x^2 + \alpha_5 xy + \alpha_6 y^2 \\ v &= \alpha_7 + \alpha_8 x + \alpha_9 y + \alpha_{10} x^2 + \alpha_{11} xy + \alpha_{12} y^2 \end{aligned}\right\} \tag{8.34}$$

式中，α_1、α_2、α_3 和 α_7、α_8、α_9 反映了刚体位移和常应变。

在任意两单元的边界上，位移分量是按二次抛物线规律变化的，对位移分量 u 可写成

$$u(s) = \beta_1 + \beta_2 s + \beta_3 s^2$$

式中，变量 s 表示该边界上某一定点沿边界量取的距离。因为 β_1、β_2、β_3 3 个参数可由该边界上的 3 个节点的位移分量 u 唯一确定，所以可以完全确定该边界上的 u 值，这就保证了相邻两单元在公共边界上具有相同的 u 值。同理，该边界也具有相同的 v 值，从而保证了边界位移的连续性。上述论证说明了位移函数可以满足解的收敛性条件。

用前面两种单元采取的方法，以节点位移值求解参数 $\alpha_1 \sim \alpha_{12}$ 是比较烦琐的，可采用插值函数法直接建立以形函数 N_i(i，j，m；1，2，3) 表示的位移函数，即

$$\left.\begin{aligned} u &= N_i u_i + N_j u_j + N_m u_m + N_1 u_1 + N_2 u_2 + N_3 u_3 \\ v &= N_i v_i + N_j v_j + N_m v_m + N_1 v_1 + N_2 v_2 + N_3 v_3 \end{aligned}\right\} \tag{8.35}$$

式中，N_i、N_j、N_m 三个形函数表示为

$$N_i = L_i (2L_i - 1) (i,j,m) \tag{8.36}$$

而 N_1、N_2、N_3 三个形函数表示为

$$N_1 = 4L_j L_m (1,2,3;i,j,m) \tag{8.37}$$

将式（8.35）写成矩阵形式：

$$\boldsymbol{f}^{ⓔ}=\boldsymbol{N}\boldsymbol{\delta}^{ⓔ}$$

式中，

$$\boldsymbol{N}=\begin{bmatrix} N_i & 0 & N_j & 0 & N_m & 0 & N_1 & 0 & N_2 & 0 & N_3 & 0 \\ 0 & N_i & 0 & N_j & 0 & N_m & 0 & N_1 & 0 & N_2 & 0 & N_3 \end{bmatrix} \tag{8.38}$$

$$\boldsymbol{\delta}^{ⓔ}=[u_i \quad v_i \quad u_j \quad v_j \quad u_m \quad v_m \quad u_1 \quad v_1 \quad u_2 \quad v_2 \quad u_3 \quad v_3]^{\mathrm{T}} \tag{8.39}$$

利用式（8.36）及式（8.37），并将图 8.3 所示 6 个节点坐标代入式（8.35），可得各个节点位移分量分别为 u_i，v_i；u_j，v_j；…；u_3，v_3。另外，由式（8.25）可知，面积坐标与直角坐标呈线性关系。由于形函数是面积坐标的二次式，显然也是直角坐标的二次式，又由于式（8.34）和式（8.35）都能由 6 个节点确定相应的节点位移，因此这两式是等价的，式（8.35）也具备满足收敛性的充分必要条件。

2. 几何矩阵

利用弹性力学平面问题的几何方程求单元应变，有

$$\boldsymbol{\varepsilon}^{ⓔ}_{3\times1}=\boldsymbol{B}_{3\times12}\boldsymbol{\delta}^{ⓔ}_{12\times1} \tag{8.40}$$

式中，

$$\boldsymbol{B}=[\boldsymbol{B}_i \quad \boldsymbol{B}_j \quad \boldsymbol{B}_m \quad \boldsymbol{B}_1 \quad \boldsymbol{B}_2 \quad \boldsymbol{B}_3] \tag{8.41}$$

其中的子矩阵为

$$\boldsymbol{B}_i=\begin{bmatrix} \dfrac{\partial N_i}{\partial x} & 0 \\ 0 & \dfrac{\partial N_i}{\partial y} \\ \dfrac{\partial N_i}{\partial y} & \dfrac{\partial N_i}{\partial x} \end{bmatrix}(i,j,m),\ \boldsymbol{B}_1=\begin{bmatrix} \dfrac{\partial N_1}{\partial x} & 0 \\ 0 & \dfrac{\partial N_1}{\partial y} \\ \dfrac{\partial N_1}{\partial y} & \dfrac{\partial N_1}{\partial x} \end{bmatrix}(1,2,3)$$

将式（8.36）和式（8.37）代入上式，利用式（8.31）求导，得

$$\boldsymbol{B}_i=\frac{1}{2A}\begin{bmatrix} b_i(4L_i-1) & 0 \\ 0 & c_i(4L_i-1) \\ c_i(4L_i-1) & b_i(4L_i-1) \end{bmatrix}(i,j,m) \tag{8.42}$$

$$\boldsymbol{B}_1=\frac{1}{2A}\begin{bmatrix} 4(b_jL_m+L_jb_m) & 0 \\ 0 & 4(c_jL_m+L_jc_m) \\ 4(c_jL_m+L_jc_m) & 4(b_jL_m+L_jb_m) \end{bmatrix}(1,2,3;i,j,m) \tag{8.43}$$

由以上两式可见：单元应变分量是面积坐标的线性函数，也是直角坐标的线性函数。

3. 应力矩阵

利用弹性力学平面问题的物理方程求单元应力，有

$$\boldsymbol{\sigma}^{ⓔ}_{3\times1}=\boldsymbol{D}_{3\times3}\boldsymbol{B}_{3\times12}\boldsymbol{\delta}^{ⓔ}_{12\times1}=\boldsymbol{S}_{3\times12}\boldsymbol{\delta}^{ⓔ}_{12\times1} \tag{8.44}$$

式中，

$$\boldsymbol{S}=[\boldsymbol{S}_i \quad \boldsymbol{S}_j \quad \boldsymbol{S}_m \quad \boldsymbol{S}_1 \quad \boldsymbol{S}_2 \quad \boldsymbol{S}_3] \tag{8.45}$$

而

$$\boldsymbol{S}_i=\boldsymbol{D}\boldsymbol{B}_i(i,j,m;1,2,3) \tag{8.46}$$

利用以上关系式和弹性矩阵 $\boldsymbol{D}$，可得

$$\boldsymbol{S}_i=\frac{Et}{4(1-\mu^2)A}(4L_i-1)\begin{bmatrix}2b_i & 2\mu c_i\\ 2\mu b_i & 2c_i\\ (1-\mu)c_i & (1-\mu)b_i\end{bmatrix}(i,j,m) \tag{8.47}$$

$$\boldsymbol{S}_1=\frac{Et}{4(1-\mu^2)A}\begin{bmatrix}8(b_jL_m+L_jb_m) & 8\mu(c_jL_m+L_jc_m)\\ 8\mu(b_jL_m+L_jb_m) & 8(c_jL_m+L_jc_m)\\ 4(1-\mu)(c_iL_m+L_jc_m) & 4(1-\mu)(b_jL_m+L_jb_m)\end{bmatrix}(1,2,3;i,j,m) \tag{8.48}$$

由以上两式可以看出，单元中的应力也是面积坐标（或直角坐标）的线性函数。

4. 单元刚度矩阵

六节点三角形单元刚度矩阵为 12×12 阶方阵，应用下式：

$$\boldsymbol{k}^{©}=\iint\boldsymbol{B}^{\mathrm{T}}\boldsymbol{DB}t\,\mathrm{d}x\,\mathrm{d}y=\iint\boldsymbol{B}^{\mathrm{T}}\boldsymbol{S}t\,\mathrm{d}x\,\mathrm{d}y$$

将几何矩阵 $\boldsymbol{D}$ 和应力矩阵 $\boldsymbol{S}$ 代入，应用式（8.42）、式（8.43）、式（8.44）和式（8.48）计算 $\boldsymbol{B}_{\mathrm{T}}$ 和 $\boldsymbol{S}$ 的乘积，然后应用式（8.32）对各元素进行积分，并利用关系式 $b_i+b_j+b_m=0$ 及 $c_i+c_j+c_m=0$ 加以简化，最后求得

$$\boldsymbol{k}^{©}=\frac{Et}{24(1-\mu^2)A}\begin{bmatrix}\boldsymbol{F}_i & \boldsymbol{P}_{ij} & \boldsymbol{P}_{im} & 0 & -4\boldsymbol{P}_{im} & -4\boldsymbol{P}_{ij}\\ \boldsymbol{P}_{ij} & \boldsymbol{F}_j & \boldsymbol{P}_{jm} & -4\boldsymbol{P}_{jm} & 0 & -4\boldsymbol{P}_{ji}\\ \boldsymbol{P}_{mi} & \boldsymbol{P}_{mj} & \boldsymbol{F}_m & -4\boldsymbol{P}_{mj} & -4\boldsymbol{P}_{mi} & 0\\ 0 & -4\boldsymbol{P}_{mj} & -4\boldsymbol{P}_{jm} & \boldsymbol{G}_i & \boldsymbol{Q}_{ij} & \boldsymbol{Q}_{im}\\ -4\boldsymbol{P}_{mi} & 0 & -4\boldsymbol{P}_{im} & \boldsymbol{Q}_{ji} & \boldsymbol{G}_j & \boldsymbol{Q}_{jm}\\ -4\boldsymbol{P}_{ji} & -4\boldsymbol{P}_{ji} & 0 & \boldsymbol{Q}_{mi} & \boldsymbol{Q}_{mj} & \boldsymbol{G}_m\end{bmatrix} \tag{8.49}$$

式中，

$$\boldsymbol{F}_i=\begin{bmatrix}6b_i^2+3(1-\mu)c_i^2 & 对称\\ 3(1+\mu)b_ic_i & 6c_i^2+3(1-\mu)b_i^2\end{bmatrix}(i,j,m)$$

$$\boldsymbol{G}_i=\begin{bmatrix}16(b_i^2-b_jb_m)+8(1-\mu)(c_i^2-c_jc_m) & 对称\\ 4(1+\mu)(b_ic_i+b_jc_j+b_mc_m) & 16(c_i^2-c_jc_m)+8(1-\mu)(b_i^2-b_jb_m)\end{bmatrix}(i,j,m)$$

$$\boldsymbol{P}_{rs}=\begin{bmatrix}-2b_rb_s-(1-\mu)c_rc_s & -2\mu b_rc_s-(1-\mu)c_rb_s\\ -2\mu c_rb_s-(1-\mu)b_rc_s & -2c_rc_s-(1-\mu)b_rb_s\end{bmatrix}\begin{pmatrix}r=i,j,m\\ s=i,j,m\end{pmatrix}$$

$$\boldsymbol{Q}_{rs}=\begin{bmatrix}16b_rb_s+8(1-\mu)c_rc_s & 对称\\ 4(1+\mu)(c_rb_s+b_rc_s) & 16c_rs_s+8(1-\mu)b_rb_s\end{bmatrix}\begin{pmatrix}r=i,j,m\\ s=i,j,m\end{pmatrix}$$

该单元刚度矩阵适用于平面应力问题，对于平面应变问题，只需将各式中的 E 换成 $\dfrac{E}{1-\mu^2}$，μ 换成 $\dfrac{\mu}{1-\mu}$ 即可。

5. 单元等效节点荷载

（1）单元自重。设作用于单元上均布自重的重度为 γ，荷载列阵为

$$\boldsymbol{p}=\begin{bmatrix}p_x\\p_y\end{bmatrix}=\begin{bmatrix}0\\-\gamma\end{bmatrix}$$

应用式（6.47）计算，即

$$\begin{aligned}\boldsymbol{R}^{©}&=\iint\boldsymbol{N}^{\mathrm{T}}\boldsymbol{p}t\,\mathrm{d}x\,\mathrm{d}y\\&=\iint_A\begin{bmatrix}N_i&0&N_j&0&N_m&0&N_1&0&N_2&0&N_3&0\\0&N_i&0&N_j&0&N_m&0&N_1&0&N_2&0&N_3\end{bmatrix}^{\mathrm{T}}\begin{bmatrix}0\\-\gamma\end{bmatrix}t\,\mathrm{d}x\,\mathrm{d}y\\&=-\gamma t=\iint_A[0\quad N_i\quad 0\quad N_j\quad 0\quad N_m\quad 0\quad N_1\quad 0\quad N_2\quad 0\quad N_3\quad 0]^{\mathrm{T}}\mathrm{d}x\,\mathrm{d}y\end{aligned}$$

利用积分公式（8.32），可以求出

$$\iint_A N_i\,\mathrm{d}x\,\mathrm{d}y=\iint_A L_i(2L_i-1)\,\mathrm{d}x\,\mathrm{d}y=0\quad(i,j,m)$$

$$\iint_A N_1\,\mathrm{d}x\,\mathrm{d}y=\iint_A 4L_jL_m\,\mathrm{d}x\,\mathrm{d}y=\frac{A}{3}\quad(1,2,3)$$

最后得到

$$\boldsymbol{R}^{©}=-\frac{\gamma tA}{3}[0\quad 0\quad 0\quad 0\quad 0\quad 0\quad 0\quad 1\quad 0\quad 1\quad 0\quad 1]^{\mathrm{T}}\tag{8.50}$$

由上式可知

$$U_i=U_j=U_m=U_1=U_2=U_3=V_i=V_j=V_m=0$$

$$V_1=V_2=V_3=-\frac{\gamma tA}{3}$$

以上说明，只需将单元自重的 1/3 分别移置到节点 1、2、3 上，而节点 i、j、m 上无移置的自重荷载。

（2）分布面力。设图 8.3 所示单元 ij 边上受有沿 x 轴方向作用按三角形分布的面力，在节点 i 的荷载集度为 q，节点 j 处的荷载集度为零，面力列阵可表示为

$$\overline{\boldsymbol{p}}=\begin{bmatrix}\overline{p}_x\\\overline{p}_y\end{bmatrix}=\begin{bmatrix}L_iq\\0\end{bmatrix}$$

应用式（6.50）计算，即

$$\begin{aligned}\boldsymbol{R}^{©}&=\int_l\begin{bmatrix}N_i&0&N_j&0&N_m&0&N_1&0&N_2&0&N_3&0\\0&N_i&0&N_j&0&N_m&0&N_1&0&N_2&0&N_3\end{bmatrix}^{\mathrm{T}}\begin{bmatrix}L_iq\\0\end{bmatrix}t\,\mathrm{d}s\\&=qt\int_t[N_i\quad 0\quad N_j\quad 0\quad N_m\quad 0\quad N_1\quad 0\quad N_2\quad 0\quad N_3\quad 0]^{\mathrm{T}}L_i\,\mathrm{d}s\end{aligned}$$

由于在 ij 边上 $L_m=0$，由式（8.36）和式（8.37）可以得出

$$N_i=L_i(2L_i-1),\ N_j=L_j(2L_j-1),\ N_m=0$$

$$N_1=N_2=0,\ N_3=4L_jL_j$$

将以上各式代入计算 $\boldsymbol{R}^{©}$ 的积分公式并利用式（8.33），求得

$$\boldsymbol{R}^{©}=\frac{qtl}{2}\begin{bmatrix}\frac{1}{3}&0&0&0&0&0&0&0&0&0&\frac{2}{3}&0\end{bmatrix}^{\mathrm{T}}\tag{8.51}$$

由上式可知，只需把总面力$\frac{qtl}{2}$的 1/3 移置到节点 i 上，其余的 2/3 移置到节点 3 上，

而节点 j 上无移置的面力。这与三节点三角形单元在相同分布面力作用下移置的节点荷载不同。

8.3 等参数单元

8.1节讨论的矩形单元具有精度较高、形状规则、便于计算自动化等优点，但是在遇到形体复杂的曲线边界或需要布置疏密不匀的网格时，则难以适用。等参数单元为任意四边形单元，克服了上述不足，其网格划分不受边界形状限制，单元大小可以不相等，是一种精度高而且应用广泛的单元。然而直接对任意四边形进行单元分析是困难的，这是由于它的几何形状不规则，没有统一的形状，对各个单元逐个按不同公式计算，因其工作量过大而难以进行。为解决这一问题，采取坐标变换的方法，把 xOy 坐标系内任意四边形单元变换为另一坐标系 $\xi O\eta$ 中正方形单元。在有限单元法中，称这种正方形单元为基本单元或母单元，将任意四边形单元视为基本单元的映像，称为实际单元。

图8.4（a）所示为任意四边形实际单元，图8.4（b）所示为正方形基本单元。分别用两簇等分四边的直线分割。为了便于分析，引进局部坐标 $\xi\eta$，以两簇直线的中心为原点（$\xi=\eta=0$），并取四边的 ξ 值和 η 值等于 ±1。实际单元和基本单元之间各点存在着一一对应的关系，如实际单元中任意一点 $P(x,\ y)$ 对应基本单元内 $P'(\xi,\ \eta)$。正方形单元四边和任意四边形的四边也有着一一对应的关系，如正方形的一条边 $\xi=1$ 对应任意四边形 jm 边。

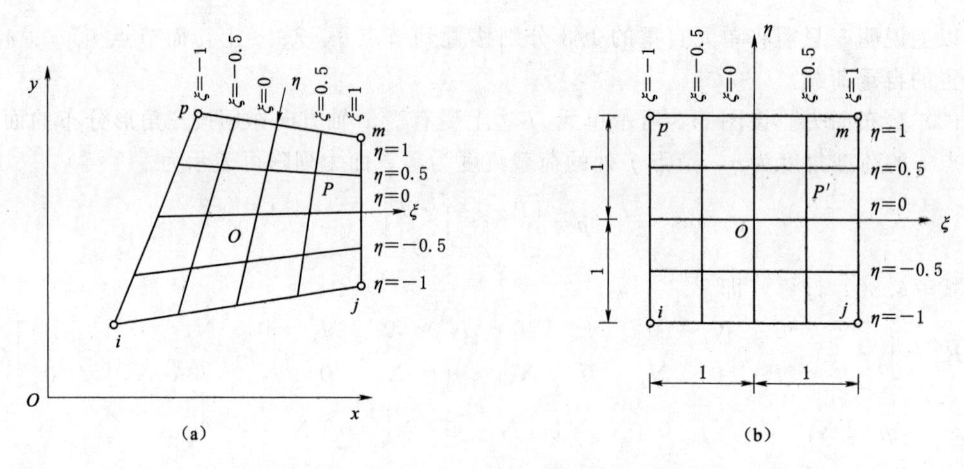

图8.4 任意四边形实际单元和正方形基本单元

为了用 $\xi\eta$ 在坐标系中描述四边形实际单元中任一点 $P(x,\ y)$，根据数学知识，可取四个节点的坐标值（x_i，y_i）（i，j，m，p）为参数，引用形函数构造插值函数，形函数以 $\xi\eta$ 为变量可得出用 $\xi\eta$ 坐标变量确定四边形实际单元中任一点 $P(x,\ y)$ 的关系式：

$$\left.\begin{aligned} x &= N_i x_i + N_j x_j + N_m x_m + N_p x_p \\ y &= N_i y_i + N_j y_j + N_m y_m + N_p y_p \end{aligned}\right\} \tag{8.52}$$

式中，

$$N_i=\frac{1}{4}(1+\xi_i\xi)(1+\eta_i\eta)(i,j,m,p) \tag{8.53}$$

有了以上两个坐标变换式，在进行单元分析时，各种基本矩阵的表达式便可转换用 $\xi\eta$ 坐标变量进行推导。

8.3.1 位移函数

对于单元的位移函数，仍取单元的节点位移作为参数，形函数 $N_i(\xi\eta)(i,\ j,\ m,\ p)$ 用插值函数来表示，即

$$\left.\begin{aligned}u&=N_iu_i+N_ju_j+N_mu_m+N_pu_p\\v&=N_iv_i+N_jv_j+N_mv_m+N_pv_p\end{aligned}\right\} \tag{8.54}$$

可以证明该位移函数满足有限元解答收敛性的充分必要条件。

8.3.2 几何矩阵

利用弹性力学平面问题的几何方程求得单元应变，其表达式在形式上与本章矩形单元相同，即

$$\boldsymbol{\varepsilon}^{ⓔ}=\boldsymbol{B}\boldsymbol{\delta}^{ⓔ}$$

式中，

$$\boldsymbol{B}=[\boldsymbol{B}_i\quad \boldsymbol{B}_j\quad \boldsymbol{B}_m\quad \boldsymbol{B}_p]$$

而

$$\boldsymbol{B}_i=\begin{bmatrix}\frac{\partial}{\partial x} & 0\\ 0 & \frac{\partial}{\partial y}\\ \frac{\partial}{\partial y} & \frac{\partial}{\partial x}\end{bmatrix},\ \boldsymbol{N}_i=\begin{bmatrix}\frac{\partial N_i}{\partial x} & 0\\ 0 & \frac{\partial N_i}{\partial y}\\ \frac{\partial N_i}{\partial y} & \frac{\partial N_i}{\partial x}\end{bmatrix}\quad (i,j,m,p) \tag{8.55}$$

由于形函数 $N_i(i,\ j,\ m,\ p)$ 是局部坐标 $\xi\eta$ 的函数，为求形函数对 x、y 的偏导数，需要应用以下复合函数求导公式：

$$\left.\begin{aligned}\frac{\partial N_i}{\partial\xi}&=\frac{\partial N_i}{\partial x}\frac{\partial x}{\partial\xi}+\frac{\partial N_i}{\partial y}\frac{\partial y}{\partial\xi}\\\frac{\partial N_i}{\partial\eta}&=\frac{\partial N_i}{\partial x}\frac{\partial x}{\partial\eta}+\frac{\partial N_i}{\partial y}\frac{\partial y}{\partial\eta}\end{aligned}\right\}\quad (i,j,m,p)$$

或写为

$$\begin{bmatrix}\frac{\partial N_i}{\partial\xi}\\ \frac{\partial N_i}{\partial\eta}\end{bmatrix}=\boldsymbol{J}\begin{bmatrix}\frac{\partial N_i}{\partial x}\\ \frac{\partial N_i}{\partial y}\end{bmatrix}\quad (i,j,m,p) \tag{8.56}$$

式中，

$$\boldsymbol{J}=\begin{bmatrix}\frac{\partial x}{\partial\xi} & \frac{\partial y}{\partial\xi}\\ \frac{\partial x}{\partial\eta} & \frac{\partial y}{\partial\eta}\end{bmatrix} \tag{8.57}$$

上式称为雅可比矩阵。它对应的行列式$|\boldsymbol{J}|$称为雅可比行列式。将坐标变换式（8.52）代入上式可得

$$\boldsymbol{J}=\begin{bmatrix}\sum\limits_{\substack{i,j\\m,p}}\dfrac{\partial N_i}{\partial\xi}x_i & \sum\limits_{\substack{i,j\\m,p}}\dfrac{\partial N_i}{\partial\xi}y_i\\ \sum\limits_{\substack{i,j\\m,p}}\dfrac{\partial N_i}{\partial\eta}x_i & \sum\limits_{\substack{i,j\\m,p}}\dfrac{\partial N_i}{\partial\eta}y_i\end{bmatrix}=\begin{bmatrix}\dfrac{\partial N_i}{\partial\xi} & \dfrac{\partial N_j}{\partial\xi} & \dfrac{\partial N_m}{\partial\xi} & \dfrac{\partial N_p}{\partial\xi}\\ \dfrac{\partial N_i}{\partial\eta} & \dfrac{\partial N_j}{\partial\eta} & \dfrac{\partial N_m}{\partial\eta} & \dfrac{\partial N_p}{\partial\eta}\end{bmatrix}\begin{bmatrix}x_i & y_i\\ x_j & y_j\\ x_m & y_m\\ x_p & y_p\end{bmatrix}\tag{8.58}$$

由式（8.56）可求得

$$\begin{bmatrix}\dfrac{\partial N_i}{\partial x}\\ \dfrac{\partial N_i}{\partial y}\end{bmatrix}=\boldsymbol{J}^{-1}\begin{bmatrix}\dfrac{\partial N_i}{\partial\xi}\\ \dfrac{\partial N_i}{\partial\eta}\end{bmatrix}\quad(i,j,m,p)\tag{8.59}$$

利用上式和式（8.55）即可求得单元的几何矩阵：

$$\boldsymbol{B}=\begin{bmatrix}\dfrac{\partial}{\partial x} & 0\\ 0 & \dfrac{\partial}{\partial y}\\ \dfrac{\partial}{\partial y} & \dfrac{\partial}{\partial x}\end{bmatrix}[\boldsymbol{N}_i\quad\boldsymbol{N}_j\quad\boldsymbol{N}_m\quad\boldsymbol{N}_p]\tag{8.60}$$

8.3.3　应力矩阵

利用弹性力学平面问题的几何方程和物理方程，可得

$$\boldsymbol{\sigma}^{ⓔ}=\boldsymbol{DB\delta}^{ⓔ}=\boldsymbol{S\delta}^{ⓔ}$$

应力矩阵为

$$\boldsymbol{S}=[\boldsymbol{S}_i\quad\boldsymbol{S}_j\quad\boldsymbol{S}_m\quad\boldsymbol{S}_p]\tag{8.61}$$

对于平面应力问题，其中各子矩阵为

$$\boldsymbol{S}_i=\boldsymbol{DB}_i=\frac{E}{1-\mu^2}\begin{bmatrix}1 & \mu & 0\\ \mu & 1 & 0\\ 0 & 0 & \dfrac{1-\mu}{2}\end{bmatrix}\begin{bmatrix}\dfrac{\partial N_i}{\partial x} & 0\\ 0 & \dfrac{\partial N_i}{\partial y}\\ \dfrac{\partial N_i}{\partial y} & \dfrac{\partial N_i}{\partial x}\end{bmatrix}=\frac{E}{1-\mu^2}\begin{bmatrix}\dfrac{\partial N_i}{\partial x} & \mu\dfrac{\partial N_i}{\partial y}\\ \mu\dfrac{\partial N_i}{\partial x} & \dfrac{\partial N_i}{\partial y}\\ \dfrac{1-\mu}{2}\dfrac{\partial N_i}{\partial y} & \dfrac{1-\mu}{2}\dfrac{\partial N_i}{\partial x}\end{bmatrix}\quad(i,j,m,p)\tag{8.62}$$

对于平面应变问题，应将式中弹性模量E和泊松比μ进行相应的替换。

8.3.4　单元刚度矩阵

求解平面问题的单元刚度矩阵公式为

$$\boldsymbol{k}^{ⓔ}=\iint_A\boldsymbol{B}^{\mathrm{T}}\boldsymbol{DB}t\,\mathrm{d}x\,\mathrm{d}y=\iint_A\boldsymbol{B}^{\mathrm{T}}\boldsymbol{S}t\,\mathrm{d}x\,\mathrm{d}y$$

由于矩阵$\boldsymbol{B}$、$\boldsymbol{S}$是局部坐标ξ、η的函数，因此在积分时，面积元$\mathrm{d}x\mathrm{d}y$应用局部坐标来表示，即